ANDREAS KREBS / PAUL WILLIAMS

Die Illusion der
UNBESIEGBARKEIT

Warum Manager nicht klüger sind
als die Incas vor 500 Jahren

Mit einem Vorwort von Prof. Dr. Peter May

Bibliografische Information der Deutschen Nationalbibliothek

Die Deutsche Nationalbibliothek verzeichnet diese Publikation
in der Deutschen Nationalbibliografie; detaillierte bibliografische
Daten sind im Internet über http://dnb.d-nb.de abrufbar.

ISBN 978-3-86936-822-1

Unter Mitarbeit von Dr. Petra Begemann, Bücher für Wirtschaft + Management |
    www.petrabegemann.de
Lektorat: Eva Gößwein, Berlin | www.textstudio-goesswein.de
Umschlaggestaltung: Martin Zech Design, Bremen | www.martinzech.de
Autorenfotos: Birgit Schmuck / Michael Kranz
Satz und Layout: Das Herstellungsbüro, Hamburg | www.buch-herstellungsbuero.de
Druck und Bindung: Salzland Druck, Staßfurt

© 2018 GABAL Verlag GmbH, Offenbach

Printed in Germany

www.gabal-verlag.de
www.facebook.com/Gabalbuecher
www.twitter.com/gabalbuecher

Inhalt

Zum Geleit (Prof. Dr. Peter May) — **9**

Eine Peru-Reise mit unerwarteten Folgen — **13**

Kein Aufstieg ohne Fall? Ein Blick auf die Fortune 500 — **17**
Wer spricht heute noch von Nokia? — **18**
Rasante Gipfelstürmer, schockierende Abstürze — **21**
Eine »Logik des Niedergangs«? — **26**

1 Eine fesselnde Vision – oder organisierte Überforderung? — **30**
»Wir brauchen keine Vision – pünktliche Lieferung reicht völlig!« — **33**
Von Adlern, die durch Zirkuszelte fliegen — **36**
Warum Marktanteile keine Vision sind — **39**
Besser nichts als Bullshit-Bingo — **42**
Kleiner Stresstest für Ihre Vision — **46**

2 Talent vor Seniorität – oder mit Mittelmaß in die Mittelmäßigkeit? — **49**
Was passiert, wenn der Prinz automatisch König wird — **50**
Dilettantismus, Desinteresse, Delegation — **55**
Regel Nummer 1: Keine Kompromisse! — **62**
Prognose statt Potenzial — **69**
Kleiner Stresstest für Ihre Personalpolitik — **73**

3 Erfolg durch andere – oder Leader-Shit? — **75**
Von Rockladys und Honigshops – Motivation (mal wieder) — **76**
Eigenverantwortung – The Last Table — **85**
Beyond Delegation – der Verantwortungssog — **89**
Führungssouveränität – mehr als eine Stilfrage — **93**
1 : 10 oder 1 : 10 000? Leadership ≠ Leadership — **99**
Kleiner Stresstest für Leadership — **101**

4 Fair Play – oder Werte-Kulissen? 103
Verbal radikal, faktisch total egal? 104
Von Riesenbüros und der Chefin als Putzhilfe 109
Nicht nur rechtens, sondern richtig? 112
Andere Länder, andere Werte 114
Kleiner Stresstest für Ihre Werte – und die des Unternehmens 119

5 Die wahren Gegner bekämpfen – oder Nebenkriegsschauplätze eröffnen? 121
Wenn Alphatiere aufeinanderprallen 123
Wenn Patriarchen zukunftsblind agieren 126
Wenn der Fehler im System liegt 129
Wenn Risiken unterschätzt werden 134
Das fokussierte Unternehmen 136
Kleiner Stresstest für Ihre Schlagkraft 139

6 Eine weitsichtige M&A-Strategie – oder ein Millionengrab? 141
Das ganz normale Fusionsfiasko – und ein Positivbeispiel 143
Prinzip Hoffnung – oder ein Masterplan? 150
Der Irrtum der Rationalität 155
Das Beste aller Welten – oder eine Diktatur des Siegers? 160
Kleiner Stresstest für Ihre Fusionspläne 163

7. Urteilskraft – Look Who's Telling the Story! 166
Im Spiegelkabinett der Chefetage 168
Die Landkarte ist nicht das Land 170
»Es irrt der Mensch so lang er strebt« 174
»Riots in Berlin« oder: Wer ist schon wirklich objektiv? 178
Kleiner Stresstest für Ihre Urteilskraft 180

8 Ego schlägt Sache – für wen und was tue ich es? 182
Indiana Jones lässt grüßen 184
Heute CEO, morgen gefeuert 187
Am Tropf der Bewunderung 191
Sparringspartner statt Hofschranzen 196
Kleiner Stresstest für Ihr Ego 200

Zu guter Letzt … 202

Epilogue – a Message from Peru (Dr. Max Hernandez) 205

Anmerkungen   209

Literaturverzeichnis   217

Dank   224

Personen- und Stichwortverzeichnis   227

Über die Interviewpartner   230

Über die Autoren   238

Zum Geleit

Ein neues Kapitel unternehmerischen Denkens

In der Wirtschaft tätige Menschen lieben Erfolgsgeschichten. Sie handeln vom Siegen, vom Gelingen und vom Aufstieg. Wir sind fasziniert von Unternehmerlegenden, ganz gleich ob sie in der digitalen oder in der industriellen Zeit ihren Ursprung haben. Der Weg vom Einmannbetrieb zum Hunderte Millionen erwirtschaftenden Hidden Champion in einer oder zwei Generationen, der Aufstieg des Konzerns vom Regional Player zum globalen Multi – das sind spannende, zur Nachahmung einladende Vorbilder.

Aber wie sicher können wir uns der Erfolgsregeln, die zu einem derartigen Aufstieg führen, eigentlich sein? Ex post scheint fast immer klar, warum es gut gegangen ist. Reengineering zur rechten Zeit, Kostendisziplin, ausgefeilte, überlegene Strategien, das richtige Produkt, Innovationskraft, all das wird immer wieder als Begründung für den außerordentlichen Erfolg genannt. Und ist zumindest auf den ersten Blick auch immer richtig.

Die Betriebswirtschaftslehre hat daraus über die Jahre ein Erkenntnisgebäude aufgebaut, wie in ihren Augen gut und richtig gewirtschaftet werden sollte. Mit Fachgebieten wie Kostenrechnung, Bilanzierung, Marketing und Personal liefert sie das akademische Rüstzeug, das es für die Bewährung in der Praxis zu brauchen scheint. Man halte sich an die Regeln von Buchführung, Gewinnerzielung und vieler anderer Vorgaben dieses Typs – und alles scheint auf dem rechten Weg zu sein. Nur: Warum scheitern dann so viele Unternehmen? Wir alle kennen genügend Fälle, in denen nach den herkömmlichen Regeln offenbar alles richtig gemacht wurde, und dennoch wurde ein Geschäft hinweggefegt. Das trifft den Kaufmann um die Ecke ebenso wie den mittelständischen Maschinenbauer oder den milliardenschweren Großkonzern. Misserfolg passiert trotz Einhaltung der allgemein akzeptierten Regeln.

Es ist das große Verdienst meines geschätzten Freundes Andreas Krebs und seines Ko-Autors Paul Williams, dass sie mit dem vorliegenden Werk ein neues Kapitel für das Drehbuch unternehmerischen Denkens verfasst haben. In»Die Illusion der Unbesiegbarkeit« greifen sie zwei Grundkonstanten menschlichen Wirkens auf, die des *Gelingens* und die des *Scheiterns*. Sie haben den Mut, über die Grenzen einer isolierten Fachdisziplin hinauszugehen und Verknüpfungen zu schaffen, die jedem unternehmerisch Tätigen den Zugang zu wertvollen Parallelen und Einsichten eröffnen. Sie stellen unsere Grundfrage in einen neuen Zusammenhang: Warum und unter welchen Bedingungen gewinnen Systeme, werden überlebensstark und können ihren Wirkungskreis ausdehnen? Was löst Wendepunkte aus, was verursacht Niedergang?

Die klassische Führungslehre hält dafür nur einen begrenzten Vorrat an Antworten bereit. Seit dem Erscheinen von Peter Druckers Opus magnum »Concept of the Corporation« im Jahre 1946 hat die Führungslehre unendlich viele Verfeinerungen und Verbesserungen erfahren, dabei aber im Kern den Betrieb als universales Bezugssystem aufrechterhalten. Das vorliegende Buch geht weiter. Es schafft neue Verknüpfungen dort, wo sie aus der Sicht des Erkenntnisinteresses überaus lohnend erscheinen. Es bereichert unser Führungswissen um die historische Perspektive und den Blick auf allgemeine Prinzipien von Aufstieg und Niedergang – ein für moderne Unternehmensführung ebenso spannender wie unverzichtbarer Ansatz. Und es ist ganz sicher kein Zufall, dass Krebs und Williams für ihren übergreifenden Blickwinkel auf das Schicksal der Incas rekurrieren. Denn die südamerikanische Dynastie steht beispielhaft für beides – für Aufstieg und Niedergang.

Der Aufstieg der Incas währte über Jahrhunderte. In heutiges Wording übertragen ist das eine *Erfolgsgeschichte*, die uns mehr lehren kann als kurzfristige Management-Betrachtungen – und auch der Niedergang der Incas als Folge des Eindringens der spanischen Eroberer und des Bruderzwists zweier Herrscher liefert Erkenntnisse, die unser heutiges

Führungswissen wertvoll ergänzen können. In der vorkolumbianischen Zeit verfügten die Incas über Führungs- und Expansionswissen, das dem anderer Völker überlegen war. Hoch entwickelter Ackerbau, ein Netz von Verkehrswegen sowie ein effizientes Nachrichtenwesen waren zentrale Säulen eines Staatswesens, das dank einer wirkungsvollen Mischung aus Verhandlung, Kooperation und Machtausübung seinen Wirkungskreis immer weiter ausdehnen konnte. Auf Unternehmen übertragen würden wir von Internationalisierung, Umsatz- und Marktanteilsgewinnen sprechen.

Der Erfolg der Incas hielt so lange an, wie es ihnen gelang, innerhalb des komplexer werdenden Systems die Einzelinteressen der Mächtigen mit denen anderer Stakeholder auszugleichen und die zerstörerischen Energien, die von innen wirkten, zu domestizieren. Aber diese einem sorgsam austarierten Gleichgewicht der Kräfte entspringende Wachstumsenergie währte nicht ewig. Scheinbar kleine Veränderungen sorgten erst für Destabilisierung und leiteten dann den Untergang ein.

Ohne direkten Bezug zum Unternehmen erkennen wir einige Gesetzlichkeiten von Systemen, die offenbar über den Wandel der Jahrhunderte hinweg gelten: Jeder lange andauernde Erfolg birgt in sich schon den Keim des Scheiterns, weil die verantwortlichen Akteure zunehmend blind werden für neue, ungekannte Bedrohungen. Aufkommende neue Technologien können bewährtes Führungswissen innerhalb kurzer Zeit abwerten und die Schaffung neuen Führungswissens erforderlich machen. Überzogener Egoismus und Nepotismus der Gestalter bringen ein System in die Risikozone und beschleunigen den Niedergang. Der Abstand der Jahrhunderte schafft eine Klarheit, die es erlaubt, Parallelen zur Jetztzeit zu ziehen. Auch heute erleben wir radikale Umbrüche. Für die Incas waren die Reiterei und die Waffen der Spanier ungekannte, disruptiv wirkende Technologien – für uns sind es Digitalisierung und Roboterisierung. Für die Incas waren die Herrschafts- und Kriegstechniken der Spanier die große, Unsicherheit schaffende Veränderung – für uns sind es der Wegfall der Verlässlichkeit in der Politik und ein sich beschleunigender gesellschaftlicher Wertewandel im Kleinen und im Großen. Und: Menschen mit überzogenem Ego und unnötige Konflikte gibt es immer noch – gerade in der Wirtschaft.

Das vorliegende Buch sollte für jeden von uns Anlass sein, eine Standortbestimmung vorzunehmen. Wir sollten unsere Routinen überprüfen, Bewährtes nicht einfach weiter als Dauerlösung hinnehmen und unsere Wahrnehmung für die innerhalb und außerhalb des Systems wirkenden Kraftfelder schärfen. Nur dann wird es uns gelingen, die Dynamiken zu unseren Gunsten zu nutzen und aus den Veränderungen das zu formen, was wir alle brauchen: einen Aufbruch in ein neues Zeitalter.

Prof. Dr. Peter May
Bonn-Bad Godesberg, im Juni 2017

Eine Peru-Reise mit unerwarteten Folgen

Dies ist kein Buch über die Incas, aber ohne die Incas gäbe es dieses Buch nicht. Es begann ganz harmlos mit einer geschäftlichen Reise von Paul Williams nach Peru. Paul hatte sich im Vorfeld mit Latein-amerika-erfahrenen Freunden besprochen, die dringend rieten, doch mehr von der wunderbaren Kultur des Landes zu erleben als drei Tage Lima Hilton. Ihr Enthusiasmus hatte Folgen: An den Businesstermin schloss sich eine Peru-Reise von sieben Freunden aus vier Nationen an, an der auch Andreas Krebs teilnahm.

Wir waren durchaus vorbereitet auf die indigene Hochkultur des 15. und 16. Jahrhunderts. Doch was uns peruanische Führer auf 3500 Metern Höhe in einer atemberaubenden Landschaft dann er-zählten, stimmte uns nachdenklich. In Tipón, einer früheren Agrar- und Forschungsstätte der Incas 30 Kilometer nordöstlich von Cusco, erfuhren wir genauer, wie die Incas in knapp 100 Jahren ein Imperium schufen, das sich fast 5000 Kilometer entlang der Anden vom heutigen Ecuador im Norden bis weit nach Chile hinein im Süden erstreckte. Wie sie dieses Reich mit 200 Ethnien effizient durchorganisierten und zusammenhielten. Wie sie durch kluge Anbautechniken Überschüsse erwirtschafteten, Vorratsspeicher bauten, für Kranke und Familien ohne Ernährer sorgten, und das in einer Zeit, in der in Europa Seu-chen und Hungersnöte wüteten. Wie sie anderen Völkern ein Angebot zum »Friendly Takeover« machten und erst zu den Waffen griffen, wenn die Offerte ausgeschlagen wurde. Wie sie die Unterlegenen kon-sequent integrierten und besetzte Regionen durch Umsiedlung und Entwicklung der Infrastruktur befriedeten.

Eigentlich hatten wir auf dieser Reise Abstand zu unserem Tagesge-schäft als Manager, Aufsichtsräte, Investoren und Coachs gewinnen wollen. Doch plötzlich redeten wir ständig über Management – »Inca-Management«. Wie konnte es sein, dass die Incas, die weder über die Schrift verfügten noch das Rad nutzten (geschweige denn moderne Kommunikationstechnik), ein riesiges Imperium beherrschten, während zahlreiche Firmenzusammenschlüsse heute unter weitaus günstigeren Voraussetzungen scheitern? Wie schafften es die Incas, über viele Jahrzehnte eine akzeptierte Führungselite zu etablieren, während moderne Topmanager sich regelmäßig den Vorwurf der Egomanie und Abgehobenheit gefallen lassen müssen? Warum folgten zahlreiche Völker den »Kindern der Sonne«, während heutige Unternehmenslenker oft vergeblich versuchen, Firmenkonglomerate auf einen gemeinsamen Kurs einzuschwören?

Natürlich lassen sich die Methoden einer strikt hierarchischen Gesellschaft der frühen Neuzeit nicht eins zu eins in die Gegenwart übertragen. Doch eines machten unsere hitzigen Debatten deutlich: Die Incas halten uns einen Spiegel vor. Sie sind uns fremd – und doch verblüffend nah. Die Inca-Elite stand vor ähnlichen Herausforderungen wie Manager von heute: klare Ziele zu formulieren, andere davon zu überzeugen, in einem rauen Umfeld Veränderungen und Innovationen anzustoßen, unterschiedliche Gruppen zu einen, Vorhaben stringent umzusetzen.

Das ist es, worauf es jenseits aller Management-Moden und Buzzwords von »Diversity« bis »Disruption« bis heute ankommt. Genau darum dreht sich dieses Buch: Was ist wirklich entscheidend, wenn Führungskräfte Unternehmen oder Organisationen auf Erfolgskurs halten wollen? Die Incas dienen uns dabei als Initialzündung, treten dann aber in den Hintergrund. Stattdessen schöpfen wir aus unserer eigenen Unternehmenspraxis und aus dem, was uns Gesprächspartner – Topmanager aus unterschiedlichsten Kontexten vom internationalen Konzern über erfolgreiche Familienunternehmen bis hin zu Start-ups, Beratungsunternehmen, öffentlich-rechtlichen Organisationen und NGOs – mit auf dem Weg gaben (vgl. »Unsere Interviewpartner«). Wir danken allen Gesprächspartnern für ihre Offenheit. Einige besonders brisante Geschichten haben wir in Abstimmung mit ihnen anonymisiert.

Von einer unkritischen Verklärung der Incas sind wir weit entfernt. Denn auch das gab es: Deportationen ganzer Völker und Dörfer, Kinderopfer, eine rigide Reglementierung des Einzelnen, der weder Aufenthaltsort noch Beruf frei wählen konnte. Zudem ist nach knapp einem Jahrhundert grandioser Erfolge etwas ebenso grandios schiefgegangen. 1532 schlägt der spanische Eroberer Francisco Pizarro mit weniger als 200 Soldaten das 12 000 Köpfe zählende Heer der Incas und nimmt ihren Herrscher (den »Inca«) Atahualpa gefangen. Binnen weniger Jahre zerfällt das Inca-Reich, auch wenn der letzte Inca-König, ohnehin eine Marionette der spanischen Konquistadoren, erst 1572 hingerichtet wird. So findig, effizient und konsequent die Incas zuvor ihr Reich beherrschten, so hilflos erscheinen sie im Angesicht des neuen Gegners. Was uns zu der Frage führt, ob herausragende Erfolge zur Endlichkeit verdammt sind, ob jeder Triumph womöglich schon den Keim des Scheiterns in sich trägt.

Auch hier drängt sich die Gegenwart sofort ins Bild: Jeder Manager, jede Führungskraft kennt die Namen jener »Global Player«, scheinbar unangreifbarer Firmenimperien, die einen rasanten Niedergang erlebten oder sogar völlig in der Versenkung verschwunden sind: Kodak. Nokia. AOL. Pan Am. Arthur Andersen. Auch in Deutschland finden sich zahlreiche Beispiele, seien es Quelle, Grundig oder Schlecker. Nimmt man die jährliche Forbes-Liste der 500 umsatzstärksten Unternehmen weltweit zum Maßstab, so wird rasch deutlich: Kaum eine Organisation kann sich dauerhaft im Olymp der zehn wirtschaftlich erfolgreichsten Unternehmen halten. Möglicherweise ist es gerade die Illusion der Unbesiegbarkeit, die den manchmal rasanten Absturz vorprogrammiert. Für Führungskräfte und Manager bedeutet das, auch und gerade in Zeiten sicherer Erfolge wachsam zu bleiben, Schwachstellen zu prüfen und sich und das Unternehmen weiterzuentwickeln. Sonst geht es einem wie jenem deutschen Topmanager, der großspurig aus dem schwäbisch verwurzelten Daimler-Konzern eine »Welt AG« machen wollte, damit den Anfang vom Ende seiner Karriere einleitete und Milliarden Dollar verbrannte.

Was uns noch wichtig ist: Auch wenn wir unsere Darstellung der Incas sorgfältig recherchiert und Fachleute in Peru, den USA und Deutschland herangezogen haben, maßen wir uns nicht an, ein erschöpfendes, historisch vollständiges Bild zu zeichnen. Dazu gibt es andere wunderbare Bücher. Zum Einstieg empfohlen seien etwa der prachtvolle Katalog und weitere Begleitpublikationen der großen Inca-Ausstellung von

2013 im Lindenmuseum Stuttgart (»Inka. Könige der Anden«). Unser Blick auf die Incas ist der selektive Blick heutiger Führungskräfte. Uns selbst hat dieser Blick tiefere Einsichten in unser eigenes Denken und Handeln im Unternehmenskontext ermöglicht als zahllose gut gemeinte PowerPoint-Präsentationen und Führungsworkshops zuvor. Wir hoffen, dass es diesem Buch gelingt, einen Teil unserer Faszination weiterzugeben. Und wir freuen uns, wenn unsere manchmal überraschenden Einsichten Sie bis zur letzten Seite auch gut unterhalten. Langweilige Bücher gibt es schließlich schon genug! Und wer weiß: Vielleicht sehen wir uns ja auf einer gemeinsamen Unternehmerreise nach Peru? Sprechen Sie uns an!

Monheim am Rhein, im Juni 2017
Andreas Krebs und Paul Williams
www.inca-inc.com

PS: Eigentlich sollte es sich von selbst verstehen: Wenn wir von »Managern« oder »Führungskräften« sprechen, schließen wir damit beide Geschlechter mit ein. Auf Doppelkonstruktionen wie »Manager/in« verzichten wir dennoch aus Gründen der Lesbarkeit.

Und noch eine Anmerkung: Bei dem Andenvolk, das uns so beeindruckt hat, haben wir uns für die internationale Schreibweise entschieden – also »Inca« statt »Inka«. Schließlich dachten auch die Incas schon vor 500 Jahren über nationale Grenzen hinweg ...

»Jahrelange Erfolgsgeschichten können zu einem nicht zu rechtfertigenden Selbstvertrauen führen, zur irrigen Annahme, ›Wir kriegen das schon hin‹.«

PROF. DR. IRIS LÖW-FRIEDRICH, TOPMANAGERIN
UND MULTI-AUFSICHTSRÄTIN

Kein Aufstieg ohne Fall?
Ein Blick auf die Fortune 500

Alljährlich veröffentlicht das Magazin *Fortune* die Liste der Top 500. Hier sind sie versammelt: die Big Player, die umsatzstärksten Unternehmen der Welt. Doch kaum eine Organisation schafft es, ihren Spitzenplatz im Wirtschaftsolymp dauerhaft zu halten. Ist der Moment des größten Triumphs womöglich auch der der größten Verwundbarkeit? Trägt jeder außergewöhnliche Erfolg schon den Keim des Scheiterns in sich? Anders gefragt: Gibt es keinen Aufstieg ohne Fall? Wenn Weltreiche zusammenbrechen, Hochkulturen wie die der Incas innerhalb weniger Jahre in der Bedeutungslosigkeit versinken, woher nehmen Unternehmensführer und Manager unserer Zeit die Zuversicht, dass ihr Erfolg von heute auch morgen und übermorgen noch andauern wird? Und wichtiger noch: Gibt es Warnsignale für den drohenden Untergang? Diese Frage betrifft selbstverständlich nicht nur Großunternehmen. Wir alle kennen schließlich Start-ups, die nach einem kometenhaften Aufstieg ebenso spektakulär scheiterten, und traditionsreiche Mittelständler, deren Erfolgskurve nach vielen Jahrzehnten scheinbar urplötzlich zu Ende war.

Wer spricht heute noch von Nokia?

Wenn Sie heute einen Smartphone-gewieften Dreizehnjährigen fragen, was er von Nokia hält, wird er Sie wahrscheinlich verständnislos anblicken:»Hä – Nokia?« Dabei war das finnische Unternehmen noch vor wenigen Jahren ein echtes Schwergewicht: Von 1998 bis 2011 dominierte es den weltweiten Markt für Mobiltelefone, als weltgrößter Handy-Hersteller und Marktführer. 2004 belegte Nokia in der *Fortune*-Liste der 500 größten Unternehmen der Welt einen stolzen Platz im vorderen Drittel (Rang 122). Ein kleines Land mit rund fünf Millionen Einwohnern beherrschte souverän eine Zukunftsbranche.

Die Geschichte von Nokia könnte Stoff für ein Hollywood-Drama liefern: 1865 baut der Ingenieur Fredrik Idestam am Fluss Nokianvirta im Süden Finnlands eine Zellstoffmühle und Papierfabrik und nennt sie»Nokia«. Gut drei Jahrzehnte später, 1898, gründet Eduard Polón eine Fabrik, die Gummistiefel und Radmäntel produziert, die Finnish Rubber Works. Und noch einmal knapp 15 Jahre später entstehen die Finnish Cable Works, gegründet von Arvid Wickström. Ab 1963 produzieren die Cable Works auch kabellose Telefone für die Armee. Die drei Unternehmen kooperieren bereits 45 Jahre miteinander, als sie 1967 zum Technologiekonzern Nokia verschmelzen. Forstwirtschaft, Gummi, Kabel, Elektronik und Stromproduktion bleiben Geschäftsbereiche, bis die Deregulierung des europäischen Telekommunikationsmarktes Anfang der Achtzigerjahre die Weichen neu stellt. Als das skandinavische Mobilfunknetz NMT (Nordic Mobile Telephone) entsteht, produziert Nokia 1981 das weltweit erste mobile Autotelefon und ab 1987 auch Mobilfunktelefone.[1] Ab da geht es Schlag auf Schlag: Nokia konzentriert sich auf Mobiltelefone und wächst und wächst und wächst. Andere Geschäftsbereiche wie Gummi, Kabel oder Stromerzeugung werden abgestoßen. Das Unternehmen begeistert mit technischen Neuerungen wie dem Smartphone-Vorläufer»Communicator« (1996); vor allem aber überschwemmt es den Markt mit günstigen und robusten Handys für jedermann. 2002 stammt jedes dritte auf der Welt verkaufte Mobiltelefon von Nokia (Marktanteil 35,8 Prozent), nur jedes sechste von Motorola (15,3 Prozent) und nicht einmal jedes zehnte von Samsung (9,8 Prozent). Das bestverkaufte Handy aller Zeiten ist das Nokia 1100, das sich bis 2013 mehr als 250 Millionen Mal verkauft haben wird:[2]

Das Unternehmen aus dem finnischen Espoo scheint unbesiegbar. Und leider fühlt man sich auch so. Denn auf dem Höhepunkt der wirtschaftlichen Macht bringen sich neue Wettbewerber in Stellung. Als 2004 die ersten Klapphandys erscheinen, setzt Nokia weiter auf »bewährte« Modelle, und als Apple 2007 das erste Smartphone mit Touchscreen herausbringt, hält CEO Olli-Pekka Kallasvuo das iPhone wörtlich für ein »Nischenprodukt«. Obwohl die Nokia-Techniker immer wieder neue Ideen liefern und nicht selten Vorreiter sind – etwa beim ersten Kamera-Handy (Nokia 7650) oder beim Internet Tablet 770 –, reagiert das Unternehmen zu langsam und schwerfällig. Zu allem Überfluss bricht in der Führungsetage ein Streit aus: Soll man die Smartphone-Entwicklung forcieren oder weiter besonders günstige Handys bauen? Der langjährige Leiter des Deutschland-Geschäfts, Razvan Olosu, zeichnet »das Bild einer riesigen Behörde, voller Handy-Beamter auf Lebenszeit«.[3] Die Mitarbeiter am deutschen Standort Ratingen benennen zu Beginn der Krise die eigenen Meeting-Räume vielsagend um: Aus »Helsinki«, »Berlin« oder »London« werden die Räume »Funktioniert hier nicht«, »Wird nie approved« und »Global will das«.[4] Mit »Global« ist übrigens die zögerliche Zentrale gemeint. Das nennt man wohl Galgenhumor.

Genauso rasant, wie es zehn Jahre zuvor aufwärts ging, geht es nun bergab. Ab 2008 sinkt der Marktanteil von Nokia drastisch, ab 2011 schreibt das Unternehmen Verluste. Im gleichen Jahr einigt man sich mit Microsoft auf eine Kooperation: Das eigene Betriebssystem wird aufgegeben, stattdessen wird nun MS Windows auf Nokia-Handys installiert. Die Branche spottet derweil über zwei rostige Schlachtschiffe, die gemeinsam Fahrt aufnehmen wollen. Gegen Apples iPhone und das auf Geräten von Samsung, LG und anderen Unternehmen genutzte Android-System bleibt man erfolglos. Zwei Jahre später übernimmt Microsoft die Mobiltelefonsparte von Nokia. »Das finnische Handywunder ist zu Ende«, urteilt das Branchenmagazin *connect*. Heute definiert sich Nokia als führender Anbieter von Netzwerktechnologie. Der Aktienkurs seit 1999 gleicht einem Hochgebirge mit Schwindel erregenden Höhen um die Jahrtausendwende, das ab 2009 in eine konstant flache Ebene übergeht. Wer 2000 über 60 Euro für eine Nokia-Aktie bezahlte, bekam Anfang 2016 weniger als 5 Euro dafür.

Wenn man sich mit der Geschichte der Incas beschäftigt, hat man bei der Lektüre der Nokia-Firmengeschichte gleich mehrere Déjà-vus. In beiden Fällen verändert ein kleines Volk die Welt, weil es findiger, konsequenter und damit zunächst erfolgreicher ist als potenzielle Konkurrenten. Dabei nutzen beide die Gunst der Stunde. Der Aufstieg der Incas vom unbedeutenden Andenvolk zur Großmacht begann circa 1100. Was für Nokia die Deregulierung des Mobilfunkmarktes und das Know-how in Sachen drahtloser Telekommunikation, waren für die Incas ungewöhnliche Kälteperioden in den Anden und entlang der Pazifikküste, in denen sich ihre Kenntnisse in Agrarwirtschaft, Bewässerungswesen und Anbautechniken als überlegen erwiesen. Während andere Völker die kalten Hochebenen verließen, Dürre am Pazifik und extreme Niederschläge andernorts zu Landflucht und kriegerischen Auseinandersetzungen führten, handelten die Incas getreu ihrem Motto, »Ordnung in die Welt bringen«. Sie legten an steilen Hängen tausende Terrassen an, bauten Bewässerungsanlagen, leiteten Flüsse um. Sie kultivierten gezielt jene Feldfrüchte, die den klimatischen Bedingungen angepasst waren, etwa eine Kartoffelart, die sich leicht gefriertrocknen ließ. Die Expansion der Incas basierte stark auf ihrem (land)wirtschaftlichen Erfolg durch innovative Anbaumethoden. Wie die Finnen, die mit robuster, nicht zu teurer Technik weltweit erfolgreich waren, exportierten die Incas ihre Erfolgsrezepte in Nachbarregionen und gewannen so immer mehr Einfluss. Ihr goldenes Zeitalter mit großen Landgewinnen begann unter der Regentschaft Pachacutec Yupanquis (1438–1471). Doch wie die Finnen, die sich kaum vorstellen konnten, dass ihre Siegesserie einmal enden könnte, klammerten die Incas sich auch dann noch an bewährte Rezepte, als sie sich mit einem Gegner konfrontiert sahen, der nach völlig anderen Regeln spielte. Wo man sich bei Nokia nicht vorstellen konnte, dass Apple mit einem einzigen, noch dazu teuren Gerät wie dem iPhone der Nokia-Produktvielfalt günstiger Geräte den Rang ablaufen könnte, war es für die Incas unmöglich, sich auf einen Gegner einzustellen, der mit den bewährten Methoden der »freundlichen« Übernahme oder aber Unterwerfung nicht zu fassen war: die spanischen Konquistadoren unter Francisco Pizarro.

In beiden Fällen besiegelten interne Konflikte den Untergang. Bei den Incas war es der Bruderkrieg, der ausbrach, als Huayna Cápac 1527 das Reich unter seinen beiden Söhnen Atahualpa und Huáscar aufteilte. Beide Brüder scharten die Volksgruppen ihrer verschiedenen Mütter und weitere Verbündete hinter sich und kämpften erbittert. Als 1532 Francisco Pizarro das Inca-Reich erreichte, war es bereits stark geschwächt und daher leichte Beute für die Invasoren. Den Niedergang von Nokia beschleunigte der Richtungsstreit in der Führungsetage unter Olli-Pekka Kallasvuo ab 2007, in dem Befürworter und Gegner einer Strategieänderung weg vom günstigen Handy und hin zum Smartphone sich gegenüberstanden. Und in beiden Fällen versanken die einst so mächtigen und scheinbar Unbesiegbaren innerhalb weniger Jahre in der Bedeutungslosigkeit: hier die »Könige der Anden«, dort die Herrscher des Handy-Marktes. Kann es sein, dass mit einem grandiosen Aufstieg unweigerlich jene Hybris geboren wird, die den späteren Absturz schon vorprogrammiert?

Rasante Gipfelstürmer, schockierende Abstürze

Die Beschäftigung mit den umsatzstärksten Unternehmen der Welt lehrt Demut. Die erste globale »Fortune 500«-Liste des US-Magazins *Fortune* erschien 1990, basierend auf den Umsatzdaten des Vorjahres. Vergleicht man die Top Ten dieser Aufstellung mit den Spitzenreitern der 2000 und 2015 veröffentlichten Listen, gewinnt man einen ersten Eindruck, wie fragil außergewöhnliche Unternehmenserfolge sind. Nach zehn Jahren finden sich nur noch fünf der ersten Spitzenreiter unter den Top Ten (farbig hinterlegt), nach weiteren 15 Jahren sind es noch drei der 1990 platzierten (farbig hinterlegt).

Rang	Unternehmen	Land	Umsatz 1989 in Mrd. $	Branche
1.	General Motors	USA	126,974	Automobile
2.	Ford	USA	96,933	Automobile
3.	Exxon	USA	86,656	Öl und Gas
4.	Royal Dutch Shell	Niederlande	85,528	Öl und Gas
5.	IBM	USA	63,438	Technologie
6.	Toyota	Japan	60,444	Automobile
7.	General Electric	USA	55,264	Mischkonzerne
8.	Mobil	USA	50,976	Öl und Gas
9.	Hitachi	Japan	50,894	Technologie
10.	BP	Großbritannien	49,484	Öl und Gas

Rang	Unternehmen	Land	Umsatz 1999 in Mrd. $	Branche
1.	General Motors	USA	189,058	Automobile
2.	Walmart	USA	166,809	Handel
3.	ExxonMobil	USA	163,881	Öl und Gas
4.	Ford	USA	162,558	Automobile
5.	DaimlerChrysler	Deutschland	159,986	Automobile
6.	Mitsui & Co.	Japan	118,555	Mischkonzerne
7.	Mitsubishi Corporation	Japan	117,766	Handel
8.	Toyota	Japan	115,671	Automobile
9.	General Electric	USA	111,630	Mischkonzerne
10.	Itochu	Japan	109,069	Handel

Rang	Unternehmen	Land	Umsatz 2014 in Mrd. $	Branche
1.	Walmart	USA	485,651	Handel
2.	Sinopec	VR China	446,811	Öl und Gas
3.	Royal Dutch Shell	Niederlande	431,344	Öl und Gas
4.	China National Petroleum	VR China	428,620	Öl und Gas
5.	ExxonMobil	USA	382,597	Öl und Gas
6.	BP	Großbritannien	358,678	Öl und Gas
7.	State Grid	VR China	339,426	Versorger
8.	Volkswagen	Deutschland	268,566	Automobile
9.	Toyota	Japan	247,702	Automobile
10.	Glencore	Schweiz	221,073	Rohstoffhandel

Abb. 1: Die Top 10 der »Fortune 500«-Listen 1990, 2000 und 2015

Die Liste bildet auch die tektonischen Verschiebungen der Weltwirtschaft ab: Wo noch 1990 die USA mit sechs Unternehmen dominierten, gefolgt von Japan mit zwei Organisationen, sind es 2015 noch ganze zwei US-Unternehmen und ein japanisches, dafür aber gleich drei aus der Volksrepublik China. Herausgefallen sind klangvolle Namen wie IBM (1990 das fünftgrößte Unternehmen der Welt; 2015 auf Rang 82) oder General Electric (2015 Rang 24). Der Spitzenreiter von 1990, General Motors, belegt 2015 Rang 21. Riesige Öl- und Gasproduzenten dominieren heute mit fünf der ersten sechs Plätze.

In der Welt der Wirtschaft gilt: Sicher ist, dass nichts sicher ist. Der Erfolg von gestern ist kein Garant für den Erfolg von morgen. Leider gerät das in guten Zeiten offenbar fast automatisch in Vergessenheit und kann zu waghalsigen Manövern verführen. So ist das Gastspiel des deutschen Autobauers Daimler in den Top Ten des Jahres 2000 der Fusion mit Chrysler zu verdanken, laut CEO Jürgen Schrempp damals eine »Hochzeit, die im Himmel geschlossen« wurde. Schrempps ehrgeiziges Ziel: die »Welt AG«, ungeachtet aller gängigen Erfahrungen mit der Schwierigkeit von Fusionen und ungeachtet der Skepsis der eigenen Händler. »Was wollen die bloß mit diesem amerikanischen Schrott«, zitiert die *Süddeutsche Zeitung* einen ratlosen Mercedes-Verkäufer. Er sollte recht behalten. 2009 endete die himmlische Ehe mit einer 40 Milliarden teuren Scheidung. Der Fall DaimlerChrysler ist ein Musterbeispiel für brachiale Egomanie eines Topmanagers und für eine verfehlte Merger-Strategie. Von diesen Fallstricken und der Schwierigkeit, ihnen auszuweichen, wird im achten Kapitel (»Ego schlägt Sache«) ausführlich die Rede sein. Denn vor »Ego-Tripping« ist kaum jemand gefeit, der es mit Selbstbewusstsein und Durchsetzungsvermögen bis an die Spitze geschafft hat. Die Frage ist: Wie gelingt die Gratwanderung zwischen Ehrgeiz und Egomanie, zwischen visionärer Kraft und Größenwahn? Wie verhindert man seine persönlichen »Indiana-Jones-Momente«?

Sie fragen sich, was dagegen sprechen könnte, dem beliebten Film-Abenteurer nachzueifern? Nun, nüchtern betrachtet ist der Archäologe Indiana Jones alles andere als ein Vorbild: Am Ende jeder seiner Reisen hat er zwar den begehrten Schatz gefunden, zugleich aber reihenweise zerstörte Tempel und Monumente hinterlassen. Wie der von Harrison Ford verkörperte Dr. Jones neigen auch viele Manager dazu, Eigeninteressen als Dienst am »großen Ganzen« zu verbrämen. So erweisen sie ihrem Unternehmen in Wahrheit einen Bärendienst. Wir wissen, wovon wir reden, und werden im letzten Kapitel von unseren persönlichen Indiana-Jones-Momenten berichten. Davor widmen wir uns im sechsten Kapitel der Frage, aus welchen weiteren Gründen zahlreiche Unternehmensfusionen ähnlich wie die von Daimler und Chrysler radikal scheitern und was moderne Unternehmensführer womöglich von den Incas und ihrer ausgeklügelten »Integrationspolitik« lernen können.

Zurück zu den Fortune 500. Die Automobilindustrie ist eine Branche, an der sich viele Abstiegsfallen illustrieren lassen. Dazu gehört das Thema Werte. Wie sich der Umsatz von Volkswagen, im Jahr 2015 Platz 8 der Fortune 500, angesichts des Abgasskandals entwickeln wird, bleibt abzuwarten. Zumindest in den USA war der Absatz im Februar 2016 im Vergleich zum Vorjahresmonat um satte 13 Prozent zurückgegangen.[5] In US-Werbespots hatte VW seine Dieselfahrzeuge als super sauber präsentiert: Eine ältere Dame hält bei laufendem

Motor ein schneeweißes Tuch vor den Auspuff, und das Tuch bleibt blütenrein. Wer so offensichtlich Werte-Kulissen bewegt, wird abgestraft (unser Thema in Kapitel 4). Dass Werte mehr sind als Textbausteine für Neujahrsversammlungen und Kick-off-Meetings, illustriert auch die Führungskultur von Volkswagen, die der Spiegel einmal als »Nordkorea minus Arbeitslager« beschrieb.[6] Wo alle vor dem Herrscher zittern, kann es den Kopf kosten, wenn man gesetzte Ziele zu den gesetzten Kosten nicht erreicht. Also wurde geschwiegen und getrickst, und der Konzern muss jetzt mit weitaus höheren Kosten für den daraus resultierenden Betrug rechnen. Fatalerweise setzte sich das Werte-Dilemma bei VW auch nach Entdeckung der »Schummel-Software« fort: So bestand das Topmanagement im Frühjahr 2016 auf Millionen-Boni, während Mitarbeiter längst um Arbeitsplätze bangten und Einschnitte hinnehmen mussten. Dabei zeichnet sich ab, dass immer häufiger Managementerfolge nachträglich neu bewertet und Forderungen nach Rückzahlung von Boni laut werden. Offenbar ist es schwierig, auf Top-Ebene die Bodenhaftung zu behalten, wenn einem kaum noch jemand unangenehme Wahrheiten sagt. Wie umgeht man diese Falle?

Darüber hinaus gibt es noch weitere Komponenten des Unternehmenserfolgs, die wir in diesem Buch auf den Prüfstand stellen: Wann gehen die gern pathetisch beschworenen Unternehmensvisionen nach hinten los (Kapitel 1)? Wieso gelang den Incas über viele Jahrzehnte, woran viele Unternehmen scheitern: tatsächlich die Talentiertesten mit Führung zu betrauen (Kapitel 2)? Was zeichnet glaubwürdige Führung aus (Kapitel 3)? Wie vermeidet man ruinöse Machtkämpfe, die nicht nur das Inca-Reich zu Fall brachten, sondern bis heute Unternehmen gefährden? Und wie bewahrt man nüchterne Urteilskraft angesichts der oft interessegeleiteten und daher tendenziösen »Briefings« anderer? Auch in diesem Punkt stimmt die Geschichte der Incas oder besser gesagt unser Blick auf diese nachdenklich: 500 Jahre lang wurde das Bild der Incas durch katholische Missionare und gierige Eroberer geprägt, Eindringlinge, die ihr brutales Vorgehen durch die Abwertung einer vermeintlich »primitiven« Kultur rechtfertigen mussten. »Wer erzählt mir was mit welchen Hintergedanken?«, lautet eine Frage, die sich auch im Unternehmensalltag regelmäßig zu stellen lohnt (vgl. Kapitel 7 »Urteilskraft«).

Eine »Logik des Niedergangs«?

»Nichts ist so beständig wie der Wandel«, stellte der griechische Philosoph Heraklit von Ephesus schon vor rund zweieinhalb Jahrtausenden fest. In der Bibel warnt Joseph den Pharao, dass auf »sieben fette Jahre« sieben magere folgen werden (1. Mose 41). Auf mittelalterlichen Darstellungen dreht Fortuna das Glücksrad, unerbittlich und ohne Ansehen der Person. Die Botschaft: Wer gerade noch oben auf ist, dessen Schicksal kann sich schon bald wenden. Fortuna befördert ihn unaufhaltsam nach unten, immerhin mit der Chance, irgendwann wieder obenauf zu sein. Auch Goethe glaubte offenbar nicht an stabiles Glück: »… alles muss in Nichts zerfallen, / wenn es im Sein beharren will«, dichtete er und empfahl »umzuschaffen das Geschaffne, / damit sich's nicht zum Starren waffne«.[7]

Der Gedanke der Wankelmütigkeit des Erfolgs ist vermutlich so alt wie die Menschheit. Für Unternehmen heißt das: Kometenhafte Aufstiege sind jederzeit möglich, aber auch rasante Abstürze. Dazu muss man nicht den modischen Hinweis auf »disruptive« Technologien bemühen; im Kern steckt diese Idee schon in Joseph Schumpeters bekannter (und mehr als 70 Jahre alter) These der »kreativen Zerstörung«. Danach wird der Kapitalismus durch Innovationen vorangetrieben – neue, bessere Verfahren und Technologien bedrohen fortlaufend die bestehenden, die Spielregeln der Produktion ändern sich. Auch der mechanische Webstuhl oder die Dampfmaschine waren so gesehen Auslöser einer »Disruption« und verschwanden nach einer weiteren Drehung des innovativen »Glücksrades«.

Wer bestehen will, muss sich daher rechtzeitig wandeln – nur was sich verändert, bleibt. Wir alle kennen Beispiele von Unternehmen, die den Zug der Zeit verpassten, unverdrossen Schreibmaschinen produzierten, während der Personal Computer Einzug hielt, auf mechanische Uhrwerke setzten, obwohl billigere Digitaluhren den Markt überschwemmten, usw. Neben solchen externen Faktoren können aber auch hausgemachte Fehler ein Unternehmen Talfahrt aufnehmen lassen, siehe DaimlerChrysler, Schlecker oder Volkswagen. Gilbert Probst und Sebastian Raisch von der Universität Genf haben in diesem Zusammenhang schon 2004 die Frage aufgeworfen, ob es so etwas wie eine »Logik des Niedergangs« gibt. Dazu analysierten sie die

100 größten Unternehmenskrisen der vorausgegangenen fünf Jahre in den USA und Europa, d. h. die fünfzig größten Insolvenzen sowie 50 Fälle, in denen Unternehmen binnen dieses Zeitraums mindestens 40 Prozent ihres Börsenwertes eingebüßt hatten. Probst und Raisch identifizierten vier Merkmale eines dauerhaften Unternehmenserfolgs:

- starkes Wachstum,
- Bereitschaft zur permanenten Veränderung,
- eine starke (»visionäre«) Führung und
- eine leistungsorientierte Unternehmenskultur.[8]

70 Prozent der scheiternden Unternehmen besaßen all das – jedoch im Übermaß. Zu schnelles Wachstum, hektische Veränderungsprozesse, übermächtige (starrsinnige) CEOs und eine »überzogene Erfolgskultur« führten diese Organisationen auf Dauer an den Abgrund. Eine extreme Erfolgskultur etwa, mit hohen Gehältern und Boni, schürt Konkurrenzdenken und Söldnermentalität. Geht es dem Unternehmen schlechter, verlassen davon angezogene Mitarbeiter eilig das sinkende Schiff und beschleunigen seinen Untergang. Extremes Wachstum ist häufig Folge zahlreicher Unternehmensaufkäufe in (zu) kurzer Zeit. Dies erschwert nicht nur die Integration, sondern bürdet den Käufern häufig hohe Schulden auf, die in umsatzschwächeren Zeiten zum Problem werden. Beispiele sind der US-Mischkonzern Tyco oder ABB. Unkontrollierter Wandel führt zur Orientierungslosigkeit auf allen Ebenen. Nach 60 Übernahmen und zahlreichen Restrukturierungen und Richtungswechseln wusste bei ABB zeitweise niemand mehr, wofür das Unternehmen eigentlich steht. Der letzte Sargnagel ist dann eine Führungsspitze, die den Ernst der Lage verkennt, weil der bisherige Erfolg sie selbstherrlich und blind für Gefahren gemacht hat. Das Unternehmen brennt aus, schlittert in die Insolvenz (wie etwa Enron nach einem Wachstum von 2000 Prozent in nur vier Jahren, von 1997 bis 2001) oder wird durch riesige Schuldenberge belastet (wie zeitweise British Telecom, Deutsche Telekom und France Télécom). Probst / Raisch sprechen vom »Burn-out-Syndrom«. Aktuellere Beispiele für dieses Syndrom wären die Porsche AG, die in den VW-Konzern eingegliedert wurde, nachdem sie sich selbst an einem Übernahmeversuch verhoben hatte, die wechselhafte Geschichte von Infineon, die Talfahrt von Valeant, die wir in Kapitel 6 analysieren, oder auch die Drogeriekette Schlecker, die u.a. an einer explodieren-

den Zahl von Filialen und einem beratungsresistenten Firmenpatriarchen scheiterte.

Der Absturz bis dato erfolgreicher Unternehmen ist also keine schicksalhafte Fügung, kein Produkt »äußerer Umstände« oder »disruptiver« Technologien, sondern oft Folge einer Kette interner Fehler, die in Summe – so Probst / Raisch – eine »Logik des Niedergangs« begründen. So weit, so schlecht. Und leider ist es nicht so, dass ein Unternehmen nur vom Gaspedal gehen muss, um auf sicherem Terrain zu bleiben. Die restlichen 30 Prozent der Unternehmen scheiterten an ihrer Trägheit und an zu schwacher und wenig entscheidungsfreudiger Führung. Frühvergreisung (»Premature Aging«) nennen es die Forscher, wenn Unternehmensumsätze stagnieren, Innovationen versäumt werden, Vorstandschefs Reformen blockieren und eine besonders fürsorgliche Unternehmenskultur notwendige personelle Einschnitte verhindert. Ihre Beispiele: United Airlines, Kodak, Xerox, Motorola. Idealerweise achtet ein Unternehmen also auf die richtige Balance: Es setzt auf gesundes Wachstum und auf einen stabilen Wandel, der den Mitarbeitern Veränderungen abverlangt, ohne sie zu überfordern. Es verhindert (außer in akuten Krisen) autokratische Führer und setzt auf Austausch und gegenseitige Kontrolle auch auf der Top-Ebene. Und es pflegt eine »wehrhafte Vertrauenskultur«, in der Leistung belohnt und Nichtleistung sanktioniert wird, ohne die Organisation in ein Haifischbecken zu verwandeln.[9] Vom Topmanagement verlangt all das ein besonnenes und zugleich entschlossenes Handeln.

Doch so plausibel all diese Faktoren in der Rückschau wirken, so anspruchsvoll ist ihre Umsetzung im Unternehmensalltag. Wer vermag schon immer verlässlich zu sagen, ob man sich noch in der Phase gesunder Expansion befindet oder schon auf dem Weg zur Überhitzung? Oder ob die Unternehmenskultur noch ein akzeptables Maß an Wettbewerbsorientierung aufweist oder schon Söldnermentalität provoziert?

Hinzu kommt ein grundsätzliches Dilemma, auf das auch der Management-Vordenker Jim Collins in einem Aufsatz über den Absturz erfolgsverwöhnter Unternehmen hinweist (»How the Mighty Fall«[10]): Umsteuern muss ein Unternehmen (bzw. sein Management) schon, bevor die Missstände für alle offen zutage treten, also in einer Phase, in der scheinbar noch alles gut läuft. Dem steht aber die menschliche Psyche entgegen, wie Probst / Raisch einräumen, die sich schwer damit tut, eine Strategie »bereits zu einem Zeitpunkt [zu] ändern, zu dem diese (zumindest vordergründig) noch erfolgreich ist«.[11] Von den Incas hätte dies beispielsweise erfordert, ihre rastlose Expansionsstrategie schon zu verlangsamen, bevor ihr Reich durch zunehmende Widerstände schwerer regierbar wurde. Oder von großen Versendern wie Quelle oder Neckermann, sich schon um das Online-Geschäft zu kümmern, als das Bestellen per Katalog ihnen noch satte Umsätze und Gewinne bescherte.

Collins' Analyse der Faktoren, die mächtige Unternehmen zu Fall bringen, überschneidet sich übrigens stark mit der seiner Genfer Kollegen. Der US-Berater nennt auf der Basis der Auswertung von zusammen 6000 Jahren Unternehmensgeschichte die »Hybris« erfolgsverwöhnter Manager, die Gier nach mehr Macht, Umsatz und Größe und das Verleugnen von Risiken und Gefahren als Komponenten des Niedergangs. Lässt sich die Misere nicht mehr ausblenden, folgen hektische Rettungsversuche und schließlich Resignation. Doch auch Collins blickt aus sicherer Entfernung auf die Vergangenheit. Die eigentlich spannende Frage ist: Wie erkennen wir als Verantwortungsträger im Unternehmensalltag die ersten, noch schwachen Warnsignale? Wie steuern wir im Vorfeld der Logik des Niedergangs gegen? Wie schärfen wir unsere Sinne, wie blicken wir hinter die Kulissen des Tagesgeschäfts? Diesen (und weiteren) Fragen sind die folgenden Kapitel gewidmet. Die jeweils wichtigsten Erkenntnisse eines Kapitels bündeln wir am Ende zu einem »Inca-Impuls«. Fangen wir gleich damit an!

INCA-IMPULS

- **Der Moment der größten Stärke und des größten Erfolgs ist zugleich der Moment der größten Verletzbarkeit.**

- **Analysieren Sie Ihre »offenen Flanken« – vor allem dann, wenn Sie sich unbesiegbar fühlen!**

1 Eine fesselnde Vision – oder organisierte Überforderung?

Kaum eine Imagebroschüre oder Unternehmenswebsite kommt ohne eine »Vision« aus, und wer Topmanagern schmeicheln will, bezeichnet sie als »visionär«. Doch sind Visionen tatsächlich *immer* nützliche Treiber des Geschehens? Bei den Incas war das einige Jahrzehnte lang der Fall – bis sich ihr Schicksal gerade durch das Diktat ihrer ambitionierten Ziele dramatisch wendete. Karten ihres Reiches beeindrucken noch heute. Sie zeichnen das Bild einer kontinuierlichen Expansion über rund 4500 Kilometer entlang der Westküste Südamerikas, und das in nur sechs Jahrzehnten. Am Ende umfasste das Inca-Imperium ein Gebiet, das sich über Teile des heutigen Ecuador und Peru, Bolivien, Chile und Argentinien erstreckte (siehe Abb. 2). Was steckt hinter dieser rastlosen, geradezu unersättlichen Eroberungspolitik? Die Inca-Herrscher sahen ihre Bestimmung darin, »Ordnung in die Welt zu bringen«. »Veränderer der Welt« oder »Retter der Erde« lautet übersetzt der Name, den sich der Inca Pachacútec gab. Unter seiner Führung begann 1438 die Ausdehnung des Reiches. Dabei konnte die »Welt AG« der Incas gar nicht groß genug sein, ganz wie bei den Global Playern des Silicon Valley heute. Am Ende war ihr Riesenreich nur noch mit Mühe regierbar, doch Rückzug war keine Option. Ähnlichkeiten mit Großkonzernen sind kaum zufällig … Von den Incas wurde jeder Feind eines unterworfenen Volkes als neuer eigener Feind betrachtet. Das forderte weitere Kriegszüge und befeuerte ihre Expansionspolitik stetig. Schließlich verwandelte sich die ehrgeizige Vision in eine Gefahr, die den Untergang des Reiches beschleunigte, weil unterworfene Völker nicht mehr rasch genug inte-

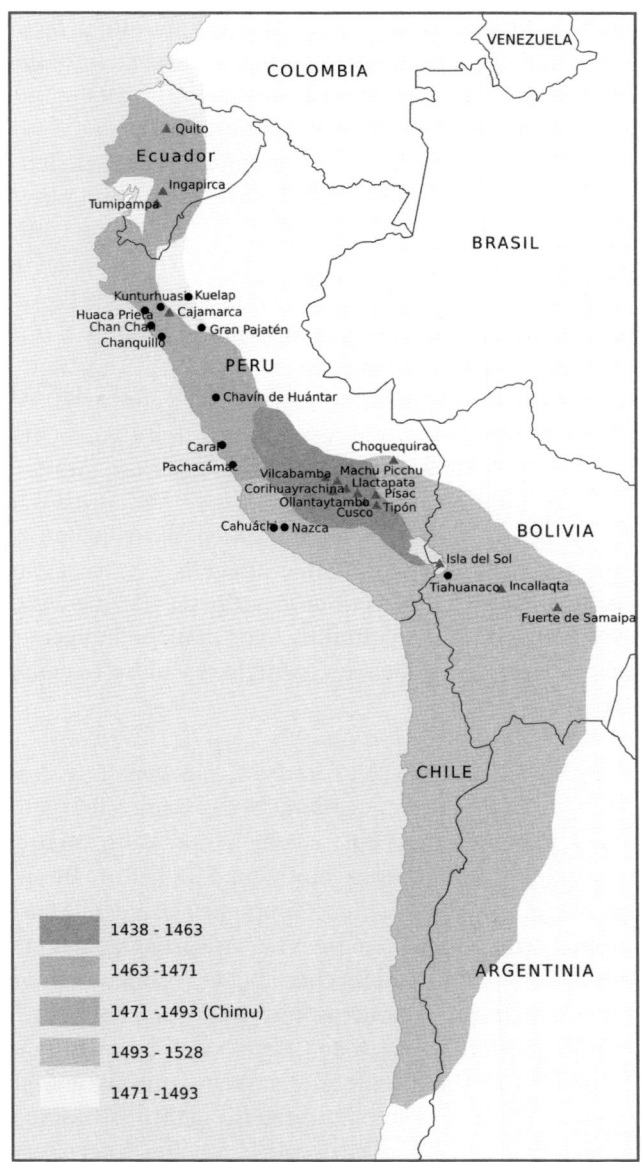

Abb. 2: Ausdehnung des Inca-Reiches im 15. Jahrhundert

griert werden konnten. Viele von ihnen schlossen sich bereitwillig den spanischen Konquistadoren an, die das Inca-Reich zu Fall brachten.[1]

Die selbstbewusste Ur-Idee der Incas, die Welt zu ordnen, besaß offenbar eine erstaunliche Durchschlagskraft. Über Jahrzehnte bestimmte sie das Handeln der Elite, den Export von Anbaustrategien und Bewässerungstechniken, die Nutzung der Ressourcen und handwerklichen Fähigkeiten der »Eingegliederten« – immer mit dem Ziel, den eigenen Machtbereich konsequent auszudehnen und ein reibungslos funktionierendes Staatswesen zu schaffen. Hungern musste im Inca-Imperium niemand, Funde weisen keine Indizien für Mangelernährung auf. Das sah im Europa des 15. Jahrhunderts anders aus. Frei entscheiden konnte im Inca-Reich allerdings auch kaum jemand: Ganze Dörfer wurden umgesiedelt, Handwerker in die Zentren verfrachtet, Arbeitstribute eingefordert. Dass die Inca-Vision einer geordneten Welt dennoch über weite Strecken große Anziehungs- und Überzeugungskraft besaß, hängt auch damit zusammen, dass sie perfekt in die Zeit passte. Ab dem 11. Jahrhundert hatten klimatische Veränderungen mit Dürren im Landesinnern und verheerenden Niederschlägen an den Küsten zu Hungersnöten und dauerhaften kriegerischen Auseinandersetzungen geführt. Nach einer Periode des Chaos war die Vision einer geordneten Welt offenbar so attraktiv, dass manche indigenen Völker das Angebot einer »freundlichen Übernahme« ohne Gegenwehr akzeptierten.

Eine Vision, die in die Zeit passt und wie ein Leitstern strategische Entscheidungen und alltägliches Handeln bestimmt, steht am Anfang vieler großer Unternehmen. Eine solche Vision kann Menschen begeistern, sie zum Mittun anregen, motivieren. Bekannte Beispiele sind Bill Gates' ehrgeiziges Ziel, »einen Computer auf jedem Schreibtisch, in jedem Haus« zu ermöglichen, oder der Anspruch von Google, »das Wissen der Welt« verfügbar zu machen. Beide Visionen markieren den Beginn einer neuen Ära, die Microsoft und Google entscheidend prägten und bis heute prägen. Auch Jeff Bezos' Vision, mit Amazon »das kundenfreundlichste Unternehmen der Welt« zu schaffen, gehört in diese Kategorie. Steve Jobs definierte ebenso schlicht wie ambitioniert: »A vision is how you will make the world a better place«, und reklamierte für sich, eine Delle ins Universum zu schlagen.[2] Der Anspruch der Incas, die Welt zu ordnen, erscheint da gar nicht mehr so vermessen. Jobs jedenfalls nahm für sich und sein Unternehmen in Anspruch, radikal anders zu sein (»Think different«) und eher alles auf eine Karte zu setzen, als »Me-too«-Produkte herzustellen.[3] Kein Wunder also, dass Visionen manchmal als Königsweg zum Unternehmenserfolg gepriesen werden. Doch das ist ein gefährlicher Gedanke, wie das Ende des Inca-Reiches illustriert. Überhaupt: Wie viele der zitierten Visionen sind vielleicht erst im Rückblick entstanden? Wann also brauchen Sie wirklich eine »Vision«, wie sollte sie aussehen und welche Fehler können einer Organisation dabei unterlaufen?

»Wir brauchen keine Vision – pünktliche Lieferung reicht völlig!«

Wer in großen Unternehmen arbeitet, kommt früher oder später an Workshops zu »Visionen«, »Leitbildern« oder »Missionen« nicht vorbei. Dabei verschwimmen die Begriffe vielfach und es passieren sonderbare Dinge. Für uns ist eine echte »Vision« eine ambitionierte, aber realistische Zielprojektion, die geeignet ist, Mitarbeiter wie auch andere Stakeholder zu begeistern. (Okay, Steve Jobs' »Delle« scheint nicht realistisch, aber die nehmen wir metaphorisch.)

Wenn es brennt, lieber erst das Feuer löschen

Wie man Visionen eindeutig nicht kreieren und installieren sollte, erlebte Andreas Krebs in einer internationalen Sitzung bei einem Global Player im Life-Science-Bereich. Der Hintergrund: In einigen Ländern gab es massive Lieferschwierigkeiten bei einem Schlüsselprodukt, weil bestimmte Rohstoffe nicht rechtzeitig geliefert wurden. Es drohten also erhebliche Umsatzeinbrüche. Mitten in der hitzigen Diskussion der international vom Vorstand und den wichtigsten Länderchefs besetzten Runde wurde vom CEO der 45-minütige Programmpunkt »Technical Operating Vision« (Vision des Zentralbereiches Produktion) angekündigt. Nach einem Imagefilm mit pathetischen Zukunftsparolen (»We want to be the best« usw.) begann eine Mitarbeiterin mit einer umfangreichen PowerPoint-Präsentation. Schon bei Folie 3 platzte dem Landeschef aus Frankreich der Kragen: »Hey guys, we don't need to be the best, just normal supply would be fine!« Großes Gelächter – und eine düpierte Visionsbeauftragte.

An einer Vision zu arbeiten, während das Unternehmen mitten in einer Krise steckt, ist ungefähr so, als würde ein Kapitän bei Windstärke 12 die Mannschaft zusammentrommeln, um die Schönheit eines Ziels zu beschwören, das man möglicherweise niemals erreichen wird. Wie kommt es zu solchen Absurditäten? Aus der Beobachtung heraus, dass erfolgreiche Unternehmen oftmals über eine zündende Vision ihrer Zukunft und ihres Beitrags zur Welt verfügen, wird ein falscher Umkehrschluss gezogen: Erst die Vision, der Rest ergibt sich! Doch überzeugende Visionen sind keine Retortenprodukte, die man mal eben zusammenbastelt. »Visionen lassen sich nicht machen, man muss sie sich entwickeln lassen. Dieser Prozess darf nie enden«, sagt Knut Bleicher, Wirtschaftswissenschaftler und früherer Leiter der Business School St. Gallen.[4]

Hat Bezos wirklich – wie auf der Amazon-Website behauptet[5] – vom ersten Tag an auf die Weltherrschaft in Sachen Kundenorientierung abgezielt? Hat Bill Gates schon beim Studienabbruch in Harvard davon geträumt, jedermann einen PC auf den Tisch zu stellen? Oder wuchsen solche Visionen erst mit den ersten Erfolgen? Wie viel Marketing, wie viel bewusste Legendenbildung steckt in solchen Selbstdarstellungen? Wir wissen es nicht. Sicher ist: Damit Visionen wirklich begeistern und motivieren, müssen sie sowohl emotional berührend als auch glaubwürdig sein. Sie müssen im Unternehmen gelebt werden, in seiner DNA stecken, sonst lösen sie nur Zynismus aus. Würde die Deutsche Bahn heute verkünden, ab sofort den globalen Siegerpokal in Sachen Kundenfreundlichkeit anzustreben, wäre das kein strategischer Coup, sondern vermutlich ein PR-Gau. Idealerweise destilliert eine Vision also die Essenz dessen heraus, wofür ein Unternehmen steht, und übersetzt dies in ein ambitioniertes, emotional berührendes (Fern-) Ziel. Mitarbeiter werden sich nur in einer Vision wiederfinden, die ihren Alltag zwar in ehrgeiziger Weise transzendiert, aber doch noch Anknüpfungspunkte im alltäglichen Handeln und Erleben hat. Selbst die Incas konnten sich bei ihrer »Ordnungsvision« nicht nur auf göttliche Weisung berufen, sondern auf bestehende Erfolge, die ihre Vision für Nachbarvölker glaubwürdig machten.

Ziele, Strategien und Werte lassen sich also nicht, wie oft behauptet, kausal aus einer Vision ableiten. Eher hat man es mit einer Spiralbewegung zu tun, in der Normen / Werte / Spielregeln, Alltagspraxis, konkrete Businessziele und übergeordnete Vision ineinandergreifen (vgl. Abb. 3). Wenn Mercedes-Benz die Parole »Das Beste oder nichts« ausgibt, bündelt das Unternehmen damit ein Qualitätsverständnis und einen unternehmerischen Stolz, der vielen Mitarbeitern in Fleisch und Blut übergegangen ist. Nicht ohne Grund erzählt man in Schwaben bis heute gern, dass man »beim Daimler schafft«. Dass Mercedes-Benz damit gleichzeitig an die Vision des Unternehmensgründers anknüpft und dies sogar in einem Werbespot verarbeitete,[6] spricht für ein im Unternehmen fest verankertes Langzeitziel, das geeignet ist, Mitarbeiter zur Identifikation einzuladen. Im Gottlieb-Daimler-Museum in Daimlers ehemaligem Gartenhaus ist der Spruch in die Decke gemeißelt.[7] Derart in der DNA des Unternehmens verankerte Visionen sind dann tatsächlich geeignet, die Reihen zu schließen, Sinn zu stiften und über schwierige Zeiten hinwegzutragen. Doch wie gelangt man zu einer Unternehmensvision, wenn man sich nicht auf ein legendäres Zitat des Unternehmensgründers berufen kann? Auch dazu im nächsten Abschnitt eine Geschichte aus der Businesswelt.

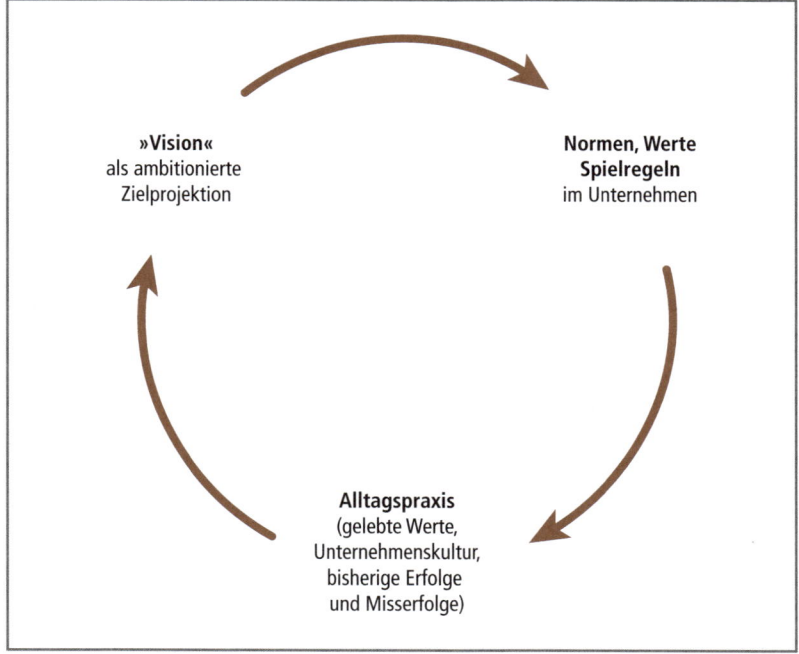

»Vision«
als ambitionierte
Zielprojektion

Normen, Werte
Spielregeln
im Unternehmen

Alltagspraxis
(gelebte Werte,
Unternehmenskultur,
bisherige Erfolge
und Misserfolge)

Abb. 3: Überzeugende Visionen sind in der Praxis geerdet.

Von Adlern, die durch Zirkuszelte fliegen

Wenn Visionen die Menschen berühren sollen, kann man sie ihnen also nicht vorschreiben, etwa nach dem Motto: »Ab 01.09.20XX gilt Vision XYZ!« Dass das nicht funktioniert, ist psychologisch nachvollziehbar. Vielfach setzen Unternehmen dann auf das alte pädagogische Prinzip, Betroffene zu Beteiligten zu machen, und grundsätzlich ist es auch gut, viele Mitarbeiter einzubeziehen, um eine Vision in der Organisation zu verankern. In vielen Firmen allerdings wird die größtmögliche Kaskade von Meetings und Workshops quer durch alle Ebenen angestoßen. Was dabei herauskommt, ist häufig der kleinste gemeinsame Nenner: tut niemandem weh, reißt aber auch niemanden vom Hocker. Doch es geht noch schlimmer ...

Die absurde Scheinwelt mancher Workshops

Ein Konzern hatte sich die Vision verordnet, in 15 Jahren zu den Top Ten seiner Branche zu gehören. Neben den klassischen Workshops zu Fernzielen und strategischen Themen gab es auch Visions-Workshops, um sich selbst und seine Arbeitseinheit (Abteilung, Region, Land) im Rahmen der Vision 2020 neu zu definieren. Einer der Urväter der Vision auf Seiten des begleitenden Consultingunternehmens legte dabei viel Wert auf eine metaphorische Einstiegsübung als »Ice-Breaker«. Kein Workshop ohne diesen besonderen Moment, in dem jeder Teilnehmer aufschreiben sollte, wie er sich selbst definiert. Dabei wurden der Kreativität keine Grenzen gesetzt: Analogien zur Welt außerhalb des Unternehmens oder auch zur Tierwelt waren ausdrücklich erwünscht.

Die Leute schrieben also auf Kärtchen, wie sie sich oder ihren Bereich sehen. Die meistgehandelten Begriffe waren Metaphern wie Zirkusdirektor, Hofnarr, Meerjungfrau, Wahrsagerin, Bienenkönigin (umgeben von unnützen Drohnen), Kondor, großer Adler, kleiner Adler, großer Tanker, kleines Schnellboot, Elefant im Porzellanladen, Rattenfänger von Hameln, General, kleiner Soldat (der nichts machen kann), Innenminister, Außenminister usw.

Spätestens bei dem Hinweis auf Drohnen oder Porzellanläden hätte man stutzig werden können, doch Sie kennen das vielleicht: Bei solchen Übungen betritt man eine ironiefreie Zone.

Anschließend wurden Begriffe in Gruppenarbeit »geclustert«, mit Klebepunkten bewertet und so lange kondensiert, bis am Ende ein Gesamtbild entstand, mit dem sich vermeintlich alle identifizieren konnten. Das ergab so wunderbare Visionsvarianten wie »Kleiner Adler, flieg!«, »Großer Adler, der durch das Zirkuszelt fliegt«; »Der Super-Tanker fährt so schnell wie ein Schnellboot« oder auch unser Favorit »Der Hofnarr reitet auf dem Kondor«.

Das war dann der Kick-off für die Visions-Workshops, die zu Hunderten und zur Freude der Consultants national und weltweit durchgeführt wurden. Auch wenn es einen heute zum Schmunzeln bringt, war es damals für die Beteiligten eine ganz ernste Sache.

Visionen aus einem Mix individueller Spontanideen herauszudestillieren ist ebenso riskant, wie sie komplett in die Hände eines externen Beratungsunternehmens zu legen. Wie schon gesagt: Eine »funktionierende« Vision entspricht dem Geist des Unternehmens und leitet daraus ein ambitioniertes Fernziel ab, das als Ansporn, Richtschnur für tägliches Handeln und Begeisterungsmoment taugt. Wenn eine Organisation »das kundenfreundlichste Unternehmen der Welt« werden will, lassen sich konkrete Entscheidungen auf jeder Unternehmensebene an dieser Vision messen, von der Reaktion des Sachbearbeiters auf eine Kundenbeschwerde bis hin zu strategischen Entscheidungen des Managements. Eine gute Vision beschreibt ein Projekt, bei dem die richtigen Leute sagen: »Da will ich dabei sein!« Sie verleiht der eigenen Arbeit einen Sinn und ist daher ein wichtiger Motivationsfaktor. Sie bringt die Dinge einfach, klar und für jedermann verständlich auf den Punkt. Das disqualifiziert lange, gewundene Formeln des Unternehmensmarketing ebenso wie rein monetäre, umsatzbezogene Ziele.

Oder würde das Folgende Ihr Herz gewinnen?

- *»We aspire to be the leading client-centric global universal bank. We serve shareholders best by putting our clients first and by building a global network of balanced businesses underpinned by strong capital and liquidity.« (Deutsche Bank)*
- *»We are ›The Chemical Company‹ successfully operating in all major markets.« (BASF)*

- *»Unsere Vision: Global führend mit Marken und Technologien.«*
  (Henkel)
- *»Die beste Leistung – für Kunden, Kaufleute, Mitarbeiter.«*
  (REWE)[8]

Je mehr Worte es braucht, desto mehr Skepsis ist angebracht. Das »kundenorientierteste Unternehmen der Welt« werden zu wollen, mag beflügeln. Aber »die führendste kundenzentrierte globale Universalbank, die die Interessen ihrer Shareholder exzellent bedient«? Auch Verweise auf Leistungs- oder Marktanteilsziele verpuffen, weil sie Selbstverständlichkeiten mit großem Pathos präsentieren: Welches Unternehmen möchte nicht »auf all seinen Hauptmärkten erfolgreich sein« und die »beste Leistung« bringen? Solche Formulierungsversuche übersehen, dass kraftvolle Visionen aus starken Emotionen gespeist werden. Zugegeben, das ist für Non-Profit-Organisationen leichter umzusetzen als für Unternehmen. Aber es ist nicht unmöglich:

- *»Die Vision von UNICEF: Eine kindergerechte Welt.«*
- *»Die Vision von Amnesty ist eine Welt, in der die Menschenrechte gleichermaßen für alle Menschen gelten.«*
- *»Einen besseren Alltag für die vielen Menschen schaffen, das ist die IKEA Vision.«*
- *»Syngenta: Using Innovation to Feed the World.«*
- *»Wir wollen das ethischste und nachhaltigste globale Unternehmen der Welt sein.« (The Body Shop)*
- *»Das Ziel von Google ist es, die Informationen der Welt zu organisieren und für alle zu jeder Zeit zugänglich und nutzbar zu machen.«*
- *»To become the world's most loved, most flown and most profitable airline« (Southwest Airlines)* [9]

Simon Sinek, ein erfolgreicher TED-Talk-Sprecher, Autor und Unternehmensberater, weist in diesem Zusammenhang auf den »Start with why«-Effekt hin.[10] Während fast jeder weiß, *was* Unternehmen machen, und einige wissen, *wie* Unternehmen Dinge tun, wird selten erklärt, *warum*. Die meisten Visionen bleiben auf der »What we do«-Sachebene hängen, wie weiter oben aufgezeigt. Deshalb sind sie so langweilig und trocken. Visionen mit »Why«-Botschaften inspirieren, sie erklären den Sinn und die wirkliche Vision. Eine kindergerechte Welt, einen besseren Alltag schaffen, Informationen jedem und jederzeit zugänglich machen usw. Managementvordenker Jim Collins spricht bildhaft von »Big Hairy Audacious Goals (BHAG)« statt von Visionen – von einem kühnen, herausfordernden (»haarigen«) Fernziel als inspirierenden »Mount Everest«, den das Unternehmen in den nächsten zehn bis dreißig Jahren besteigen will.[11] Gute BHAGs – gesprochen wie das englische »Bee Hags« – sind Fortschrittstreiber, keine bloßen Marketingfloskeln. Die Messlatte liegt also hoch, und so überrascht es nicht, dass wirklich zündende Visionen trotz der allgegenwärtigen Visionsinflation selten sind. Eine gute Vision wird zudem eher »entdeckt« als postuliert. Weil das so schwierig ist, greifen viele Unternehmen nach Wachstumsmärkten wie nach einem rettenden Strohhalm. Das ist einfach, kann aber verheerende Folgen haben. Nicht nur bei den Incas.

Warum Marktanteile keine Vision sind

Wollen Sie »die Nummer Eins« in Ihrer Branche werden? Ihr Ehrgeiz in allen Ehren, aber überlegen Sie zweimal, ob dies ein taugliches Fernziel ist. Und seien Sie auf der Hut, wenn Ihr Topmanagement mit dieser Formel liebäugelt. Vielleicht stünde VW heute nicht im juristischen Dauerfeuer, hätte CEO Martin Winterkorn nicht die Parole ausgegeben, bis 2018 Toyota vom Spitzenplatz als größten Autobauer der Welt zu verdrängen.[12] Eine funktionierende Vision prägt das Verhalten der Mitarbeiter – und extremer Ehrgeiz lenkt es womöglich in die falsche Richtung. Gäbe es den Abgasskandal mit »Schummel-Software« in VW-Fahrzeugen auch, hätte man nicht um jeden Preis auf dem US-Markt punkten und dabei ebenso ehrgeizige Kostenziele einhalten wollen? Wäre die Deutsche Bank auch dann von Investmentbankern mit Zockermentalität gekapert worden, hätte sie nicht (wie viele andere Banken Ende der Neunzigerjahre) auf Teufel komm heraus zum Global Player aufsteigen wollen? Hätte das Inca-Reich den Spaniern mehr entgegensetzen können, wenn die jahrzehntelange extreme Expansion rechtzeitig in eine interne Konsolidierung übergegangen wäre? Auch die folgende Erfahrung untermauert die Fragwürdigkeit von Number-One-Zielen.

»Vision 2015« oder: Wie man Fehlinvestitionen provoziert

Schauplatz: ein süddeutsches Maschinenbauunternehmen Anfang des neuen Millenniums. Verkündet wird die »Vision 2015«, die eine groß angelegte Transformation mit Tausenden Mitarbeitern und Milliardenumsätzen einläuten soll: In weniger als zwei Jahrzehnten soll ein strategisch zentraler Unternehmensbereich wieder zu den Top Five der Welt gehören. Im letzten Jahrzehnt ist man aus den Top Five auf Platz 16 gefallen, also scheint die Vision eine absolut legitime und strategisch richtige Ausrichtung. In vielen Meetings und Workshops wird sie weltweit ins Unternehmen getragen und mit großen Zielen verbunden. Warum ist sie trotzdem gescheitert, obwohl im Vorfeld so viel in die neue Leitidee investiert wurde und so viele Mitarbeiter sie zunächst begeistert aufnahmen und lange mittrugen? Vier Gründe, die sich nahtlos auf andere Unternehmen übertragen lassen:

1. Die Rückendeckung des Konzernvorstandes fehlte.

Ohne die Übernahme mindestens eines anderen größeren Konkurrenzunternehmens war das Ziel »Top Five« nicht zu erreichen. M&A-Aktivitäten wurden jedoch vom Konzernvorstand nicht unterstützt. Das wiederum führte zu Frust im Topmanagement des Unternehmensbereichs, in dem viele Versuche gestartet wurden, Akquise-Gespräche mit Übernahmekandidaten zu führen. All diese Vorstöße wurden im Vorstand geblockt, zahllose Firmenanalysen von Mittelmanagern und Arbeitsstunden waren umsonst. Zudem war die Skepsis und Ablehnung des Konzernchefs gegenüber der Vision des Teilkonzerns geradezu physisch spürbar. Obwohl die Vision abgestimmt war, strafte er die Kollegen in Meetings mit Verachtung.

2. Das Gesamtziel war überzogen.

Die extrem ambitionierte Zielmarke führte in vielen Fällen zu visionsgerechtem, aber nicht verhältnismäßigem Handeln von Mitarbeitern, Führungskräften und Organisationseinheiten, in der Annahme, dass alles geht, was Wachstum bzw. Marktanteile schafft. Resultat waren unter anderem Absurditäten und Non-Core-M&A-Aktivitäten in Emerging Markets, die mit Begeisterung genehmigt wurden. So wurde auf den Philippinen ein lokales Unternehmen übernommen, ohne dass es eine globale (oder wenigstens regionale) Integrationsstrategie gab, und in Kolumbien beteiligte man sich mit vergleichsweise viel Geld an einer neu gegründete Distributionsfirma. Unser Interviewpartner war als junger Manager direkt beteiligt und musste gleichzeitig die Auseinandersetzung mit Konzerneinheiten aufnehmen, die den Aktivitäten (im Nachhinein beurteilt vielleicht zu Recht) mehr als skeptisch gegenüberstanden. Gleiches spielte sich in anderen Märkten ab.

3. Die Diskussion der Vision wurde auf weiche Faktoren reduziert.
In Visions-Workshops fokussierte man vor allem auf Werte, Teamarbeit und den Umgang miteinander, ohne härtere Faktoren wie Leistung und konkrete Umsetzung ins Visier zu nehmen. Viele Teilnehmer verstanden dies als »Kuschelkurs« und als Freibrief für eigene Aktivitäten – siehe Punkt 2.

4. Die Vermittlung der Vision an die Basis wurde delegiert.
Jüngere Manager wurden zu »Vision Coaches« erklärt. Sie sollten die Vision in die einzelnen Abteilungen und Bereiche tragen. Negative Folge war, dass sich viele Mittelmanager nicht in der Pflicht sahen, sich selbst mit der Vision und den damit verbundenen Veränderungen auseinanderzusetzen. Das schwächte die Akzeptanz des ganzen Projekts.

Im Umkehrschluss lassen sich aus diesem Fallbeispiel Faustregeln für den Umgang mit Unternehmensvisionen ableiten:

1. Vermeiden Sie reine Zahlen-Ziele. Sie riskieren Fehlverhalten, weil Mitarbeiter unter dem Diktat einer Zahl nicht mehr das (sachlich, rechtlich, moralisch) Beste tun, sondern das, was dem Erreichen der Zahl dient.
2. Geben Sie keine Parolen aus, hinter denen das Topmanagement nicht wirklich steht.
3. Wenn Sie eine Vision formulieren, nehmen Sie sie als Richtschnur täglichen Handelns ernst und diskutieren Sie die sachlichen Konsequenzen: Was bedeutet es ganz konkret, sich diesem Ziel verpflichtet zu fühlen?
4. Sorgen Sie dafür, dass die Vision wirklich im Unternehmen ankommt und nicht als motivatorischer Zuckerguss missverstanden wird. Dies schließt Mittelmanager, Abteilungsleiter, Teamleiter und letztlich jeden Mitarbeiter ein.
5. Lassen Sie Kritik an der Vision zu und korrigieren Sie die Vision, wenn sich Fehlentwicklungen abzeichnen, statt starr am einmal eingeschlagenen Weg festzuhalten (anders als die Incas, die nicht

in der Lage waren, den einmal eingeschlagenen, auch religiös motivierten Weg zu verlassen).

6. Bedenken Sie, welche Wirkung Ihre Unternehmensvision auf die verschiedenen Stakeholder hat.

Warum diese Regeln wichtig sind, verdeutlichte einer unserer Interviewpartner:

Gerd Stürz, *Life Sciences DACH-Chef von EY, berichtete uns ebenfalls von schlechten Erfahrungen mit reinen Wachstumszielen. Über eine internationale Beratungsgesellschaft, die »Top Line Growth« offiziell zum Unternehmensziel erklärte, sagt er: »Auf einmal war der Fokus nicht mehr primär in der Qualität, sondern der Fokus war auf einmal primär im Wachstum.« Später habe sich das als ein »Sargnagel« der Organisation erwiesen, als deren Glaubwürdigkeit durch die skandalträchtige Insolvenz eines ihrer Kunden erschüttert wurde. In der Außenwahrnehmung war eine verfehlte Unternehmensstrategie mit Fokus auf Growth dafür mitverantwortlich.«*

Besser nichts als Bullshit-Bingo

Wenn es so schwierig ist mit der Vision, wieso braucht man dann überhaupt eine? Unserer Erfahrung nach erfüllen Visionen durchaus einen wichtigen Zweck: Sie machen den Mitarbeitern (und nebenbei auch anderen Stakeholdern) ein Sinnangebot und laden dadurch zur Identifikation mit dem Unternehmen ein. Geld verdienen kann man auch anderswo, doch warum sollte man gerade bei dieser Firma arbeiten wollen? In einer Zeit, in der Arbeit für viele Menschen mehr ist als Broterwerb, spricht eine zündende Vision die Einladung aus, an einem verheißungsvollen Projekt teilzunehmen. Einer der Schlüssel für Motivation ist Identifikation. Identifikation wiederum ist eine emotionale Kategorie: Nicht zufällig misst das Gallup-Institut mit seinem bekannten »Engagement-Index« alljährlich die »emotionale Bindung« von Arbeitnehmern an ihren Arbeitgeber.[13] Wer das Gefühl hat, an einer »großen Sache« teilzuhaben, legt sich anders ins Zeug als jemand, der sich nur als kleines Rädchen in einer großen Maschinerie sieht. Nichts anderes besagt ja auch die bekannte Geschichte von den drei Steinmetzen beim Bau des Kölner Doms. Auf die Frage nach ihrem Tun antwortet einer mürrisch: »Ich behaue einen Stein.« Ein zweiter sagt, »Ich arbeite, um meine Familie zu ernähren«, und der dritte schließlich erklärt mit leuchtenden Augen: »Ich baue eine Kathedrale!«

Neben Identifikation schafft eine Vision Zusammenhalt, sie stiftet eine Verbindung zwischen Mitarbeitern, womöglich über Kontinente hinweg. Manchmal schlägt sich das auch im Unternehmensjargon nieder, etwa wenn Mitarbeiter bei Google sich über Grenzen hinweg als »Googler« bezeichnen. Je größer ein Unternehmen ist, desto nützlicher ist eine visionäre Klammer, die im Idealfall auch dort ein Gemeinschaftsgefühl stiftet, wo man sich physisch kaum oder nie begegnet. Dass es gerade bei großen Organisationen ein Gefühl der Verbundenheit braucht, um gemeinsam erfolgreich zu sein, war auch Thema in einem unserer Interviews.

Prof. Dr. med. Christoph Straub, *Vorstandsvorsitzender der BARMER, berichtete uns über seine Arbeit als CEO eines Klinikverbundes: »Ich wurde eingestellt, um aus einem Krankenhauskonzern, der aus lauter einzelnen Kliniken bestand, erstens eine integrierte Einheit zu bilden und zweitens ambulante Einheiten darum herum zu bauen. Das hätte man schaffen können – das schaffen andere ja auch. Trotzdem ist es nicht geglückt, weil man nie an der Identität des Unternehmens gearbeitet hat. Wenn das einzige Prinzip, nach dem ein Unternehmen funktioniert, lautet, ›Jeder für sich und Gott für alle‹, und wenn die Strukturen sogar von oben so angelegt sind, dass die Leute gegeneinander kämpfen müssen, dann verhindert man, dass eine Identität entsteht. Die ganze nach außen getragene Stärke als großer Klinikverbund war intern nicht hinterlegt – weder in der Kultur noch in der Organisation. Als es dann wirtschaftlich eng wurde, fehlte es an gemeinsamen innovativen Geschäftsideen. Die hätte man entwickeln können, doch sie zu entwickeln war nicht in der ›DNA‹ des Unternehmens angelegt.«*

Interessant ist dieser Erfahrungsbericht aus zwei Gründen: Zum einen, weil der Hinweis auf die gemeinsame Identität illustriert, wofür eine verbindende Vision gut sein kann. Zum anderen, weil Dr. Straub auch deutlich macht, dass Worte allein nichts bewirken, wenn Führungsverhalten und Unternehmenskultur eher spalten als verbinden.

Eine Vision als verhaltenslenkende Absichtserklärung ist sozusagen die offizielle Einladung an die Mitarbeiter. Ob sie angenommen wird, hängt davon ab, ob die tägliche Praxis im Unternehmen aus Sicht der Mitarbeiter der Einladung Glaubwürdigkeit verleiht:»Meinen die das ernst?«, »Passt das zu unseren Werten?« (vgl. Kapitel 4) und »Ist das realistisch?«. Makroebene (Vision) und Mikroebene (tägliches Handeln) – beides muss stimmen und zueinander passen.

Das bedeutet auch: Solange ein Unternehmen noch auf der Suche nach seiner Vision ist und solange ein solcher Leitgedanke sich nicht geradezu aufdrängt, ist schon viel damit gewonnen, kontinuierlich an der Mikroebene im Unternehmen zu arbeiten, um das Engagement der Mitarbeiter zu gewinnen. Hilfreich sind dabei die Leitfragen, anhand derer das Gallup-Institut die »emotionale Bindung« von Mitarbeitern an ein Unternehmen misst und die leider weit weniger häufig zitiert werden als die jährlichen ernüchternden Werte, wie viele Mitarbeiter Dienst nach Vorschrift machen. Wie viele der folgenden Fragen würden Ihre Mitarbeiterinnen und Mitarbeiter wohl bejahen? Je größer die Zustimmung, desto höher das Engagement des Betreffenden. Ein genauer Blick auf die zwölf Gallup-Kriterien offenbart einen Mix von wertschätzendem Führungsverhalten, guter Arbeitsorganisation, Entwicklungsmöglichkeiten und einem fairen, ambitionierten Betriebsklima. Eigentlich kein Hexenwerk. Oder?

Ehe ein Unternehmen blutleere Formeln, austauschbare Floskeln oder Selbstverständlichkeiten zur Vision hochjazzt – kurz: ehe es Bullshit-Bingo betreibt –, verzichtet es besser ganz auf »visionäre« Statements. Das gilt auch für Start-ups. So fesselnd sich die Erfolgsgeschichten von Jeff Bezos, Mark Zuckerberg oder Larry Page und Sergey Brin lesen – sie alle starteten nicht als begnadete Visionäre mit einer genialen neuen Idee. »Der Amazon-Boss Jeff Bezos hat den Online-Handel nicht erfunden, die Ebay-Erfinder nicht die Online-Auktionen, die Google-Gründer Larry Page und Sergey Brin nicht die Suchmaschine, Mark Zuckerberg mit Facebook nicht das soziale Netzwerk und die AirBnB-Gründer nicht die private Zimmervermittlung im Netz«, stellt Thomas Range im Magazin *Brand eins* klar (2015, S. 115). Was die Erfolgsunternehmer eint, ist das Gespür für Kundenwünsche und der systematische, konsequente Ausbau des jeweiligen Geschäftsmodells. Wer länger als zehn Jahre Kunde beim einstigen Buchversender Ama-

Fragen, mit denen das Gallup-Institut die emotionale Bindung von Mitarbeitern misst:

1. Während des letzten Jahres hatte ich bei der Arbeit die Gelegenheit, Neues zu lernen und mich weiterzuentwickeln.

2. In den letzten sechs Monaten hat jemand in der Firma mit mir über meine Fortschritte gesprochen.

3. Ich habe einen sehr guten Freund / eine sehr gute Freundin innerhalb der Firma.

4. Meine Kollegen / Kolleginnen haben einen inneren Antrieb, Arbeit von hoher Qualität zu leisten.

5. Die Ziele und die Unternehmensphilosophie meiner Firma geben mir das Gefühl, dass meine Arbeit wichtig ist.

6. Bei der Arbeit scheinen meine Meinungen zu zählen.

7. Bei der Arbeit gibt es jemanden, der mich in meiner Entwicklung fördert.

8. Mein Vorgesetzter / Meine Vorgesetzte oder eine andere Person bei der Arbeit interessiert sich für mich als Mensch.

9. Ich habe in den letzten sieben Tagen für gute Arbeit Anerkennung oder Lob bekommen.

10. Ich habe bei der Arbeit jeden Tag die Gelegenheit, das zu tun, was ich am besten kann.

11. Ich habe die Materialien und die Arbeitsmittel, um meine Arbeit richtig zu machen.

12. Ich weiß, was bei der Arbeit von mir erwartet wird.

(QUELLE: GALLUP 2016, S. 10)

zon ist, hat die kontinuierliche Ausdehnung der Produktpalette und der digitalen Dienstleistungen live miterlebt.

Fazit: Ein Unternehmen zu gründen und auf Erfolgskurs zu halten erfordert viele kleine Schritte. Der beste Zeitpunkt, ihm durch eine für Kunden wie Mitarbeiter attraktive Vision mehr Schubkraft zu verleihen, ist vermutlich nicht die Phase der ersten tastenden Steps, sondern dann, wenn das Unternehmen bereits Fahrt aufgenommen hat und sich die Indizien mehren, dass tatsächlich »mehr« drin ist, eben eine begeisternde, aber realistische Vision. Erst dann sind Visionen mehr als naiver Größenwahn, nämlich Fortschrittstreiber und Motivatoren.

Kleiner Stresstest für Ihre Vision

Wer ist eigentlich für die »Vision« eines Unternehmens zuständig? Bei den Incas war es eindeutig: Der vom Sonnengott inthronisierte Inca wies den Weg. In modernen Organisationen ist es nicht grundsätzlich anders: Nur, wenn ein Vision-Statement von der Top-Ebene vertreten und ins Unternehmen getragen wird, kann es überhaupt Kraft entfalten. Einer unserer Gesprächspartner, der verständlicherweise anonym bleiben will, berichtete uns davon, wie sich das Topmanagement eines Großkonzerns aus seiner gestalterischen Verantwortung stahl.

Interviewpartner: *»Ich habe in meiner Tätigkeit in verschiedenen Aufsichtsräten in den letzten 15 Jahren festgestellt, dass früher das Mittagessen wichtiger war als die Diskussion über strategische Fragen, und dadurch, dass damals der CEO direkt Aufsichtsratsvorsitzender wurde, konnte man mit Änderungen nur sehr vorsichtig umgehen. Das hat sich seither deutlich verbessert. Durch das Vorstandssystem ist im Gegensatz zum amerikanischen CEO-System immer eine Mehrheit im Vorstand notwendig. Dieses Team muss Mut haben, unternehmerische Entscheidungen zu treffen. Da dürfen Einzelne nicht blockieren.«*

Es ist das Topmanagement, das sich das »Big Hairy Audacious Goal« im Sinne Collins' zutrauen muss und mit einem kompetenten Team an einer tragfähigen Vision arbeiten sollte. Doch von schriftlich fixierten, ambitionierten Fernzielen profitieren nicht nur Großunternehmen, sondern auch kleine Unternehmen und Mittelständler, Non-Profit-Organisationen, Vereine, Abteilungen, Teams und jeder von uns, wenn es um das geht, was man in seinem Leben erreichen will: Regelmäßig zu reflektieren, wohin die ganze Reise gehen soll, befördert den Erfolg entscheidend. Voraussetzung ist, dass die Vision hält, was ein solcher Gedanke verspricht. Das lässt sich testen:

Visions-Test

1. Jetzt ist ein guter Zeitpunkt für eine (neue) Vision. (Ungünstige Zeitpunkte sind z. B. akute Krisensituationen oder frühe Gründungsphasen.) ☐

2. Die Vision passt in einen Satz. Sie kommt ohne Erklärungen aus und ist für jeden im Unternehmen unmittelbar verständlich. ☐

3. Die Vision ist unverwechselbar / einzigartig, sodass sie nicht auch für ein x-beliebiges anderes Unternehmen stehen könnte. ☐

4. Die Vision ist emotional mitreißend. Sie weist über rein wirtschaftliche Zielmarken hinaus. ☐

5. Die Vision passt zur Unternehmenskultur und zu den im Unternehmen gelebten Werten. ☐

6. Die Vision löst die gewünschten Verhaltensweisen aus. ☐

7. Die Vision spricht spontan jeden an. ☐

8. Die Vision gibt eine Antwort auf die Frage: Wozu braucht die Welt dieses Unternehmen? ☐

9. Die Vision stärkt das positive Image des Unternehmens (Außenwirkung). ☐

10. Die Vision ist gleichermaßen ambitioniert und glaubwürdig (ein realistisches Fernziel). ☐

- Setzen Sie sich große Ziele,

- sprechen Sie die Herzen der Mitarbeiter an und vor allem:

- Behalten Sie im Auge, ob ihre Vision echten Fortschritt bringt oder Fehlentwicklungen provoziert.

»Smartness kann man nicht antrainieren,
die müssen die Kandidaten mitbringen.«
DR. TIMM VOLMER, TOPMANAGER UND
UNTERNEHMENSBERATER

2 Talent vor Seniorität – oder mit Mittelmaß in die Mittelmäßigkeit?

Ein Unternehmen steht und fällt mit fähigen Mitarbeitern. Hand aufs Herz: Wie viele Ihrer Teammitglieder würden Sie heute erneut einstellen? Wie viele sind allenfalls »okay«, und wie viele ertragen Sie nur noch, weil Sie es angeblich müssen? Ein unfähiger Mitarbeiter kann seinem Arbeitgeber Schaden zufügen, ein unehrlicher kann ihn ruinieren. Gemessen an diesem Risiko ist es erstaunlich, wie blauäugig selbst Schlüsselpositionen manchmal besetzt werden. Die Incas hätten sich über solche Fragen wahrscheinlich gewundert. Sie erzogen ihre Führungselite nach strengen Gesichtspunkten in Lehranstalten, »Yachaywasi« genannt. Auch Machu Picchu soll eine solche »Inca Business School« beherbergt haben.[1] Die Söhne der Adelsschicht wurden hier ebenso ausgebildet wie Häuptlingssöhne der eroberten Regionen. Chronisten des 17. Jahrhunderts geben detaillierte Beschreibungen des Lehrplans, der neben Geschichte, Religion und Poesie unter anderem Arithmetik, Rechnungswesen, Statistik, Staatsführung, Rechtswesen und Medizintechnik umfasste, aber auch Waffen- und Kriegsführung sowie Zweikampf – ein Studium generale, das an moderne Kaderschmieden und Militärakademien denken lässt. Auch Disziplin, Selbstbeherrschung und das Aushalten von Schmerzen standen auf dem Stundenplan. Die Ausbildung endete mit einer einmonatigen Prüfung unter Aufsicht des herrschenden Inca. Wer sie bestand, hatte sich für Aufgaben in Verwaltung und Militär qualifiziert. Auch die Söhne des Inca-Fürsten mussten sich auf der Kaderschmiede den Verbleib im Inca-Adel erst durch überzeugende Leistungen verdienen, ebenso wie der potenzielle Thronfolger, der besonders strenge Prüfungen zu absolvieren hatte. »Auf Grund solcher Vorzüge verdiente er (…) zu herrschen, mehr denn auf Grund des Umstandes, dass er der Erstgeborene seines Vaters wäre«, schreibt Garcilaso de la Vega 1609.[2] Der neue Herrscher wurde zwar aus dem Kreis der Inca-Söhne gewählt, doch diese Runde konnte recht groß sein, und es galt das Nachfolgerecht des »Fähigsten«. Bei der Nachfolgeregelung stand dem Inca ein Rat von Verwandten zur Seite, der zwanzig Personen umfasste. All das klingt ebenso zielführend wie gut durchdacht. Sichere Erbhöfe und unzureichend vorbereitete Personalentscheidungen stehen selten unter einem guten Stern. Und sich auf die »zweite Wahl« zu verlassen rächt sich häufig! Doch tun wir genau das heute nicht viel zu oft?

Wieder einmal sind die Incas geeignet, unsere Überzeugung, in der fortschrittlichsten aller Welten zu leben, wirkungsvoll zu erschüttern. Das 21. Jahrhundert ist manchmal erstaunlich archaisch. In Norddeutschland gilt bis heute die Höfeordnung, nach der ein landwirtschaftlicher Betrieb automatisch an den ältesten Sohn geht. Geschwister, erst recht Töchter, sind »weichende Erben«. In vielen eigentümergeführten Unternehmen geht es kaum anders zu. Über zwei Drittel der Inhaber größerer mittelständischer Unternehmen mit mehr als 250 Mitarbeitern wünschen sich eine familieninterne Nachfolge, ergab eine Befragung des Instituts für Mittelstandsforschung Bonn. Gefragt sind auch hier, kaum anders als vor Jahrhunderten, vor allem die Söhne (57,6 Prozent).[3] Von besonders harten Bewährungsproben ist hier nicht die Rede. Vor diesem Hintergrund waren die Incas erstaunlich weitsichtig.

Was passiert, wenn der Prinz automatisch König wird

»Die erste Generation schafft Vermögen, die zweite verwaltet Vermögen, die dritte studiert Kunstgeschichte, und die vierte verkommt«, spottete Otto von Bismarck einmal. Auch wenn der Fürst und Reichskanzler die Wirtschaft des 19. Jahrhunderts im Blick hatte, ist unstrittig: Bis heute tun sich zahlreiche eigentümergeführte Unternehmen schwer mit der rechtzeitigen Wahl eines geeigneten Nachfolgers. Und der »German Mittelstand«, um den uns das Ausland spätestens seit der Finanzkrise 2008 beneidet, ist überwiegend in Familienhand. Laut *KfW-Mittelstandspanel* 2014 planten bis 2017 580 000 mittelständische Unternehmer in Deutschland die Übergabe oder den Verkauf ihrer Firma. In diesen Unternehmen arbeiteten mindestens vier Millionen Beschäftigte. Wie viele dieser Unternehmer bereits einen Nachfolger gefunden hatten, war unbekannt. Eine Umfrage der *KfW* ergab allerdings, dass fast drei Viertel sämtlicher Mittelständler »überhaupt keine« oder »aktuell keine« konkreten Nachfolgeplanungen haben, ganz so, als gäbe es keine Verkehrsunfälle, Krankheiten oder andere Schicksalsschläge. Die Illusion der Unbesiegbarkeit ist mächtig, auch bei sonst nüchternen Rechnern und besonnenen Unternehmern.[4]

Während man bei Technik, Software und Marketing großen Wert auf Innovationen legt, regiert also bei einem anderen zentralen Erfolgsfaktor, der Führung, vielfach das Prinzip Hoffnung. Wie vor Hunderten von Jahren möchten Väter das Erbe bei ihren Söhnen in guten Händen wissen. Das ist menschlich verständlich, unternehmerisch jedoch riskant. Selten gelangen die möglichen Folgen dabei so ans Licht der Öffentlichkeit wie im folgenden prominenten Fall.

»Der beste Mann braucht Hilfe«

… so überschrieb die *taz* am 31. Oktober 2010 ein Porträt von Konstantin Neven DuMont, Erbe des viertgrößten Zeitungsverlages der Republik und damals noch im Vorstand der Mediengruppe M. DuMont Schauberg.[5] Der Juniorchef stellte sich laut *taz* neuen Führungskräften ganz ernsthaft als »der beste Mann im ganzen Konzern« vor. Seit Anfang des 19. Jahrhunderts war das Unternehmen in Familienhand, und für den regierenden Patriarchen Alfred Neven DuMont sollte das auch so bleiben. Firmeninsider beurteilten die Qualitäten des Nachfolgers skeptisch. Bestätigt wurden sie durch eine bizarre Affäre, in der der bekannte Medienblogger Stefan Niggemeier Neven DuMont vorwarf, Blogeinträge unter falschen Namen gepostet, dabei merkwürdige Positionen vertreten und zu allem Überfluss auch noch mit sich selbst diskutiert zu haben. Schon zuvor hatte die *Süddeutsche Zeitung* ein Porträt mit »Herr Sonderbar« überschrieben, und auch die *taz*-Journalisten wunderten sich über einen Junior, der ihnen in die ▶▶

Feder diktierte: »Ich bin halt qualifiziert und habe letztendlich auch bewiesen, dass ich es eben mindestens so gut kann wie die ganzen Leute aus der Finanzbranche und die anderen Verlagsgeschäftsführer.«[6]

Der Krach zwischen Vater und Sohn um die Unternehmensstrategie wurde öffentlich ausgetragen und befeuert durch ein Interview, das Konstantin Neven DuMont 2010 ausgerechnet der *Bild* gab – der schärfsten Konkurrenz des hauseigenen Boulevardblattes *Express* – ohne Abstimmung mit dem übrigen Vorstand, der das wohl kaum gutgeheißen hätte. Das hatte Folgen, denn *Bild* schlachtete die Affäre natürlich genüsslich aus. Im November 2010 enthob Alfred Neven DuMont seinen Sohn schließlich aller Funktionen im Konzern und zahlte ihn aus.

Konstantin Neven DuMont gründete seitdem ein Medienportal, das laut *Manager Magazin* bald mit Verlust verkauft wurde. 2013 bewarb er sich erfolglos um die Intendanz des WDR, 2015 kündigte er seine Kandidatur für das Amt des Kölner Oberbürgermeisters an[7], 2016 plante er eine Zukunft als Immobilieninvestor.[8] Aus den Fehlern hat die Familie gelernt. Die Familienvertreter Christian DuMont Schütte und Isabella Neven DuMont regieren inzwischen aus dem Aufsichtsrat, die operativen Geschäfte führt ein externer Manager mit ersten nachgewiesenen Erfolgen.

Wer Fairness walten lassen will, sollte sich das Kopfschütteln verkneifen. Wenn es schon in »normalen« Familien regelmäßig kracht, um wie viel schwerer ist es da, wenn man sich mit Eltern, Geschwistern und entfernteren Verwandten auch noch über Unternehmensstrategie, Machtverteilung und große Vermögen einigen muss? Nicht ohne Grund beherrschen die Familien Albrecht (Aldi) oder Oetker ebenfalls die Schlagzeilen. »Wir müssen diese krasse emotionale Ebene mit Zahlen vereinen und am Ende gute wirtschaftliche Entscheidungen treffen«, beschrieb Carola Landhäuser, Miterbin der westfälischen Horstmann Group, einmal die Herausforderung.[9] Wer sich einigermaßen souverän durch dieses emotionale Minenfeld bewegt, verdient Hochachtung. Auch dass Eltern die eigenen Kinder durch eine rosarote Brille sehen, ist nur menschlich. Dasselbe gilt für den allzu kritischen Blick mancher Patriarchen aus Angst vor Macht- und Statusverlust, der ein rechtzeitiges Abtreten verhindert, und den Glauben manches

Gründers an die eigene Unfehlbarkeit, der dem Nachwuchs die Luft abschnüren kann. All das geschieht in einer Zeit, die immer schnelllebiger und globaler wird und erst recht nach kluger Führung verlangt. »Im 21. Jahrhundert wird es nicht so sehr darauf ankommen, Sachwerte zu vererben, sondern Gründermentalität«, betont der führende Experte für Familienunternehmen im deutschsprachigen Raum, Peter May.[10]

Auch die Incas lebten in einer Periode des Wandels und stetiger neuer Herausforderungen. Auch sie werden Machtstreben, Eifersucht, Neid und familiären Zwist gekannt haben. Umso mehr Bewunderung vermittelt ihr konsequentes System der »Führungskräfteentwicklung«, das persönlichen Vorlieben durch verbindliche Ausbildung sowie Prüfung und Abstimmung im größeren Rat Grenzen setzte. Und umso eindrücklicher ist die Tatsache, dass ihr Niedergang auch durch ein Abweichen von dieser Vorgehensweise und durch eine unklare Nachfolgeregelung begünstigt wurde (vgl. Kapitel 5 »Die wahren Gegner bekämpfen«). Doch nicht nur Familienunternehmen begehen Fehler bei der Besetzung von Führungspositionen. Die erfahrene Managerin Christine Wolff zählt »falsche Personalentscheidungen« zu den gravierendsten Irrtümern ihrer Laufbahn und nennt auch gleich die häufigsten Fallstricke.

Christine Wolff, *Multi-Aufsichtsrätin und Unternehmensberaterin:*
»Fehler in Sachen Personal möchte ich aufsplitten in vier Unterfehler
(die ich allesamt auch selbst gemacht habe):
- *zu lange an durchschnittlichen oder schlechten Managern festhalten,*
- *falsche Leute befördern, weil man unter Zeitdruck ist oder weil man*
  zu wenig auf die tatsächliche Qualifikation geachtet hat,
- *dem lautesten Schreihals die Stelle geben, damit man ihn endlich*
  los ist, oder
- *jemanden nach oben befördern, weil man ihn aus dem Weg*
  haben will.
Was ich daraus gelernt habe ist: Wenn es irgendwie geht, den Zeitdruck
rausnehmen, weil man in der Panik einfach Fehler macht. Man muss
strukturiert vorgehen, man muss sich Zeit nehmen, um die Qualifika-
tionen der einzelnen Leute anzuschauen, man muss die Talente früh-
zeitig schulen (das vergisst man ja auch oft im Tagesgeschäft).«

Erkennen Sie sich selbst in einem dieser Fehler (oder mehreren) wieder? Auch wir sprechen uns davon nicht frei. Wir sind sicher: Würde eine personelle Fehlinvestition ebenso in Euro und Cent im Budget aufgelistet wie etwa Investitionen in Technik oder Marketing, sähe die Praxis der Stellenbesetzungen anders aus. Addieren Sie im Geiste einmal das zukünftige Jahresgehalt einer zu besetzenden Position zuzüglich Boni und Arbeitgeber-Sozialleistungen, Kosten für Stellenanzeigen, Headhunter oder Personalberater, Stundensätze und Arbeitszeit aller intern am Auswahlprozess Beteiligten, Kosten für die Einarbeitung durch Kollegen und Vorgesetzte, die wiederum Zeit verschlingt: Sie werden selbst auf der unteren Führungsebene auf deutlich sechsstellige Summen kommen. Und verdreifachen Sie das Ganze für den Fall einer Fehlbesetzung – nicht nur, weil der ganze Prozess dann wieder von vorn beginnen muss, sondern auch, weil eine Führungskraft am falschen Platz gravierenden finanziellen Schaden anrichten kann (Auftragsverluste, entgangener Umsatz, Eigenkündigungen frustrierter Mitarbeiter, die bekanntermaßen weniger Unternehmen als vielmehr ihre Chefs verlassen). Die Versuchung, über Einstellungen oder Beförderungen zwischen Tür und Angel zu entscheiden und dabei den Weg des geringsten Widerstands zu gehen, nähme rapide ab, gäbe es ein echtes Erfolgscontrolling in Sachen Personal.

Ein erfolgreiches Unternehmen, das erfolgreich bleiben will, tut gut daran, Positionen mit größter Sorgfalt zu besetzen. Doch die Realität sieht anders aus. Einer von Andreas Krebs' Lieblingsmomenten in seinen Vorträgen ist übrigens, wenn er seine Zuhörer zu einem Gedankenspiel auffordert: »Stellen Sie sich vor, Sie könnten Ihr Team neu einstellen. Wen würden Sie behalten?« Kaum ist die Frage ausgesprochen, steht den versammelten Managern förmlich die Rasterfahndung ins Gesicht geschrieben: »Die? Ja sofort. Und den? Auf keinen Fall!« Ein, zwei Minuten genügen, um die meisten Abteilungen gedanklich deutlich zu verkleinern. Einmal rief sogar jemand auf die Frage nach den zu haltenden Mitarbeitern ganz spontan: »Keinen!« Meist bleibt höchstens die Hälfte der Mitarbeiter übrig, der Rest würde nicht wieder eingestellt. Was heißt das genau? Wir arbeiten mit Leuten im Team, hinter denen wir nicht wirklich stehen. Dabei geht es nicht um gravierende Versäumnisse, die eine Entlassung zur Folge haben könnten, sondern um den ganz normalen Alltagsfrust, um den Seltenheitswert von Leistungen, die uns wirklich begeistern. Doch wer trägt dafür die

Verantwortung? Die Mitarbeiter? Oder nicht auch die Auswählenden, die sich mitunter leichtfertig mit Mittelmaß umgeben haben und anschließend über den Mangel an Begeisterung und guten Ideen klagen?

Für den Fall, dass Sie gerade einwenden, dass Sie keine Wahl hatten, sondern Ihr Team »geerbt« haben: Wie lautet Ihr Plan, um die Mitarbeiter von »vielleicht« auf »ja« zu bringen? Und von »ja« auf »sehr gerne«?

Dilettantismus, Desinteresse, Delegation

Das simple Gedankenspiel »Welche meiner Mitarbeiter würde ich noch einmal einstellen?« ist ein Härtetest – für die Mitarbeiter, aber auch für die Führungskraft. Denn wer die meisten seiner Mitarbeiter lieber ziehen ließe, muss sich fragen lassen, warum er sie dann eingestellt hat oder weiterhin in seinem Bereich beschäftigt, ohne zu handeln. Und auf welchem Wege es dazu kam. Wo lagen die Fehler? Führungskräfte, die schon lange im Geschäft sind, schwören häufig auf ihre Intuition, auf das »Bauchgefühl« bei der Beurteilung von Kandidaten. Dass es so etwas wie Lebenserfahrung und in langen Berufsjahren vertiefte Menschenkenntnis gibt, bestreiten wir nicht. Die Frage ist nur, ob man diese Intuition im hektischen Alltag jederzeit zuverlässig abrufen kann, ob sie für unterschiedliche Funktionen und Altersgruppen gleichermaßen taugt und ob wir alle wirklich immer so gut durchblicken, wie wir gern glauben. Einer unserer Gesprächspartner, ein sehr erfahrener Personalexperte, machte uns in diesem Zusammenhang nachdenklich.

Dr. Alexander von Preen, *Geschäftsführer Kienbaum Consultants International GmbH und Verwaltungsratspräsident Kienbaum AG Zürich:*
»Ich glaube, dass man dieses Gefühl [eine sichere Ersteinschätzung von Kandidaten] nicht für alle Ewigkeiten hat. Je länger man in einer Machtposition ist (ich sage mal zehn Jahre), desto eher braucht es sich auf. Man trifft Fehlentscheidungen. Antennen nutzen sich ab oder sind nicht mehr zeitgemäß. Es verändert sich ja auch viel in der Gesellschaft, unterschiedliche Altersklassen funktionieren ganz anders, haben andere Rahmenbedingungen, andere Ausbildungen, andere Werte usw. Ich sehe das immer wieder, auch bei Topmanagern: Der Instinkt für

Menschen schleift sich irgendwann ab und diesen Zeitpunkt muss man erkennen.«

Überhaupt: Wann kennt man einen anderen Menschen »richtig«? Mitunter braucht es dafür Jahre. Und selbst dann kann ein Mitarbeiter, der in der jetzigen Funktion Großartiges leistet, in einer neuen Aufgabe versagen. Der Klassiker der Fehlbesetzung, allgemein bekannt und doch nicht auszurotten: Der beste Fachmann wird mit einer Führungsposition belohnt. Noch einmal Christine Wolff:

Christine Wolff, *Multi-Aufsichtsrätin und Unternehmensberaterin:*
»Ich komme aus der Ingenieurbranche und habe überwiegend mit Ingenieuren, Naturwissenschaftlern usw. gearbeitet – technische Top-Leute. Und ich habe einfach den Fehler gemacht, sehr gute technische Mitarbeiter in eine Managementrolle zu heben. Die Annahme, ›gute Techniker sind auch gute Manager‹, ist ein Irrtum, der dem Unternehmen nicht besonders gut getan hat.
Bei mir war es anders: Ich bin eine durchschnittliche Naturwissenschaftlerin, aber ich habe größere Leadership Skills. Ich war kaum eine Woche im Job, da hatte ich mein erstes Team zusammengestellt und mit Gruppen gemeinsam etwas erreicht. Es wäre nicht besonders gut für die Firma gewesen, wenn ich weiter technisch gearbeitet hätte – das können andere besser.«

Knapper und besser kann man die praktische Umsetzung des Prinzips »Talent vor Seniorität« kaum zusammenfassen. Wenn verdiente Fachleute mit Führungspositionen belohnt werden, wird dieses Prinzip häufig auf den Kopf gestellt und Unternehmenszugehörigkeit und langjähriges (oft überdurchschnittliches) Engagement belohnt, statt darauf zu achten, was der Betreffende tatsächlich am besten kann und ob das in der zukünftigen Position noch gefragt ist. Wer ein Auge darauf hat, in welchen beruflichen Situationen Mitarbeiter aufblühen und wo sie eher lustlos agieren, ist vor solchen Irrtümern etwas besser geschützt. Um tatsächlich die Geeignetsten (die mit der besten Erfolgsprognose; vgl. weiter unten) für Führungspositionen zu gewinnen, wäre ein Abschied vom einseitig auf Führungsspannen zielenden Karriereverständnis hilfreich. Honorieren wir Fachkenntnis tatsächlich immer genug? Bei den Incas wurden verdiente Handwerker an den Hof berufen. Wie drücken wir unsere Wertschätzung für Mitarbeiter aus, die »nur« Experten sind, von deren Expertise der Unternehmenserfolg aber entscheidend abhängt? Wer die Grundmechanismen der Motivation kennt, weiß, dass es dabei nicht primär um Geld geht, sondern um Aufmerksamkeit, Wertschätzung, einen angemessenen Status im Unternehmen.

Zurück zum Thema Einschätzung von Mitarbeitern: Dass menschliche Wahrnehmung und Urteilsbildung höchst unzuverlässig, subjektiv, lückenhaft sind, ist eigentlich ein alter Hut. Zumindest bei *anderen* glauben wir das auch sofort! Doch wir selber? Es ist lohnenswert, sich gängige Fehlerquellen bei der Urteilsbildung noch einmal vor Augen zu führen:

1. Unsere Wahrnehmung ist hochgradig selektiv – wir können gar nicht alle Signale verarbeiten, die auf uns einströmen. Das ist der Grund, warum Polizisten an Zeugenaussagen verzweifeln: Fünf Zeugen haben sehr wahrscheinlich fünf verschiedene Autos am Tatort gesehen. Schwarz, blau oder doch eher grau? Transfer auf den Unternehmenskontext: Bekommen Sie beispielsweise überhaupt mit, was Ihre Mitarbeiter leisten (oder verbocken)? Auf wen konzentriert sich Ihre Aufmerksamkeit in Team-Meetings?
2. Wahrnehmen und Urteilen sind erwartungsgesteuert – wir sehen, was wir sehen wollen. Das kann zu den bekannten selbsterfüllenden Prophezeiungen führen. Berühmt wurde das Experiment der US-Psychologen Robert Rosenthal und Lenore F. Jacobson. Mitte der Sechzigerjahre gaukelten sie Grundschullehrern vor, sie hätten mithilfe eines wissenschaftlichen Tests die 20 Prozent Schüler ermittelt, die »kurz vor einem Entwicklungsschub« stünden. Am Schuljahresende schnitten diese (in Wahrheit per Zufallslos ausgewählten) Schüler tatsächlich besser ab, vermutlich, weil sie mehr Zuwendung und Bestätigung durch die Lehrer erhielten.[11] Heißt beispielsweise: Sind »High Potentials« Hoffnungsträger, weil sie besser sind? Oder weil wir erwarten, dass sie besser sind?
3. Wir lassen uns von einer Eigenschaft oder einem Merkmal blenden, das andere überstrahlt (»Halo-Effekt«), schließen beispielsweise von Größe auf Durchsetzungskraft, von gutem Aussehen auf Intelligenz oder von gewinnendem Auftreten auf Engagement. Wussten Sie etwa, dass es einen statistischen Zusammen-

hang zwischen Körpergröße und Einkommen gibt? Und dass die meisten CEOs der Fortune-500-Unternehmen und die meisten US-Präsidenten (rund 90 Prozent) überdurchschnittlich groß waren?[12] Idealerweise messen Sie als Mann 1,91 Meter, wenn Sie es zu etwas bringen wollen. Bei Frauen dagegen kommt es weniger auf die Größe als vielmehr auf die schlanke Statur an. So viel zu inneren Werten.

4. Wir bevorzugen Menschen, die uns ähnlich sind (»Similar-to-me-Effekt«): Wer einen ähnlichen Hintergrund besitzt, vielleicht sogar dieselbe Business School besucht hat, der kann doch nur gut sein! Sympathie sei wahrgenommene Ähnlichkeit, sagen Psychologen. Und wer wollte ernsthaft abstreiten, dass wir einem sympathischen Mitarbeiter einen Aufstieg eher gönnen? Noch einen Schritt weiter geht der Soziologe und Eliteforscher Michael Hartmann. Zur Besetzung von Spitzenpositionen in Wirtschaft und Gesellschaft sagt er: »Vor allem zählt der richtige Stallgeruch.« Gesellschaftlicher Hintergrund und Auftreten zählten mehr als Kompetenz und Leistung. Während politische Eliten noch einigermaßen durchlässig seien, dominiere auf den Topetagen der Wirtschaft zu 80 Prozent das Großbürgertum.[13]

5. Wir wollen unseren ersten Eindruck bestätigt sehen, und dieser erste Eindruck entsteht blitzschnell und unbewusst. Da unsere Wahrnehmung selektiv ist (siehe Punkt 1), gelingt es uns ziemlich mühelos, Erwartungen zu bestätigen. Wie lange hat es zum Beispiel gedauert, bis Thomas Middelhoff nach seinem frühen Milliardencoup durch den rechtzeitigen Verkauf von AOL-Anteilen als Supermanager endgültig entzaubert war?

6. Glaubenssätze, frühere Erfahrungen, psychologische Laientheorien, all das kann unsere Einschätzungen von Menschen beeinflussen – zu Recht, aber auch zu Unrecht. Oft ziehen wir Wenn-dann-Schlüsse, die logisch nicht zwingend sind: »Wenn jemand die Stelle unbedingt will, wird er sich später auch anstrengen«, »Wenn jemand aus einer Unternehmerfamilie kommt, ist er tatkräftiger als jemand, dessen Vater Beamter war« und dergleichen mehr.

7. Wir verallgemeinern unsere eigenen Sichtweisen. Jemand, der begeistert Führungsverantwortung übernommen hat, glaubt unter Umständen, das müsse der Traum jedes ambitionierten Mitarbeiters sein. Oder: Jemand, der öffentliches Lob genießt, kann

sich nicht vorstellen, dass ein anderer das unangenehm und peinlich findet.

Tendenziell überschätzen wir unsere Urteilskraft, was Psychologen auch als »Illusion der Urteilssicherheit« bezeichnen.[14] Vor diesem Hintergrund scheint es geradezu abenteuerlich, nach einem kurzen Gespräch von 60, maximal 90 Minuten relativ spontan eine Personalentscheidung treffen zu wollen – erst recht, wenn es um die Besetzung von Schlüsselpositionen im Unternehmen geht. Und doch ist das Vorstellungsgespräch immer noch das beliebteste Auswahlverfahren. Wer mag schon Tage als Beobachter in Assessment-Center herumsitzen? Zugegeben: In einem gut vorbereiteten, strukturierten Gespräch kann man einiges über eine Person erfahren, insbesondere, wenn die Fragen durchdacht aus den (ebenso durchdacht formulierten) Anforderungen der Position abgeleitet sind. Doch wie häufig sind sie das? Läuft es nicht eher so: Die Assistentin steckt den Kopf zur Tür herein und erinnert, »dass doch gleich das Gespräch mit Herrn / Frau X« ansteht. Also rasch der Griff nach den Unterlagen, Vita überfliegen und eilig zum Meeting mit dem Kandidaten. Den Rest erledigen »Intuition«, Tagesform und hoffentlich der Personaler, der mit im Gespräch sitzt. Paul Williams war lange genug Senior Manager Human Resources, um dieses Dilemma zu kennen. Die folgenden zugespitzten »Rules« gehen auf sein Konto. Pauls Fazit aus hunderten Bewerberinterviews:

Faustregeln für Bewerber-Interviews (Achtung: Satire!)

1. Die Redezeit, die ein Manager im Interview beansprucht, ist direkt proportional zu seinem Rang in der Führungshierarchie.

2. Die Fähigkeit eines Managers, dem Kandidaten im Interview aufmerksam zuzuhören, ist umgekehrt proportional zu seinem Rang in der Führungshierarchie.

3. Je höher der Rang eines Managers, desto größer ist die Wahrscheinlichkeit, dass er eine Frage, die er stellt, auch gleich selbst beantwortet.

4. Je mehr der Manager selbst spricht, desto besser ist sein Eindruck vom Kandidaten.

Wenn wir über die Fallstricke der Wahrnehmung, die Tücken der Intuition und über schlechte Vorbereitung reden, haben wir eine weitere, ebenso gravierende Fehlerquelle bei der Stellenbesetzung noch gar nicht erwähnt: das Eigeninteresse des Vorgesetzten, das sich nicht immer mit dem Unternehmensinteresse deckt. Es ist bekannt:»A's hire A's, B's hire C's.« Ein schwacher Vorgesetzter macht sich nicht unnötig Konkurrenz, er bevorzugt das Mittelmaß, über das er leichter herrschen kann. Verirrt sich durch Zufall doch ein Leistungsträger in seine Abteilung, wird der bald die Flucht ergreifen. Dass es im Alltag der meisten Organisationen dennoch einigermaßen läuft, ist kein Argument. Es ist empirisch belegt, dass eine leistungsorientierte Unternehmenskultur zu den Eckpfeilern nachhaltigen Unternehmenserfolgs gehört (vgl. Probst / Raisch 2004 und ihre Thesen zur »Logik des Niedergangs«). Die eigentliche Frage ist nicht, ob es »einigermaßen läuft« – die eigentliche Frage ist:»Was wäre möglich, wenn wir die richtigen Leute in Schlüsselpositionen hätten?« Leider (oder glücklicherweise) dauert es gerade in Großunternehmen geraume Zeit, bis sich eine verfehlte Personalpolitik in den Unternehmenszahlen niederschlägt.

Und die Alternative zum klassischen Vorstellungsgespräch? Sicher nicht die komplette Delegation des gesamten Verfahrens an externe Dienstleister (die dann praktischerweise »schuld« sind, wenn es mit der Besetzung nicht optimal klappt). Natürlich haben viele diagnostische Verfahren wie wissenschaftlich fundierte Tests, ACs, strukturierte Interviews etc. ihren Wert, vor allem, wenn externe Kandidaten gesucht werden – und immer vorausgesetzt, dass die beauftragten Berater genau wissen, worauf es in der fraglichen Position ankommt, und aus dem Unternehmen heraus eng begleitet werden. Bei internen Stellenbesetzungen, insbesondere bei der Besetzung von Schlüsselpositionen und bei der Auswahl von Führungskräften für die nächste Ebene, mutet es jedoch geradezu absurd an, wenn Insidereinschätzungen und langjährige Zusammenarbeit mit dem Betreffenden ausgeklammert bleiben und durch Management Audits Externer ersetzt werden. Und es ist geradezu fahrlässig, wenn Topmanager sich aus wichtigen Personalfragen weitgehend heraushalten und meinen, dies könne man an die HR und nachgeordnete Führungskräfte delegieren. Ein uns bekannter CEO sagte einmal:»Die wichtigste Entscheidung, die wir als Unternehmen treffen, ist, wen wir einstellen und dann systematisch weiterentwickeln.« Das stimmt!

Sind Sie ein »Talent Consumer« oder ein »Talent Producer«?

Einer der großen amerikanischen Konzerne führte für seine Vorstände ein besonderes Vergütungsmodell ein. 20 Prozent der variablen Vergütung waren davon abhängig, wie die Talent-Bilanz des jeweiligen Vorstandes aussah. Brachte sein Bereich Talente für den oberen Führungskräftekreis der Top 200 hervor, oder musste er vakante Positionen von außen besetzen bzw. Talente aus anderen Bereichen abziehen? Die Schlüsselfrage lautete: »Are you a net producer or a net consumer of talent?« Dieses Verfahren erwies sich als sehr wirkungsvoll – nicht nur wegen der Vergütung, sondern weil konsequente Talententwicklung auf diese Weise in der Unternehmensphilosophie verankert wurde. Wie so oft bewahrheitete sich die Erkenntnis »What you measure is what you get!«

Wie ein Topmanager das Thema Talententwicklung praktiziert und auch selbst davon profitiert, verdeutlichte einer unserer Gesprächspartner. Uns fiel bei der folgenden Schilderung die geschickte »Personalpolitik« der Inca-Herrscher ein, die Provinzen gezielt mit loyalen, in der Eliteschule Yachaywasi ausgebildeten Angehörigen der eigenen oder regionalen Oberschichten besetzten.

Dr. Alexander von Preen, *Geschäftsführer Kienbaum Consultants International GmbH und Verwaltungsratspräsident Kienbaum AG Zürich:*
»Was für mich sehr spannend bleibt, ist das Thema Entwicklung von jungen Mitarbeitern. Ich habe mir zu eigen gemacht, jedes Jahr fünf Mitarbeiter zu rekrutieren, die ich als Assistenten, als Projektleiter direkt an mich binde und die ich auf meine Management Skills, auf meine Kompetenzen und auf meine ganz persönlichen Erwartungshaltungen hin ausbilde. Diese Nachwuchskräfte lasse ich sehr nah an mich ran, die lade ich auch privat ein, sie sind Teil der Familie. Ich übertrage ihnen schon sehr früh viel Verantwortung und gewähre volle Transparenz auch in geschäftlichen Fragen, die sonst restriktiv gehandhabt werden, etwa Strategieentwicklung, Geschäftsgeheimnisse etc. Nach anderthalb Jahren gebe ich diese Menschen dann in die Organisation und setze sie quasi als Ankerpunkte für mich ein, als Vertrauenspersonen im gesamten Netzwerk.«

Talente kann man überall finden, nicht nur auf der eigenen Büroetage. Wesentlich sind das Interesse für Menschen und die Bereitschaft, genau hinzuschauen. Ein Beispiel:

Vom Fahrstuhlführer zum Senior-Verkäufer

In Schwellenländern ereignen sich immer wieder die ungewöhnlichsten Karrieren. Andreas Krebs begegnete ihm täglich bei der Fahrt mit dem Aufzug in den 10. Stock im Bürogebäude in Guatemala-City: dem freundlichen, patenten und immer hilfsbereiten Fahrstuhlführer, vielleicht Anfang 20. Das Unternehmen suchte zu dieser Zeit Mitarbeiter im Promotoren-Team für Supermärkte, und Andreas gab dem zuständigen Verkaufsleiter einen Hinweis. Der sprach mit dem Fahrstuhlführer, und da begann für diesen die Herausforderung. Der Mann verdiente ca. 50 US-Dollar pro Monat im Fahrstuhl, also weniger als den Mindestlohn, was in Schwellenländern nicht selten ist. Er musste ein Moped haben, um den neuen Job machen zu können. So legte die ganze Familie zusammen und schaffte es: Der junge Mann konnte anfangen. Statt 50 Dollar verdiente er nun 280, die absolute Untergrenze in dieser Funktion, bei der deutschen Niederlassung eines DAX-Konzerns. Es ist ihm nicht zu Kopf gestiegen, ganz im Gegenteil: Es folgten Abendschule, weitere Seminare, und er ist weiter aufgestiegen: vom Promoter zum Verkäufer, vom Verkäufer zum Senior-Verkäufer und noch weiter. Wenn Fleiß, Ehrgeiz und der Wille zum Erfolg da sind, braucht es nur noch eine Chance. Und es lohnt sich für jede Führungskraft, auf die zu achten, die eine solche Chance verdient haben.

Regel Nummer 1: Keine Kompromisse!

Wenn wir Ihnen nur eine einzige Empfehlung in Sachen Auswahl von Mitarbeitern geben dürfen, dann diese: Keine Kompromisse bei Personalentscheidungen! Kein »Wird ja vielleicht noch«, kein »Mehr gibt der Markt nicht her«, kein »Es muss jetzt schnell gehen«. Die Fehlbesetzung einer einzigen Schlüsselposition kann so viel wirtschaftlichen Schaden anrichten und so viele menschliche »Kollateralschäden« verursachen, dass Laxheit in Personalfragen mehr als kurzsichtig ist. Wussten Sie beispielsweise, dass Führungskräfte den Krankenstand in ihrem Team mitnehmen? Dies ergab eine Studie bei Volkswagen, wo man Vorgesetzte mit hohem Krankenstand an die Spitze von Abteilungen mit geringeren Fehlzeiten versetzte. Nach einem Jahr waren die Fehlzeiten dort genauso hoch wie früher im alten Verantwortungsbereich.[15]

Eine der größten Herausforderungen erfolgreicher Stellenbesetzung ist der Umgang mit »Blockern«, also mit Fach- oder Führungskräften, die ihr Limit erreicht haben, aber wichtige operative oder strategische Funktionen im Unternehmen blockieren. Oft weiß man nicht, wohin mit ihnen. Sie sind meist zwischen 40 und Mitte 50, zu weit vom Pensionsalter entfernt, und eine Abfindung erscheint zu teuer. Aber wie teuer ist es, jemandem mäßig Effizientes auf einer wichtigen Funktion zu halten? Wie viel Mehrwert könnte für das Unternehmen an dieser Stelle erzielt werden? Fast immer ist das die Abfindung wert, sollte es sonst keine Lösung geben. Die Stelle wird dadurch frei für bessere Kandidaten mit vielversprechender Führungs- und Entwicklungsprognose. »Blocker« klingt ihnen zu negativ? Ja, es ist kein schönes Wort, aber im Personaler-Jargon nicht unüblich. In der Tat handelt es sich oft um solide Arbeiter, deren Versetzung sich nicht fair anfühlt. Dennoch: Sie könnten in einer weniger exponierten Rolle noch Wert für das Unternehmen kreieren und sollten gleichzeitig den Weg für eine bessere Besetzung frei machen.

Der Management-Vordenker Jim Collins, der seit Jahren den Strategien wirtschaftlich besonders erfolgreicher Unternehmen auf der Spur ist, hat die griffige Formel geprägt »Erst wer, dann was«. Um ein Unternehmen dauerhaft auf Erfolgskurs zu halten, braucht man schlicht die richtigen Menschen. Solche Argumente geraten leicht unter Banalitätsverdacht. Doch wenn das so banal ist, warum tun wir uns in der Praxis dann so schwer damit? Warum sagen so viele Vorgesetzte, dass sie die Hälfte ihrer Abteilung nicht wieder anheuern würden? Collins spricht nicht von Kompromisslosigkeit, sondern von Rigorosität, wenn es um Personalfragen geht, und meint damit nichts anderes als konsequentes Handeln. Seine »Regeln der Rigorosität« lauten:

- »Regel 1: Im Zweifelsfall nicht einstellen, sondern weitersuchen.«
- »Regel 2: Wenn man eine Personalentscheidung treffen muss, sollte man sofort handeln.«

○ »Regel 3: Setzen Sie Ihre besten Leute auf die besten Chancen an, nicht auf die größten Probleme.«[16]

Wie häufig werden unangenehme Personalentscheidungen aus Konfliktscheu auf die lange Bank geschoben? Und wie oft werden fähige Leute in kriselnden Bereichen verschlissen, obwohl sie anderswo mehr bewegen könnten? Während des DaimlerChrysler-Debakels wurden bald Stimmen laut, Daimler blute das eigene Management durch zu viele Entsendungen in die USA aus.

Menschen, nicht Pläne und Theorien, bringen die Dinge vorwärts

Colin Powell, früherer US-General und Außenminister, hat in seinen Buch »My American Journey« seine wichtigsten Leadership-Prinzipien zusammengefasst. Dabei ruft er etwas sehr Elementares in Erinnerung:

»Organization doesn't really accomplish anything. Plans don't accomplish anything, either. Theories of management don't much matter. Endeavours succeed or fail because of the people involved. Only by attracting the best people will you accomplish great deeds.«[17]

[»Eine Organisation als solche erreicht gar nichts. Pläne allein auch nicht. Managementtheorien bewirken nicht viel. Vorhaben gelingen oder scheitern aufgrund der Menschen, die daran beteiligt sind. Nur wenn Sie die besten Leute anziehen, werden Sie Großes erreichen.«]

Keine Kompromisse zu machen bedeutet auch, sich von der (Wunsch-)Vorstellung zu verabschieden, man könne Mitarbeiter beliebig »entwickeln« und nach eigenen Vorstellungen formen, etwa so, wie man eine Maschine umrüstet. Natürlich sind Menschen lernfähig, natürlich können sie sich weiterentwickeln, aber nicht unbegrenzt. Aus einem introvertierten Tüftler wird sehr wahrscheinlich kein mitreißender Verkäufer und auch keine empathische Führungskraft. Menschen müssen sich erstens verändern *wollen*, sie müssen zweitens *Bedingungen* vorfinden, die entsprechende Lernerfahrung und Entwicklung ermöglichen, und sie müssen drittens bestimmte *Grundfähigkeiten* mitbringen, die in die angestrebte Entwicklungsrichtung weisen. Oft hapert es schon beim ersten.

Faktor »F« – Vorsicht vor Abkürzungen im Auswahlverfahren

Paul Williams war einige Jahre verantwortlich für das Programm zur Rekrutierung internationaler Trainees. Hier musste eine große Anzahl von Absolventen auf ihre Eignung für eine Leadership-Laufbahn beurteilt werden. Dazu wurden jährlich vier bis sechs internationale Business Schools ins Visier genommen und die Lebensläufe interessierter Absolventen nach Kriterien wie Auslandssemester, Fremdsprachen und interessante Ämter vorselektiert. Aus der immer noch großen Zahl von Kandidaten wurden in halbstündigen »Speed Interviews« jeweils acht für ein Auswahl-AC ausgewählt. Die Schlüsselfrage war, nach welchen Kriterien? Für ein vertiefendes verhaltensorientiertes Interview waren 30 Minuten zu wenig Zeit – es musste etwas Kurzes und Knackiges her. So haben wir den »Faktor F« erfunden, mit F für »Faszination«. Hypothese war, dass Menschen, die später andere Menschen führen sollen, fähig sein müssen, diese zu erreichen und zu begeistern. Faktor F wurde daher so definiert: Ist diese Person in der Lage, in kürzester Zeit mein Interesse zu wecken, mich zu fesseln? Wie viel Leidenschaft ist zu erkennen, wenn sie über Thema X erzählt? Werde ich eingebunden, oder ist es nur ein Monolog?

Auf diesem Weg wurden viele talentierte Trainees gefunden, die in der Firma oder danach auch woanders sehr erfolgreich waren. Aber es gab auch Fehler. Beispiel: In einem Lebenslauf stand unter Hobbys »Parrots«. Es stellte sich heraus, dass der Kandidat die Pflege von zwei Aras (Groß-Papageien aus Südamerika) übernommen hatte. Aras sind hochintelligente, soziale Tiere, die bis zu sechzig Jahre alt werden können. Dies faszinierte den Biologen und Tierfreund Paul Williams so sehr, dass sich circa 20 Minuten des Interviews um diese Tiere drehten. Und es wurde fesselnd und mit viel Begeisterung erzählt. Nur: Wie viel hatte das mit Führungskompetenz und der Eignung für eine Managementlaufbahn zu tun? Der Kandidat schaffte es ins AC und sogar ins Unternehmen. Doch schnell wurde klar, dass er dort nicht auf Dauer überzeugen würde. Er blieb nicht sehr lange dabei. An dieser Stelle hat der (Super-)Faktor F des Kandidaten eine ansonsten erfolgreiche Rekrutierungsmethodik geschlagen und den Interviewer in die Irre geführt!

Es gibt natürlich auch ein Learning: Leadership ist mehr als faszinierendes Storytelling. Es wäre nicht die einzige Karriere, die durch verbale Selbstdarstellung entstanden ist. Oft lassen wir uns durch die Präsentationsfähigkeiten angelsächsischer Kandidaten blenden und leiten eine falsche Führungsprognose ▶▶

daraus ab. In den USA und GB lernt man schon in der Schule, wenn nicht im Kindergarten, sich zu präsentieren. Wir staunen dann, was relativ junge Menschen auf die Bühne bringen, und auf Englisch hört sich das sowieso irgendwie schick an. Doch für eine wirklich gute Laufbahn-Prognose braucht es mehr Tiefgang im Rekrutierungsverfahren.

Die Versuchung ist groß, angesichts der Komplexität der Aufgabe, einen Mitarbeiter oder Bewerber angemessen einzuschätzen, Zuflucht zu nur vermeintlich aussagekräftigen Kriterien zu nehmen, Daten im Lebenslauf, interessante Details heranzuziehen, um zu einer Entscheidung zu gelangen. Doch weder das Studium in X noch der Auslandsaufenthalt in Y sind Erfolgsgarantien. Eine neue Studie wirft ein ganz besonderes Licht auf das Thema.

Was macht einen erfolgreichen CEO aus?

Im Mai 2017 brachte die *Harvard Business Review* einen interessanten Artikel zu einem erstaunlichen Projekt. Über zehn Jahre wurden im »CEO Genome Project« Forschungsdaten über 17 000 obere Führungskräfte (sogenannte »C-Suite Executives«) zusammengetragen. Darunter befanden sich 2000 CEOs. Ergänzt wurden die Daten durch vier- bis fünfstündige Interviews sowie Gespräche im Umfeld, also Interviews mit Mitarbeitern, Vorgesetzten, Stakeholdern usw. Die Analyse umfasste Karrierehintergrund, Arbeitsergebnisse und vor allem Verhaltensmuster. Untersucht wurde in erster Linie, warum diese Personen überhaupt ernannt wurden und was ihnen geholfen hatte, über längere Zeit erfolgreich zu sein. Die Befragten kamen aus allen Branchen und aus Unternehmen jeder Größe – von kleineren Firmen bis zu den Fortune 100. US-Teilnehmer dominierten, die Erkenntnisse sind jedoch generalisierbar. Wichtige Ergebnisse:

– Auch wenn für Spitzenfunktionen oft charismatische und selbstbewusste Kandidaten bevorzugt werden, waren die eher introvertierten und analytischen Kandidaten am Ende insgesamt erfolgreicher.

- 45 Prozent aller CEOs hatten in ihrer Karriere mindestens einen gravierenden Fehler gemacht, der sie den Job kostete und die Firma sehr viel Geld. 7 Prozent dieser Gruppe heuerten anschließend bei anderen Unternehmen wieder als CEO an.

- Bildungshintergrund und Qualifikation wiesen keine (!) Korrelation mit dem nachgewiesenen Erfolg auf. Nur 7 Prozent der sehr erfolgreichen (»high-performing«) CEOs besuchten eine der Top-Universitäten, 8 Prozent hatten keinerlei Abschluss.

- Es zeichneten sich vier entscheidende Charakteristika erfolgreicher Führungskräfte ab – von 30 beschriebenen Kernkompetenzen konnten über 50 Prozent der Kandidaten mindestens eine der folgenden Eigenschaften für sich verbuchen:
    1. Entscheidungsfreude (»Deciding with speed and conviction«)
    2. Einfluss (»Engaging for impact«)
    3. Proaktives Handeln (»Adapting proactively«)
    4. Hohe Umsetzungsorientierung (»Delivering reliably«)[18]

Auch wenn diese Kernkompetenzen zunächst recht allgemein klingen, leuchten sie mit Blick auf die moderne Wirtschaft unmittelbar ein:

- Entscheidungsfreude: Es ist besser, Entscheidungen zu treffen, als nicht zu entscheiden. Die VUCA-Welt[19] lässt nur begrenzt Zeit für Analyse und Abwägung, schnelles und effektives Handeln wird immer wichtiger.

- Einfluss: Belastbares Stakeholder-Management und Vernetzung mit den wichtigsten Business-Partnern generieren einen Informationsvorsprung und damit mehr Entscheidungssicherheit. Auch dies ist ein wichtiger Schlüssel zum Erfolg (vgl. Kapitel 7 »Urteilskraft«).

- Proaktives Handeln: Die Erfolgreichsten verbringen über die Hälfte ihrer Zeit mit langfristigen Zielen, Herausforderungen und Risiken (vgl. Kapitel 5 »Die wahren Gegner bekämpfen« und dort vor allem den Abschnitt zu Risikomanagement). Erfolgreiche Manager betrachten die Bewältigung von Krisen als Teil ihrer Aufgabe und sind dadurch sehr viel besser auf Rückschläge und Krisen vorbereitet.

- Hohe Umsetzungsorientierung: Auch das überrascht nicht – dauerhaft nachweisbare Erfolge machen Führungskräfte erst richtig stark und erfolgreich.

Auch wenn Sie nicht immer nach dem nächsten CEO suchen, für jede Führungsaufgabe empfiehlt es sich, verhaltensorientierte Fragen (»Behavioural Event Questions«) zu stellen, die auf die erfolgsrelevanten Eigenschaften aus dem Genome Project zielen und diese abprüfen. Diese Art von Fragen ergründen, wie der Kandidat bisher ein bestimmtes Problem gelöst oder ähnliche Situationen gemeistert hat, weil dies viel darüber ausssagt, wie er bei einer ähnlichen Herausforderung in der Zukunft vorgehen würde. Man kann beispielsweise gezielt nach situativen Belegen und Anlässen für »Entscheidungsfreude« fragen. Zu solchen Nachfragen lädt ein Kandidat den Gesprächsführer selbst ein, wenn er Statements über persönliche Eigenschaften abgibt, wie zum Beispiel »Ich bin ein guter Teamplayer« oder »Ich bin durchsetzungsfähig«. Für Interviewer sind in diesem Zusammenhang folgende Fragen hilfreich:

○ »Wo haben Sie diese Durchsetzungsfähigkeit gezeigt? Wie war der Kontext?«
○ »Was war die genaue Aufgabe?«
○ »Was haben Sie unternommen?«
○ »Was war das Ergebnis?«

Eine Eselsbrücke für dieses Schema ist »STAR« (Situation – Task – Action – Result).

Eine gute Ergänzung hierzu sind weitere situative Fragen, die Verhaltensoptionen ausloten und Rückschlüsse auf Eigenschaften zulassen. Sie bewähren sich in jedem Bewerbungsgespräch, unabhängig davon, ob eine Position mit Führungsverantwortung verbunden ist oder nicht. Fragen Sie beispielsweise

○ nach Aufgaben, bei denen die eigenen Stärken optimal einzusetzen waren, und solchen, die eher unangenehm waren,
○ danach, was jemand an früheren Vorgesetzten schätzte und was nicht,
○ nach der größten Herausforderung, die jemand in seinem Beruf bisher bewältigt hat, und wie er das geschafft hat,
○ danach, was jemand zuletzt gelernt hat, wo er sich weiterentwickelt hat, und wie,
○ nach einem großen Erfolg und wie er zustande kam,

○ nach Lösungsvorschlägen für eine herausfordernde Situation im neuen Job.

Auf diese Weise erden Sie das Gespräch im Unternehmensalltag. Ein Verfahren, das diese Erdung weiter systematisiert und bessere Entscheidungen gerade bei internen Stellenbesetzungen ermöglicht, möchten wir Ihnen abschließend vorstellen. Es bedeutet gleichzeitig die Abkehr vom abgegriffenen Begriff des »Potenzials«.

Prognose statt Potenzial

Seitdem McKinsey vor zwei Jahrzehnten den »War for Talents« ausrief, ist viel von »High Potentials« die Rede, die ein Unternehmen gewinnen müsse, wenn es erfolgreich bleiben will. Doch einmal abgesehen davon, dass Organisationen inzwischen nicht nur auf Führungsebene um die besten Kräfte konkurrieren, stellt sich die Frage, ob der Begriff des »Potentials« nicht in eine Sackgasse führt. Wir haben erlebt, wie durch eine neue Geschäftsleitung ein ganzer Pool von Potentials plötzlich keiner mehr war – nur weil die Entscheider wechselten. Die Menschen waren die Gleichen geblieben. Die Ursachen sind vielfältig. Manche »Potential«-Listen waren wenig aussagekräftig, beispielsweise, weil sie von einem schwachen Management erstellt wurden. In anderen Fällen wurden Top-Potentials von neuen Entscheidern als Bedrohung angesehen und machten dann außerhalb des Unternehmens tolle Karrieren. Ein erfahrener Personalexperte (und früherer olympischer Trainer im Säbelfechten) bestätigt unsere Skepsis.

Johannes Thönneßen, *Psychologe und Berater: »Ich finde den Begriff Potenzial sehr schwammig. Potenzial kann ich nur dann messen, wenn ich genau angeben kann, wofür jemand Potenzial haben soll. Ich kann bei einem Sportler sagen, ob er das Potenzial hat, irgendwann die 100 Meter in 10.0 Sekunden zu laufen, oder ob er niemals über 15.0 hinauskommen wird. Das kann ich durch Indikatoren erfassen. Dagegen sind die Anforderungen für Management- oder Führungsaufgaben so vielfältig, dass ich es fast für ausgeschlossen halte, das Potenzial dafür zu messen. Das ist einfach ein viel zu komplexes Konstrukt. Und die Frage, wovon nachher der Erfolg als Manager oder als*

*Führungskraft abhängig ist, hat ja noch keiner wirklich beantworten
können. Die unterschiedlichsten Typen können extrem erfolgreich sein
als Führungskraft. Das zeigt schon, dass es unmöglich ist, einen all-
gemeinverbindlichen Potenzialbegriff zu definieren.«*

Der Potenzialbegriff hat noch einen weiteren Haken. Er suggeriert:
»Potenzial« hat jemand oder er hat es eben nicht. Ob eine Person erfolgreich ist, liegt in diesem Verständnis ausschließlich bei ihr selbst.
Damit werden nicht nur Umgebungsfaktoren (wie etwa wechselnde
Entscheider mit unterschiedlichen Vorlieben) ausgeblendet, damit
wird gleichzeitig »ein extrem hohes Demotivationspotenzial« geschaffen, wie Johannes Thönneßen unterstreicht. Wenn weniger als
10 Prozent zu den High Potentials zählen, werden gleichzeitig 90 Prozent frustriert. Pikanterweise wies die McKinsey-Studie, die 1998 die
High-Potential-Welle auslöste, an keiner Stelle nach, dass bestimmte
Eigenschaften einige Mitarbeiter erfolgreicher machen als andere.[20] Je
mehr man nachbohrt, desto mehr entlarvt sich »Potenzial« als nichts-
sagendes Etikett und desto irreführender erscheinen »Potenzialana-
lysen« in Form von Testbatterien ohne Rücksicht auf den jeweiligen
Unternehmenskontext.

Fairer – und wirklichkeitsnäher – wäre es zu fragen: Wird eine Person X in einem Umfeld Y (Unternehmenskultur, Führungsverständ-
nis, Branche, Mitarbeiter, Kunden- und Marktanforderungen) voraus-
sichtlich erfolgreich sein? Und welche Erfolge in der Vergangenheit
sprechen für diese Annahme? Eine solche Prognose verabsolutiert
nicht persönliche Eigenschaften, sie nimmt die Gesamtsituation in den
Blick. Gleichzeitig sind im Begriff »Prognose« unterschiedliche Sichtweisen und mögliche Irrtümer schon mitgedacht. Eine fundierte Wet-
ter- oder Aktienprognose besitzt eine hohe Wahrscheinlichkeit, kann
aber auch von der Wirklichkeit widerlegt werden. »Prognose« ist also
weniger dogmatisch und gradueller als »Potenzial«.

Bleibt die Frage, welches Verfahren zuverlässige Mitarbeiterprognosen
erlaubt. Ein pragmatisches Instrument, das Erfolgsprognosen auf der
Basis von beobachtetem Verhalten gibt, ist DECIDE®.[21] Die Grundan-
nahme dieses Tools lautet: »Der beste Prädiktor für zukünftiges Verhalten ist vergangenes Verhalten.« Im Vorfeld einer Beförderung, Um-
strukturierung oder Festanstellung geben dazu fünf bis acht Beurteiler,

die den Kandidaten bereits in vielfältigen Situationen erlebt haben, eine systematische Einschätzung ab. Dazu werden ihnen verschiedene herausfordernde Situationen aus dem Managementalltag geschildert, zum Beispiel die Leitung eines anspruchsvollen Teams, die Präsentation vor einem wichtigen Kunden oder die Verhandlung mit einem großen Lieferanten. Die Beurteiler entscheiden, welche dieser Aufgaben sie persönlich dem Kandidaten übertragen würden und welche eher nicht. Anschließend erläutern sie die Gründe für ihre Einschätzungen. Auf diese Weise entsteht ein differenziertes Bild der vermuteten Stärken wie Schwächen des Kandidaten. Für Liebhaber der Statistik wird präzise aufgelistet, wie viele der Beurteiler in welchen Kategorien jeweils mit »Ja« oder »Nein« geantwortet haben. Auf diese Weise kombiniert DECIDE® die Vorteile eines 360-Grad-Feedbacks mit den Vorteilen eines Assessment-Centers. Das Verfahren nutzt geschickt die Fähigkeit von Menschen, sich bildhaft vorzustellen, wie jemand sich in herausfordernden bis kritischen Situationen verhalten würde. Es setzt also auf Intuition und ganzheitliche Wahrnehmung, dämmt Fehlurteile jedoch durch die Befragung verschiedener Beurteiler und durch die Verankerung in Alltagssituationen ein. Unserer Erfahrung nach ist dieses Instrument zuverlässiger als die beliebten »Kompetenz«-Modelle, die einzelnen Positionen Listen von Kompetenzen zuweisen. Diese Listen sind entweder zu kurz und damit wenig aussagekräftig – oder im Gegenteil zu aufwendig, weil kaum für jede Position eine umfassende Kompetenzbeschreibung erstellt und validiert werden kann. Auch bei externen Stellenbesetzungen bewährt sich die systematische Befragung einer Gruppe. Noch einmal Johannes Thönneßen:

Johannes Thönneßen, *Psychologe und Berater:* »*Wenn man Entscheider zusammenbringt und ihnen die Möglichkeit gibt, einen Kandidaten genauer kennenzulernen und zu erfahren, was er in der Vergangenheit gemacht hat, dann werden sie das automatisch mit ihrem inneren Bild erfolgreicher Manager aus ihren Bereichen abgleichen und abschätzen: ›Der ähnelt dem oder dem Modell und damit kann man bei uns erfolgreich sein.‹ Das lässt sich dann zwar nicht mathematisch genau in Modellen abbilden, wird aber ziemlich sicher eine gute Vorhersage liefern. Das Problem ist ja oft, dass man lediglich einen Einzigen befragt, der nur seinen Ausschnitt liefert. Wenn man dagegen das Wissen mehrerer bündelt, ist die Prognose weit zuverlässiger.*«

Menschen, nicht Organisationen, bringen die Dinge in Bewegung, haben wir in Anlehnung an Colin Powell oben geschrieben. Wer das beherzigt, kann Personalentscheidungen nicht auf die leichte Schulter nehmen. Gleichgültig, ob er im Mittel- oder im Topmanagement aktiv ist, er wird sich einmischen und sich gemeinsam mit Kollegen um verlässliche Erfolgsprognosen bemühen. Es wäre gut, wenn die Hochachtung, die die Incas dem Können verschiedener Angehöriger ihres Reiches entgegenbrachten und die sie begabte Schnellläufer, Töpfer, Quipu-Flechter fördern ließ, in moderne Büroetagen Einzug hielte. Die Incas schauten genau hin, wer welche Fähigkeiten besaß, und sie unterwarfen ihren Führungsnachwuchs strengen Prüfungen. Können wir das von uns heute noch behaupten?

Eine interessante Anregung in diesem Zusammenhang verdanken wir einem unserer Gesprächspartner. In seinem Unternehmen enthielten Assessments, Beurteilungen usw. einen wichtigen Indikator in Form der Frage »Wer hat dir im letzten Jahr bei der Erreichung deiner Ziele in der Organisation geholfen?«. Jeder musste fünf Namen aufschreiben, und zwar unabhängig von Position, Funktion, Hierarchie, Lokation. Jedes Jahr sei man bei der Auswertung erneut aus allen Wolken gefallen. Viele illustre Namen von hohem Rang in der Organisation und auch viele »Potentials« tauchten nie auf, andere eher unscheinbare Kollegen waren offenbar extrem wichtig und unterstützend. Man müsse sich mit Leuten auseinandersetzen, die zwei oder drei Jahre von niemandem genannt würden: »Warum bezahlen wir sie dann eigentlich?«, so unser Gesprächspartner. Auch der Ausnahmemanager Jack Welch hatte zur Einschätzung von Menschen eine ungewöhnliche Methode, die ein anderer Gesprächspartner ins Spiel brachte:

Gerd Stürz, *Life Sciences DACH-Chef von EY: »Jack Welch hatte diese Matrix-Strukturen. Er teilte auf der x-Achse die Menschen ein, die Werte oder keine Werte haben, und auf der y-Achse Menschen, die Ehrgeiz oder keinen Ehrgeiz haben. So hatte er vier Boxen, in die er jeden einordnete, mit dem er zu tun hatte, privat wie beruflich. Ich habe dieses System früh durch einen sehr erfolgreichen Vorgesetzten kennengelernt und irgendwann übernommen. Es ist enorm hilfreich:*
– Da gibt es dann Leute, die haben Ehrgeiz und Werte und das sind die Stars. Die muss man nicht nur kennen, mit denen muss man sich zusammentun, die muss man fördern.

- *Das Gegenbeispiel dazu sind diejenigen, die Ehrgeiz haben, aber keine Werte. Die muss man ganz schnell identifizieren und sie unbedingt von sich fernhalten. Sei es vom Unternehmen, von seinem Zuhause, von seiner Frau, von wo auch immer, diese Typen sind echt gefährlich.*
- *Dann gibt es die, die keinen Ehrgeiz haben und keine Werte. Die schaden nichts, erreichen aber auch nichts.*
- *Und schließlich sind da noch diejenigen, die Werte haben und keinen Ehrgeiz. Die kann man – vielleicht – entwickeln. Da muss man feststellen, geht das oder geht es nicht.«*

Kleiner Stresstest für Ihre Personalpolitik

Voraussetzung für gute Personalpolitik ist, dass man ihr Gewicht gibt und Zeit, Sorgfalt und Geld investiert. Ist das in Ihrer Organisation der Fall?

Die Mitarbeiter sind Ihr höchstes Gut!? Ein Test

1. Sie bzw. die Topmanager Ihres Unternehmens sind stark in die Auswahl und Rekrutierung von Führungskräften involviert. ☐

2. Sie können kurz und bündig beschreiben, warum Ihr Unternehmen attraktiver für ambitionierte Bewerber ist als Ihr größter Wettbewerber. ☐

3. Ihre Unternehmensvision ist kein peinlicher Papiertiger, der sich genauso liest wie zehn andere sogenannte Visionen, sondern ein attraktives Alleinstellungsmerkmal. ☐

4. Die Personalabteilung ist kein Auffangbecken für Mitarbeiter, die »irgendwie versorgt werden müssen«, sondern ein respektiertes, hochprofessionelles Team, das auch das Kerngeschäft Ihres Unternehmens versteht. ☐

5. Es existiert ein bewährtes, geordnetes Auswahlverfahren für die Besetzung von Positionen. ☐

---

6. Praktiken wie »Wegloben«, »Kaltstellen«, Best-Buddy-Beförderung oder Auswahl »bequemer« Mitarbeiter sind geächtet. ☐

7. Personalpolitische Fehlentscheidungen werden nicht über Jahre mitgeschleppt, sondern zeitnah korrigiert. ☐

8. Es herrscht eine fairnessorientierte Leistungskultur, die Wertschätzung und Respekt mit transparenten, ambitionierten Anforderungen verbindet. ☐

9. Bei Beförderungen ist nicht entscheidend, wer am längsten da ist, sondern wer die besten Voraussetzungen für eine Aufgabe mitbringt. ☐

10. In Ihrem Unternehmen gearbeitet zu haben, ist in Ihrer Branche eine Karriereempfehlung und nicht etwa ein Hemmschuh. ☐

INCA-IMPULS

- Bei Personalentscheidungen keine Erbhöfe, keine Sympathie-Wahl, keine Gefälligkeitsbeförderung!

- Wählen Sie Kandidaten, die Bewährungsproben bestanden haben und für die eine gute Erfolgsprognose besteht.

- Handeln Sie bei der Einstellung wie bei einer Eheschließung: im Zweifel nein!

»Wenn der General Foster mit einem sprach, hatte man das Gefühl, in diesem Augenblick der Mittelpunkt seines Universums zu sein. Er wusste, wer du bist und was du tust, obwohl Hunderte Offiziere an ihn berichteten.«

DR. DAVID EBSWORTH, TOPMANAGER, LANGJÄHRIGER
CEO UND BOARD-MITGLIED

3 Erfolg durch andere –
oder Leader-Shit?[1]

Gute Führungskräfte können nicht jedes Unternehmen retten. Aber schlechte Führung kann jedes Unternehmen zugrunde richten, wenn sie nur lange genug andauert. Wie also schafft es eine Führungskraft, dass ihre Mitarbeiter ihr Bestes geben und die Organisation nach vorne bringen? Den Inca-Fürsten ist das einige Jahrzehnte hervorragend gelungen. Dass sie vom Sonnengott berufen waren, dürfte hilfreich gewesen sein. Welchen Führungsstil sie praktizierten, wissen wir nicht. Was wir wissen, ist, dass die Verwaltung des Reiches hervorragend organisiert war, gleichgültig, ob es um Straßenbau oder Bewässerung, Anbaumethoden oder Vorratshaltung, Tribute oder Eroberungszüge ging. Ein ausgeklügeltes System der Machtverteilung zwischen dem Headquarter in Cusco und den Niederlassungen in verschiedenen Provinzen sorgte zudem dafür, dass beschlossene Maßnahmen konsequent umgesetzt wurden. Dabei waren die Incas nicht zimperlich. Ganze Dörfer wurden umgesiedelt, Bevölkerungsgruppen auseinandergerissen, Wohnorte und Berufsausübung vorgeschrieben. Absolute Macht, nicht unähnlich den Herrschern von Gottes Gnaden im europäischen Mittelalter, nur mit einem besseren Gespür für Infrastruktur – ein Apparat, den sich niemand zurückwünschen würde. Auf der anderen Seite garantierten dieser Apparat und sein Herrscher das Überleben des einfachen Volkes. Sie sorgten dafür, dass niemand hungern musste, stellten Wohnraum, Kleidung, Werkzeuge zur Verfügung, schufen medizinische Versorgung, unterstützen

Familien Gefallener und in Not Geratener. Manche Forscher sehen hier »einen frühen Vorläufer des modernen Sozialstaats«.[2] Man könnte auch sagen, die Inca-Fürsten forderten energisch, aber sie gaben auch etwas dafür zurück. Heute sprechen wir von Reziprozität, um dieses Geben und Nehmen zu charakterisieren. Bei genauer Betrachtung legitimierte also nicht nur der Sonnengott die Inca-Führung, sondern auch die Prosperität des Reiches. Und das wiederum lässt sich eins zu eins auf heutige Führung übertragen: Was haben Ihre Mitarbeiter davon, dass es Sie gibt? Wenn Sie darauf eine überzeugende Antwort haben, spricht das für gute Leadership.

Als »ersten Diener des Staates« bezeichnete sich Preußenkönig Friedrich II., auch »der Große« genannt. Damals war das revolutionär: ein Herrscher, der sich am Nutzen, den er stiftet, orientiert. Sieht man vom autoritären Herrschaftsverständnis ab, gilt dieser Führungsgedanke auch heute noch. Ob eine Führungskraft etwas taugt oder nicht, entscheidet sich zuallererst an den Ergebnissen, die sie mit und durch ihre Mitarbeiter erzielt. Gelingt es ihr, durch eine Krise zu steuern? Hält sie in guten Zeiten das Unternehmen weiter auf Erfolgskurs? Antizipiert sie neue Herausforderungen? All das wird ihr in einer Welt gut ausgebildeter Individualisten nur gelingen, wenn sie die Menschen, die sie führt, überzeugt. Das kann auf ganz unterschiedliche Weise geschehen, und doch gibt es einige grundsätzliche, verbindende Elemente. Um die geht es in diesem Kapitel.

Von Rockladys und Honigshops – Motivation (mal wieder)

Wir haben uns schon daran gewöhnt: Jahr für Jahr wartet das Gallup-Institut mit den immer gleichen Zahlen zur Mitarbeitermotivation auf. Mit einer Verschiebung von wenigen Hundertstel kommt bei der Gallup-Studie immer das Gleiche heraus: Etwa ein Sechstel der Beschäftigten ist hoch motiviert, ein weiteres Sechstel hat innerlich gekündigt (tut also wenig oder schadet dem Unternehmen sogar), zwei Drittel schieben Dienst nach Vorschrift. Die Mehrheit der Mitarbeiter erledigt demnach, was in ihrer Stellenbeschreibung steht, und macht möglichst pünktlich Feierabend.[3] Was schießt Ihnen durch den Kopf, wenn

Sie diese Statistik auf Ihre eigene Abteilung anwenden? Oder ist bei Ihnen selbstverständlich alles anders? Überhaupt: Wie messen Sie das für sich? Wie erkennen Sie, ob Sie wirklich von tollen, hocheffizienten, aktiven und vor allem proaktiven Mitarbeitern umgeben sind?

Es gibt eine ganz einfache Testfrage, die Sie sich stellen können: Wann haben Ihre Leute Sie das letzte Mal so richtig positiv (!) überrascht? Wann hatten Sie Ihren letzten großen »Wow-Moment«? Gemeint ist damit das wunderbare Gefühl, sich ein Arbeitsergebnis anzuschauen und zu denken: »Ja! Genau so habe ich es mir vorgestellt! Das ist einfach perfekt.« Und wenn dann der Mitarbeiter noch sagt: »An dieser Stelle habe ich mir noch etwas Neues überlegt, und da habe ich noch was hinzugefügt und jenes noch weiterentwickelt«, und damit wird das Ganze noch viel besser – dieses wohlige Gefühl, hätten wir das nicht gerne öfter? Die Realität sieht anders aus. Andreas Krebs erkundigt sich in seinen Vorträgen oft nach dem letzten Wow-Moment seiner Zuhörer. Ein Berliner Publikum mit Vertretern aus Politik, Wirtschaft und Gesellschaft ist da durchaus repräsentativ: Nur wenige hatten einmal pro Woche einen solchen Lichtblick, etwa die Hälfte »ab und zu«, ein Drittel nie.

Warum ist das so? Über »Motivation« und ihre Ursachen scheint doch spätestens seit Reinhard K. Sprengers Bestseller über den »Mythos Motivation« wirklich alles gesagt. Generationen von Nachwuchsführungskräften – auch wir – haben in Leadership-Seminaren auf die Folie mit Maslows Bedürfnispyramide (von 1943!) gestarrt, auf der Wertschätzung und Selbstverwirklichung ganz oben und elementare physiologische Bedürfnisse sowie Sicherheit ganz unten stehen. Wir wissen, dass mehr Gehalt Menschen nicht oder nur sehr kurzfristig anspornt, sobald elementare Grundbedürfnisse erst einmal erfüllt sind. Frederick Herzberg hat dasselbe rund 15 Jahre später auf andere Weise nachgewiesen: Es gibt Faktoren, die sorgen lediglich dafür, dass Menschen »nicht unzufrieden« sind – dazu zählen akzeptable Arbeitsbedingungen, ein angemessenes Gehalt, ein sicherer Arbeitsplatz, die bekannten »Hygienefaktoren«. Und es gibt andere Faktoren, die Menschen tatsächlich anspornen, die Extrameile zu gehen, wie man heute sagt. Das sind Begeisterungsfaktoren (»Motivatoren«), vor allem Entwicklungsmöglichkeiten, Anerkennung und Erfolgserlebnisse.[4] Reinhard K. Sprenger legte drei Jahrzehnte später und inzwischen in 20. Auflage pointiert dar, dass die Kunst der Motivation vor allem darin besteht, Mitarbeiter nicht zu demotivieren, und dass die gängigen Motivationsinstrumente wie Boni und Incentives bestenfalls als verdient hingenommen werden, schlimmstenfalls als Schmerzpflaster fungieren.[5] Wenn das alles bekannt ist, warum ändert sich dann in der Praxis so wenig?

Die Antwort ist simpel: Weil wir in mancher Hinsicht Wissensriesen und Umsetzungszwerge sind. Wir wissen, was wir machen sollten, tun es aber nicht. Wenn die Motivationsexperten recht haben, hängt der Grad der Mitarbeitermotivation ganz direkt von der Persönlichkeit des Führenden und seinem Menschenbild ab. Motivation lässt sich weder durch Routinen wie Zielvereinbarungszyklen oder Anreizsysteme mechanisieren noch an eine Assistenz delegieren, die als Mutter der Kompanie im Vorzimmer für gute Stimmung sorgt. Wer möchte, dass seine Mitarbeiter engagiert, vielleicht sogar mit Begeisterung bei der Sache sind, muss ihnen Erfolge ermöglichen, sich für sie interessieren und ihnen persönlich Anerkennung spenden. That's it. Einfach gesagt, nicht so einfach umgesetzt. Das gilt übrigens nicht nur für »die anderen«. Wir behaupten, das gilt für fast jeden, Sie und uns eingeschlossen.

»Du machst das schon!« Wenn Desinteresse sich als Lob tarnt

Einer der Autoren hatte für zwei Jahre einen Chef, der sich überhaupt nicht für seinen Verantwortungsbereich (Asien) interessierte. Diese sogenannten »Emerging Markets« waren dem Vorgesetzten als Genießer und Fan der südeuropäischen Kultur fremd. Und da die Zahlen stimmten und auch sonst erfolgreich abgeliefert wurde, erschöpfte sich seine »Führung« darin, dass er jede erforderliche Unterschrift leistete und sie mit einem automatischen Lob garnierte: »Du machst das schon! Ist doch alles prima.« So schön die Handlungsfreiheit war, ein schaler Nachgeschmack blieb: Eigentlich interessierte den Vorstand das alles nicht. Normalerweise wird an dieser Stelle eingewandt, dass »Führungskräfte sich selbst motivieren«. Mag sein; Asien lief ja auch gut. Aber vielleicht wäre ja noch mehr drin gewesen, wenn der Vorgesetzte als erfahrener Sparringspartner neue gedankliche Horizonte eröffnet oder mit echter Anerkennung zu weiteren Anstrengungen angespornt hätte? Der Grat zwischen Laisser-faire und Desinteresse ist sehr schmal, und echtes »Empowerment« sieht erst recht anders aus: Dahinter steht das durchdachte Schaffen von Entwicklungsmöglichkeiten, nicht ein gleichgültiges »Machen Sie nur …«.

PS: Der Nachfolger des Vorgesetzten war in vielem das Gegenteil: ein sehr akribischer und allem misstrauender »Einmischer«. Da wünschte man sich den »Desinteressierten« schnell zurück … Oder noch besser einen, der beides situationsgerecht könnte!

Wenn Führungskräfte sich tatsächlich selbst motivieren, warum schwärmt dann noch heute einer unserer Gesprächspartner davon, wie sein Vorgesetzter nach einem großen Erfolg persönlich vorbeikam, um zu gratulieren und sich zu bedanken? Warum erinnert sich ein langjähriger CEO wie David Ebsworth im Eingangszitat noch nach Jahrzehnten daran, wie ihn in seiner Militärzeit ein General als Gesprächspartner ernst nahm? Niemand wird ernsthaft behaupten, dass ein vor 20 Jahren gezahlter Bonus oder die Gehaltserhöhung, die einem in dürren Worten über die Hauspost mitgeteilt wird, eine ähnliche Langzeitwirkung hätte. Menschen brauchen Anerkennung. Und die menschliche Psyche ändert sich ja nicht automatisch, nur weil man auf der Karriereleiter ein paar Stufen höher geklettert ist. Manchmal tut es gut, sich daran zu erinnern und in Sachen aufmerksamer Zuwendung von sich auf andere zu schließen. Anerkennung erfolgt übrigens auf Augenhöhe und glaubwürdig (konkret), nicht (wie manches Lob) pauschal und von oben herab. Arroganz und selbstherrliche Sprüche sind echte Motivationskiller. »If I can dream it you can do it«, sagte einer unserer Chefs regelmäßig. Klingt lustig – war es aber nicht.

Damit wären wir beim Menschenbild. Sprenger ist überzeugt, jeder Mensch sei motiviert und grundsätzlich leistungsbereit. Auch das ist eigentlich nicht neu. Douglas McGregor hat schon 1960 einem Buch unter dem Titel »The Human Side of Enterprise« die »Theorie X« und die »Theorie Y« des Menschen gegenübergestellt. Theorie X behauptet, Menschen seien von Natur aus eher antriebslos und verantwortungsscheu, sie müssten eng geführt und stetig kontrolliert werden. Theorie Y geht vom Gegenteil aus, davon, dass Menschen grundsätzlich leistungsbereit sind, dass sie sich entwickeln wollen und Verantwortung übernehmen. Welcher Theorie auch immer Sie anhängen: Die Wahrscheinlichkeit ist groß, dass Sie sich im Alltag bestätigt finden. Gängeln Sie Ihre Mitarbeiter, kontrollieren Sie sie, ziehen Sie sie für jeden Fehler energisch zur Rechenschaft – und die meisten Ihrer Leute werden anfangen zu tricksen, sie werden Fehler vor Ihnen verbergen und nur noch das Nötigste tun. Wer nichts macht, kann schließlich auch nichts falsch machen. Und wer lernt, dass er »einfach tun soll, was Sie sagen«, macht bald nur noch, was Sie ihm sagen. Das Ergebnis dieser Führungsstrategie: Sie haben es schon immer gewusst! Man kann Mitarbeitern nicht trauen und muss sie ständig antreiben. Oder machen Sie es umgekehrt: Setzen Sie Vertrauen in Ihre Mitarbeiter, eröffnen Sie Gestaltungsfreiräume, übertragen Sie Verantwortung, unterstützen und ermutigen Sie. Die meisten Menschen werden es als Ansporn verstehen. Und siehe da, auch hier erweist sich Ihre Ausgangseinschätzung als richtig! Ausnahmen bestätigen in beiden Fällen die Regel; jedes Menschenbild ist eine Generalisierung, eine Prognose darüber, wie sich die meisten Menschen verhalten werden.

Vielleicht fragen Sie sich allmählich, was es mit den angekündigten Rockladys und Honigshops auf sich hat. Nun, an ihrem Beispiel lässt sich illustrieren, dass die meisten Menschen tatsächlich eine starke Motivation in sich tragen – wenn auch nicht immer für das, was gerade auf ihrem Schreibtisch liegt.

Der Honigshop von Thomas und die Controllerin auf der Bühne

Eine der Lieblingsgeschichten von Andreas Krebs ist die von seinem in Deutschland ansässigen Marketingleiter Asien, der zwischen April und Oktober partout nicht reisen wollte. (Diese Geschichte beinhaltet übrigens auch eine interessante Führungsfrage.) Häufig fahren Mitarbeiter sehr gern nach Asien, aber bei Thomas L. gab es immer wieder Ausreden, obwohl im Frühjahr / Sommer viele Meetings und Kongresse stattfanden.

Andreas Krebs: »Eines Tages, nach bereits anderthalb Jahren Zusammenarbeit, sitzt ein Kollege vor mir und hat zwei Gläser Honig dabei. Auf Nachfrage erklärt er: ›Die sind doch aus dem Honigshop von Thomas!‹ Ich gucke verdutzt, und er ergänzt: ›Du weißt nichts davon? Wir kaufen doch alle bei unserem Hobbyimker ein.‹ Da war ich in der Tat überrascht, ging einige Minuten später in das Büro von Thomas L. und bat ihn einfach, mir mal seinen Honigladen zu zeigen. Er machte einen dieser großen grauen Aluminium-Aktenschränke auf (er hatte zwei, war mir bis dahin nicht aufgefallen): Der Schrank war von oben bis unten mit Honig gefüllt. Schön sortiert nach Blütensorten, cremig und flüssig, hell und dunkel. Mit kleinen Preisschildchen und Infomaterial über den ›deutschen Imkerhonig‹! Thomas L. war etwas verunsichert, und ich habe mir sein Leben mit vier Bienenvölkern dann mal erklären lassen. Als er anfing, über seine Bienen zu sprechen, und ich sah, wie seine Augen glänzten, wie Passion, Begeisterung und Emotion spürbar wurden, da war mir klar, was los ist. Und die Führungsaufgabe? Tja, wenn man recht überlegt, ist es natürlich nicht erlaubt, in der Firma einen Honigladen zu führen. Auch nicht als Hobbyimker, so sympathisch das klingt. Anderseits: Wollte ich derjenige sein, der den Honigladen zumacht? Womöglich denken Sie jetzt: ›Wo soll das hinführen? Wenn das jeder tun würde ...‹ Da bin ich vielleicht nicht konsequent, dafür pragmatisch-empathisch geblieben. Machen Sie mal einem liebenswerten Hobbyimker, bei dem alle ihren Honig holen, sein Imkerlädchen zu! Am Ende haben wir einen Deal gemacht: Thomas L. musste eine Lösung finden, um ganzjährig die notwendigen Dienstreisen zu machen, und ich verkniff mir einen Kommentar zum Honigladen. Es gab dann einen Imker-Freund, der sich zwischendurch um die Bienenvölker kümmern konnte – und somit ein Happy End.

Eine ähnliche Geschichte: Eine kompetente, aber eher ruhige und sehr zurückhaltende Mitarbeiterin im Controlling stellte ihren Urlaubsantrag mitten in der Budgetzeit. Ungewöhnlich. Auf etwas intensive Nachfrage meinerseits erklärte sie es mir: Sie mache mit ihrer Band eine Tour. Ich stellte fest, dass diese Frau, die gute und solide Arbeit leistete, bei einer regional recht bekannten Irish-Rock-Band die Lead-Sängerin war und die ›Quetsche‹ spielte. Auf der Bühne eine echte Rock-Lady, im Office zweite Controllerin, analytisch, kam um 8:00 Uhr und musste um 16:45 Uhr zum Bus.«

Und da sind wir beim Schlüssel des Themas Motivation: Mitarbeiter tragen Begeisterungsfähigkeit in sich. Jeder ist für irgendetwas emotional engagiert. Die Kunst besteht darin, einen Teil dieser Emotionen, dieser Begeisterung und dieses Engagements für das Unternehmen zu mobilisieren. Die Basis dafür legen Sie am ehesten, indem Sie Menschen das Gefühl geben, ihr Beitrag zählt, und indem Sie ihnen echtes (!) Interesse entgegenbringen. Wer sich anerkannt und wertgeschätzt fühlt, gibt Ihnen am ehesten etwas zurück. Dazu kann eben auch gehören, für Hobbyimker und Rockladys Verständnis aufzubringen, solange gute Arbeit abgeliefert wird. Bieten Sie dann noch begeisternde Ziele und nachweisbare Erfolge, müssen Sie sich um die Motivation Ihrer Mitarbeiter keine Sorgen mehr machen. Die meisten Menschen lieben es, erfolgreich und darüber hinaus Teil einer »größeren« Sache zu sein. Das macht die Faszination klangvoller Unternehmen wie Google, Porsche oder Adidas aus.[6] Zu Ihrer Führungsaufgabe gehört es daher, deutlich zu machen, an welcher Geschichte Sie und Ihre Leute mitschreiben. Was begeistert Sie selbst an dem Unternehmen, für das Sie arbeiten? Wir hoffen sehr, dass Sie nicht gerade ratlos den Kopf schütteln, denn wie soll eine demotivierte Führungskraft die Motivation der Mitarbeiter wahren?

Ob Sie in puncto Wertschätzung und Interesse bereits auf einem guten Weg sind, lässt sich ganz einfach testen: Stellen Sie sich vor, Sie müssen einen Ihrer direkten Mitarbeiter (oder Kollegen) aus einem wichtigen Grund abends um 19:45 Uhr zu Hause anrufen. Wären Sie in der Lage, mit dessen Partner oder Partnerin am Telefon ein zwei- bis dreiminütiges Gespräch zu führen? Wissen Sie überhaupt, ob Ihr Mitarbeiter mit jemandem zusammenlebt, Kinder hat, ob die noch in der Schule sind oder schon im Studium? Ob er Hobbys hat? Ob es andere Themen gibt, die das Leben gerade bestimmen? Ach, wird der eine oder andere sagen, will ich das wissen? Muss ich das wissen? Müssen Sie vielleicht nicht, wir reden hier nur von Ihrer wichtigsten Ressource! Möglicherweise steht in Ihrem Leitbild ja etwas Ähnliches wie »People are the heart of our company«. Wie wird das denn praktisch umgesetzt?

Dr. Timm Volmer, *Topmanager und Unternehmensberater: »Ein ganz großer Moment war für mich, als nach einem wichtigen Projektabschluss … [der CEO] ins Meeting kam und sich mit einer Flasche Champagner persönlich bedankt hat. Wenn ich heute darüber nachdenke, was mich dabei so tief beeindruckt hat, dann war es, dass ich plötzlich das Gefühl hatte, ich arbeite für Menschen. Bis heute ist das so: Arbeit macht mir immer dann Spaß, wenn es einen menschlichen Bezug gibt.«*

Eigentlich geht es hier nur um eine kleine Geste. Und doch war sie so wirkungsvoll, dass sich einer der besten Gesundheitsökonomen Deutschlands noch heute daran erinnert. Das ist »low cost – high touch« in Reinkultur!

Die menschliche Geste wiegt fast immer schwerer als monetäre Zuwendungen, ab einem gewissen Gehaltslevel jedenfalls. Wer gut führen will, sollte daher Menschen mögen. Das ist keine Gefühlsduselei, auch wenn man mit solchen Äußerungen leicht in Kuschel-Verdacht gerät. Menschen zu mögen schließt die strategischen Seiten der Führung nicht aus, klare Leitplanken definieren beispielsweise, Verantwortung übertragen, Ergebnisse prüfen und entschieden handeln, wenn jemand gegen Spielregeln verstößt, auch kündigen, wenn es die Situation erfordert. Doch all das ändert nichts daran, dass »Führung« vom Grundsatz her eine persönliche Beziehung ist. Zur Führung gehören immer mindestens zwei, einer, der führt, und einer, der sich führen lässt, wie der renommierte Führungsexperte Oswald Neuberger betont.[7]

Außer beim Militär hat »führen lassen« heute einen großen Anteil an Freiwilligkeit. Nur wenn Mitarbeiter Ihnen mit Überzeugung (und das bedeutet auch: mit Respekt und Vertrauen, wenn nicht gar mit Sympathie) folgen wollen, werden sie ihr gesamtes Können, ihre gesamte Kompetenz und Kreativität für Sie in die Waagschale werfen. Was passiert, wenn sie nicht für Menschen, sondern für Boni arbeiten, kann man beim Niedergang einst renommierter Banken besichtigen. Was geschieht, wenn nicht Respekt und Vertrauen regieren, sondern Angst, bei Volkswagen. Und welche Folgen es hat, wenn autokratisch von oben durchregiert wird, bei Samsung, wo das neue Smartphone Galaxy Note 7 Ende 2016 wegen brennender Akkus komplett zurückgerufen werden musste. Der Firmenpatriarch Lee Kun-hee regiert bei Samsung in konfuzianischer Tradition seit Jahrzehnten mit harter Hand, »selbst kleinere Fehler quittierte er mit dem Rauswurf verantwortlicher Manager«.[8] Würden Sie als Mitarbeiter in so einer Führungskultur davor warnen, beim neuen Smartphone könnte es Probleme mit dem Akku geben? Ein respektvoller Umgang mit allen (!) Unternehmensangehörigen wurzelt letztlich in der Menschenwürde.

Vertrauenstest: Wer packt den Fallschirm?

Auch dafür, ob Sie Ihren Mitarbeitern vertrauen (und diese Ihnen), gibt es einen wirkungsvollen Test. Das folgende Gedankenspiel setzen wir gelegentlich in Vorträgen ein: Stellen Sie sich vor, Sie sind auf einer Fallschirmspringer-Schule, machen einen Kurs und können den Fallschirm noch nicht selber packen. Gleichzeitig sind Ihre Kollegen, Ihre Mitarbeiter, Chefs und Partner da. Die Übung beginnt noch ganz harmlos mit der Frage: Von wem würden Sie einen gepackten Fallschirm nehmen? Von Ihrer Chefin oder dem Chef? Von welchen Kollegen? Von welchen Mitarbeitern? Von Ihrem Mann oder Ihrer Frau? Das Publikum ist bis zu diesem Zeitpunkt noch amüsiert und lebhaft bei der Sache. Still wird es dann bei der Umkehrung der Frage: Wer würde Ihren Fallschirm nehmen? Würden die Kollegen und Mitarbeiter loslaufen und sich aus einer ganzen Reihe den von Ihnen gepackten Schirm aussuchen? Oder würde der bis zuletzt stehenbleiben wie der Klassen-Nerd bei der Mannschaftswahl im Sportunterricht?

Man kann diese Übung im Rahmen eines Workshops verdeckt machen: Jeder schreibt auf, wessen Fallschirm er nehmen würde, und jeder bekommt am Ende sein Resultat. Macht man es offen, sieht jeder, wie viele »Fallschirme« (persönlich beschriftete Platzhalter) stehenbleiben, wer größtes Vertrauen genießt und wer gar keins. Dann wird daraus eine richtige Hardcore-Übung, die man erst mal aushalten muss. Horchen Sie einfach mal in sich hinein! Wie viele würden loslaufen und sich Ihren Fallschirm nehmen wollen?

Wie motiviert sind Sie selbst eigentlich? Das Magazin *managerSeminare* zitierte 2016 eine europaweite Studie zum Anteil der Führungskräfte, die »auf Ihr Unternehmen stolz sind und es weiterempfehlen würden«. Schlusslicht bildete Italien mit gut 50 Prozent; in den skandinavischen Ländern dagegen waren es 86 bis 90 Prozent. Deutschland lag mit 61 bis 70 Prozent im unteren Mittelfeld. Jeder dritte Mitarbeiter hierzulande hat demnach einen Chef, der selbst eher lustlos agiert. Auch nicht gerade motivationsfördernd …[9]

Eigenverantwortung – The Last Table

In der Theorie wünschen sich die meisten Führungskräfte Mitarbeiter, die »mitdenken« und »eigenverantwortlich« handeln. In der Praxis treiben wir den Menschen vielfach durch kleinteilige Abstimmungs- und Genehmigungsprozesse, Vorschriften und Regelapparate die Eigenverantwortung aus. Insbesondere Konzerne entwickeln sich zu Großbürokratien, in denen es mitunter zugeht wie beim Mikado-Spiel: Wer zuerst zuckt, hat verloren. Auch ein mittelständisches Unternehmen, an dessen Spitze ein patriarchalischer Chef alter Schule steht, ist meist nicht gerade ein Hort der Demokratie. Und selbst im Start-up kommt es vor, dass in der rasant gewachsenen Organisation immer noch eine verschworene Gründer-Clique das Regiment führt und später hinzugestoßene Mitarbeiter zu Erfüllungsgehilfen degradiert. Wobei auch gilt: Zur Entmündigung gehören immer zwei, eine Seite, die gängelt, und eine, die sich gängeln lässt. Es kann ja auch ganz bequem sein, die Eigeninitiative mit Hinweis auf »die da oben« herunterzufahren.

»Da kann man nichts machen!« oder: Selbstentmündigung

In einem global agierenden Unternehmen leiteten wir einen mehrtägigen Workshop. Die Organisation war enorm kompliziert, vom Typ »doppelte Matrix-Dreifach-Helix«. Jeder war in (mindestens) einer Matrix gefangen, hatte drei oder mehr Chefs, an die er berichtete, oder Kollegen, mit denen er sich intensiv abstimmen musste. Dadurch war die Verantwortung extrem breit verteilt. Irgendwie waren alle verantwortlich und darum letztlich keiner – ein Traumumfeld für B- und C-Player, ein Albtraum für High-Performer. Wir arbeiteten mit einem Team von Top-Führungskräften, das die Betreuung und Weiterentwicklung eines Schlüsselproduktes verantwortete. Schnell kristallisierte sich heraus, dass viele Teilnehmer extrem frustriert waren, weil sie »nichts machen konnten«. Sie sahen sich als Opfer der komplizierten Firmenstruktur. Dann haben wir etwas gewagt, was anscheinend keiner im Unternehmen in letzter Zeit getan hatte: Wir schauten uns die Führungsgrundsätze (»Leadership Principles«) an. Und siehe da: Dort stand schwarz auf weiß, was die Teilnehmer sich wünschten, wunderbare Sätze wie zum Beispiel: »Debugs the organisation and organises networks effectively while living the values.« Unsere Teilnehmer hatten es nur nicht ▶▶

eingefordert, schlimmer noch: Viele kannten die Führungsgrundsätze nicht einmal. So wurde es das Kernthema des Workshops, diese schöne Absichtserklärung ernst zu nehmen und daraus abzuleiten, wie man sich aus der Matrix-Misere befreien könnte.

Eine solche Form der Selbsteinschränkung begegnet uns häufig, wenn wir mit Unternehmen zusammenarbeiten. Der Ausweg ist da, doch man hat sich so an die Gitterstäbe gewöhnt, dass man nicht mehr sieht, dass die Zellentür gar nicht abgeschlossen ist.

Wenn Eigenverantwortung – und damit auch die Eigeninitiative – Mitarbeitern erst einmal abgewöhnt wurde, ist es nicht leicht, die Tür wieder zu öffnen. Eine unfehlbare Methode, selbstverantwortliches Handeln zu ersticken, ist die öffentliche Maßregelung von Fehlern – siehe Samsung. Es soll ja sogar Führungskräfte geben, die meinen, man müsse gelegentlich »jemanden ans Scheunentor nageln«, um ihre Leute »wieder auf Spur zu bringen«. Ihnen kann man nur wünschen, dass ihr Arbeitsgebiet sich auf Scheunen-Verwaltung beschränkt, denn komplexere Aufgaben werden mit einer eingeschüchterten Mannschaft zum echten Vabanquespiel. Wie dem auch sei: Eine neue Führung kann nicht einfach den Hebel umlegen und eine langjährige Firmenkultur aufbrechen. Diese Erfahrung machte auch Dr. Christoph Straub.

Prof. Dr. med. Christoph Straub, *Vorstandsvorsitzender der BARMER:*
»Einer meiner größten Irrtümer war, nach Jahren des Sparens kurzfristig eine Produktoffensive starten zu wollen. Es ging darum, zusätzliche Leistungen zu finanzieren, mit Augenmaß, aber doch so, dass wir für Mitglieder als Kasse wieder interessanter würden. Das funktionierte nicht. Es gab interne Warner, die sagten, ›Dieses Unternehmen ist zwanzig Jahre auf digitale Entscheidungen programmiert, die Teams, aber auch die Führungskräfte. Eigenverantwortliches Handeln – Leistungsentscheidung mit Augenmaß, Fehler zulassen und dann umsteuern, das können wir nicht‹. Und sie hatten Recht. Wir haben ein schlechtes Jahresergebnis produziert, nicht nur, aber auch wegen der Produktoffensive. Wir haben einfach umgeschaltet von Nein auf Ja und wir mussten alles korrigieren. Ein paar Führungsmanagementtagun-

gen zu Themen wie ›Verantwortung übernehmen‹, ›Verantwortlich mit Entscheidungen umgehen‹ oder ›Mitarbeiter mitnehmen‹ reichten nicht aus, um eine Kultur der Selbstverantwortung zu schaffen.«

Besser, man lässt es gar nicht erst so weit kommen, dass Mitarbeiter eigenverantwortliches Handeln scheuen. Eigenverantwortung erwächst daraus, sich etwas zuzutrauen, wurzelt also in Freiräumen und Ermutigung. Wer selbst Verantwortung übernimmt, riskiert, Fehler zu machen. Eigenverantwortlich handelnde Mitarbeiter müssen also Fehler machen dürfen. Wer eigenverantwortlich handelt, traut sich aus der Deckung, bezieht Position, verschanzt sich nicht hinter anderen, »die das ja so wollen«. Das verdient Respekt und es erfordert Vertrauen. Damit schließt sich der Kreis zur Motivation. Selbstverantwortung (und damit Entwicklungsmöglichkeiten wie Erfolgserlebnisse) einerseits und Motivation andererseits sind für viele – wenn auch nicht alle – Menschen zwei Seiten derselben Medaille, das bestätigen zahlreiche Studien. Wer genießt schon die Rolle eines bloßen Erfüllungsgehilfen, der nur tut, was ihm aufgetragen wurde? Kein Wunder, dass sich mancher Mitarbeiter dann lieber in seiner Freizeit verwirklicht.

Wenn also Selbstverantwortung auf Zutrauen basiert, braucht es das Vertrauen der Führungskraft, den Gestus des »Ich traue Ihnen das zu«. Das birgt immer auch das Risiko, von dem einen oder anderen enttäuscht zu werden. Auch das gehört zum Vertrauen dazu: Wo kein Risiko besteht, braucht man auch kein Vertrauen. Idealerweise entsteht so eine Kultur des »Last Table«. Diese Metapher wurzelt in einem eindrücklichen Erlebnis, das Andreas Krebs als neues Mitglied im Board eines US-Unternehmens hatte.

»The Last Table« oder: Wir sind die Firma!

Wo beginnt Verantwortung und wo hört sie auf? Wie oft sagt jeder von uns im Laufe seiner Karriere »die Firma müsste ...« oder »jemand sollte ...«? Unabhängig von der Hierarchiestufe gehören solche Formeln zum Vokabular, nicht nur in Firmen, sondern natürlich auch in Verwaltungen, NGOs, Behörden. Für mich (Andreas Krebs) hörte das plötzlich und unerwartet auf. Als neues Vorstandsmitglied in Corporate America setzte ich mich in der ersten Vorstandssitzung ▶ ▶

an den mir zugewiesenen Platz meines Vorgängers und beobachtete erst einmal. Ich wurde sehr herzlich willkommen geheißen, beteiligte mich aber noch wenig. Im zweiten Meeting gab es eine Reihe von internationalen Themen. Ich fing an, Beiträge zu leisten und wurde auch vom CEO Bernard Poussot aufgefordert, Stellung zu nehmen. Ich begann meine Statements mehrfach mit »The company should …« oder »The company must …«. Da unterbrach mich Bernard und fragte: »Andreas, was meinst du mit ›die Firma‹?«, und schaute demonstrativ hinter sich. Dann sagte er: »Hier ist niemand mehr! Das, was du hier siehst, diese zehn Leute am Tisch, das ist ›the company‹.« Wörtlich: »This is the last table! And even more important: You are the company now!« Alle lachten herzlich, und Bernard meinte: »Ja, das ist uns allen mal passiert. Aber hier endet es, und ab jetzt bist auch du ›die Firma‹. Du wirst sicher verstehen, was das heißt!« Ich habe sie in der Tat schnell verstanden, diese Lektion, die mir sehr wertschätzend erteilt wurde. Gerne hätte ich sie schon früher bekommen. Denn wie oft handeln wir im Alltag wirklich, als wäre dies der »letzte Tisch«?

Natürlich sitzt nicht jeder von uns am »Last Table«, aber oft haben wir mehr Freiheit, als wir denken. Wer an seinem Platz das umzusetzen versucht, was für das Unternehmen oder seine Organisation am sinnvollsten und besten ist, übernimmt in gleicher Weise die Verantwortung für sein Handeln. Die Supermarktkassiererin, die im Beisein von Kunden mit der Kollegin über die tollen Angebote beim Discounter nebenan fabuliert und »dass man da ja viel besser einkauft«, hat das ebenso wenig erkannt wie ein Topmanager, der bei brennenden Unternehmensfragen nicht eindeutig Position bezieht und energisch handelt. Also: Wie stark leben Sie Ihren Mitarbeitern vor, was es heißt, am letzten Tisch zu sitzen? Das beginnt schon damit, sich vom bequemen Zerreden und Vertagen von Problemen konsequent zu verabschieden und in jedem Führungskräfte-Meeting routinemäßig zu fragen: Ist die Lösung hier im Raum? Bei wem? Können wir gleich eine Entscheidung treffen? Und wie lautet sie?

Und noch eine letzte Anregung, wie man das Thema Eigenverantwortung in der Unternehmenskultur verankern kann, möchten wir Ihnen mit auf den Weg geben:

Beyond Delegation – der Verantwortungssog

Für persönliches Wachstum und mehr Verantwortungsbereitschaft braucht es manchmal einen Anstoß, die eigene Komfortzone zu verlassen. Andreas Krebs erlebte das selbst auf etwas ungewöhnliche und gleichzeitig eindrucksvolle Weise. Als Deutschlandchef bekam er einen neuen US-Vorstand. Der war unter anderem für Europa und andere Erdteile verantwortlich, die größten Länder (wie Deutschland) berichteten direkt. Das erste persönliche Gespräch leitete der Vorstand sinngemäß so ein: »Du machst das hier gut, du bist auf dem richtigen Weg. Du bist erfolgreich.« Weitere anerkennende Worte folgten. Andreas fing an, sich zu entspannen, und dachte: »Läuft ja gut bisher.« Dann ergänzte sein neuer Vorstand: »Bitte schaffe in den nächsten drei Monaten alle Voraussetzungen dafür, dass du circa 30 bis 40 Prozent deiner Arbeitszeit in Zukunft für meine Ebene zur Verfügung stellst. Du wirst mit mir und einem kleinen strategischen Team Mehrwert auf EMEA-Ebene[10] schaffen. Du wirst internationale Projekte übernehmen, einige davon selber leiten, an anderen strategisch mitarbeiten. Gleichzeitig werden wir auch an der Neuausrichtung des ganzen Konzerns arbeiten. Du wirst mir helfen, meinen Job noch besser zu machen.« Mit der Entspannung war es erst einmal vorbei. Wie sollte das gehen? Und der neue Chef war noch nicht fertig: »Was ich nicht will, ist, dass du das obendrauf packst. Wenn du in Deutschland [eine Milliarde US-Dollar Umsatz] nicht die richtigen Leute hast, die einen Teil deiner Aufgaben übernehmen können, dann brauchst du bessere. Du sollst nicht nur einfach delegieren, sondern Mitarbeiter [in dem Fall hochkarätige nationale Führungskräfte] aufbauen, die für dich Mehrwert schaffen und dich besser machen!«

Andreas war beeindruckt. Dieser Vorstand tat genau das Gegenteil von dem, was sonst passierte! Üblicherweise korrigieren wir nach unten, hier wurde Mehrwert von oben eingefordert. Der Vorstand eröffnete ihm einen Entwicklungsraum oberhalb der Landesorganisation, der gefüllt werden sollte. Diese Vorgehensweise hat einen bemerkenswerten Sog-Effekt: Das Leistungsniveau wird extrem nach oben gezogen, und zwar nicht nur auf einer Ebene, sondern kaskadenartig bis weit in die Organisation. Andreas' beste Leute übernahmen einen Teil seiner nationalen Verantwortung, ihre Rolle und ihr Verantwortungsbereich wurden signifikant aufgewertet. Sie mussten daher eigene »Upgrades«

vornehmen, was die meisten auch gern taten. Der Blick aller auf die Arbeit wurde strategischer, der Arbeitsalltag spannender und interessanter. So schuf der Topmanager einen kompletten Kulturwechsel. Wir nannten das damals »Achieving results through others« – »durch andere Ergebnisse erzielen«. Hier im Buch nennen wir es »Beyond Delegation«, denn – und das ist ausgesprochen wichtig – mit klassischem Delegieren und Ergebniskontrolle hat das wenig zu tun! Es geht vielmehr darum, mit einem hohen Vertrauensvorschuss und zugleich ehrgeizigen Zielen Aufgaben komplett abzugeben, andere an einem höherwertigen Erfolg teilhaben und wachsen zu lassen. Diese Form von Leadership erhebt mehr Eigenverantwortung zum Grundprinzip. Und je schnelllebiger, komplexer und anspruchsvoller die Herausforderungen werden, desto mehr selbstverantwortliches Handeln werden Unternehmen in Zukunft brauchen. Sonst stranden sie wie manövrierunfähige Tanker in unruhiger See.

Der Pull-Effekt von »Beyond Delegation« entfaltet seine Kraft in der Personalentwicklung ebenso wie auf Performance-Seite und holt das Beste aus Menschen heraus. Auf diese Weise kann ein Verantwortungssog eine Organisation regelrecht entfesseln und auf ein ganz neues Niveau heben. Allerdings erfordert die Methode auch konsequente und mitunter schmerzhafte Führung, etwa die Entscheidung, gute Leute, die sich nichts zuschulden haben kommen lassen, gegen noch bessere auszuwechseln, wenn die derzeitigen Mitarbeiter mit dem Konzept überfordert sind. Um Fehlentwicklungen zu vermeiden, muss Pull-Management durchdacht umgesetzt werden. Die Kernideen dafür sind nicht unbedingt neu, sie werden in der Praxis aber selten mit der Konsequenz gelebt, in der das Modell »Beyond Delegation« es erfordert.

Grundsätzlich zieht der Verantwortungssog die Menschen in neue Bereiche. Manchmal ist dies wörtlich zu nehmen und geht mit einem neuen Jobtitel einher, manchmal wirkt es zunächst nur auf der gedanklich-konzeptionellen Ebene, wenn es um neue Aufgaben und sehr viel mehr Eigenverantwortung geht. Manchmal fällt beides zusammen. Die neuen fachlichen und persönlichen Herausforderungen gilt es feinfühlig zu begleiten. Dafür gibt es zwei einfache und bekannte Modelle, mit denen Sie als Führungskraft arbeiten können:

1. Das Modell der Lernzonen

Vermutlich ist Ihnen die Unterscheidung von Komfortzone, Wachstumszone und Panikzone vertraut. In der Komfortzone fühlen wir uns sicher, wir können die gestellten Anforderungen gut erfüllen und haben alles im Griff. In der Wachstumszone sind wir unsicher: Wir müssen neue Anforderungen bewältigen. In der Panikzone schließlich fühlen wir uns heillos überfordert und drohen entweder gelähmt zu erstarren oder in sinnlosen Aktionismus zu verfallen. Das bedeutet: Persönliche Entwicklung findet in der Wachstumszone statt. Nur wer es wagt, in diese Zone hineinzugehen, ist in der Lage, neue Aufgaben anzunehmen, zu meistern und dadurch ein Teil der neuen Kultur zu sein. Sonst wird er zum Problem.

Es gibt einen einfachen Selbsttest, um herauszufinden, ob man selbst beim Verantwortungssog eher Teil der Lösung oder Teil des Problems wäre: Wenn einem nicht regelmäßig zumindest ein wenig bange ist, hat man seine Komfortzone schon länger nicht mehr verlassen. Beim Verantwortungssog geht es darum, Mitarbeiter regelmäßig aus ihrer Komfortzone hervorzulocken. An dieses Überschreiten kann man sich übrigens genauso gewöhnen wie an ein Verharren im immer gleichen Trott! Als Führungskraft müssen Sie die richtige Dosis im Blick behalten. Die neuen Aufgaben oder Herausforderungen dürfen nicht so weit gehen, dass Mitarbeiter oder ganze Unternehmensbereiche sich dauerhaft in der Panikzone und in hohem Stressmodus befinden. Das wäre nicht produktiv und würde manche sogar in den Burn-out treiben.

2. Das Modell der »Situativen Führung«

Ein hilfreiches zweites Konzept, das diesen Prozess begleiten kann, ist das bekannte Modell der »Situativen Führung« von Hersey und Blanchard. Es gibt abhängig vom »Reifegrad« des Mitarbeiters präzise Empfehlungen zum Führungsverhalten und hilft so bei der Abwägung, ob in einer gegebenen Führungssituation eher »direktive« oder eher »unterstützende« Impulse angemessen sind. »Reifegrad« wird dabei verstanden als Kombination von Fachkompetenz und Engagement (Selbstvertrauen plus Motivation) des Mitarbeiters. Kaum ein Führungsseminar kommt ohne den Hinweis auf dieses Modell aus.[11]

Es lenkt überdies die Aufmerksamkeit darauf, dass auch Zutrauen und Ermutigung wichtige Führungsinstrumente sind, die sich gerade bei den »reifsten« Mitarbeitern (also kompetenten Mitarbeitern mit hoher Eigenmotivation) hervorragend bewähren.

Beim Verantwortungssog setzen Sie weit stärker als bisher auf Zutrauen und lockern gleichzeitig die Zügel beim Delegieren weiter als sonst. So gesehen, fügt »Pull Management« den vier Führungsstilen von Hersey und Blanchard – dirigieren, trainieren, sekundieren, delegieren – einen neuen, fünften Stil hinzu, den man vielleicht »mit neuen Chancen konfrontieren« nennen könnte. Wichtig ist, dass ein Mitarbeiter merkt, er wird nicht allein gelassen und berechtigte Sorgen und Ängste bezüglich der neuen Herausforderungen werden gehört und ernst genommen. Um diesen Prozess zu begleiten, muss eine Führungskraft ihre Leute richtig gut kennen und regelmäßig mit dem Team, aber auch im Einzelgespräch den Austausch suchen. Gerade in der Übergangsphase muss sie die Schlüsselpersonen beobachten und gut betreuen, denn sie verlangt viel von ihnen.

Aber Achtung: Der Verantwortungssog zeigt ziemlich klar auf, wo und wann Menschen nicht in der Lage sind mitzugehen. Entweder mental – also von der Einstellung und Bereitschaft her, sich auf neues Terrain zu wagen – oder aus fachlichen bzw. intellektuellen Gründen. Bei Fehlentwicklungen sind die Führenden gefordert, die Konsequenzen zu tragen und schnell zu handeln. Einige Mitarbeiter werden sehr schnell die Vorteile des Pull-Managements erkennen, und die richtig guten werden es umsetzen und Sie mit ihren Fähigkeiten positiv überraschen. Läuft es erfolgreich, gewinnen alle: »Beyond Delegation« bringt Mitarbeiter individuell weiter, wertet ihre Kompetenzen im Hinblick auf weitere Karriereschritte auf, und die gesamte Organisation profitiert.

Auch der Inca-Fürst konnte nicht alles kontrollieren, was an den Rändern seines Riesenreiches passierte. Er musste sich darauf verlassen, dass seine Führungspolitik funktionierte. Die bestand darin, kooperationsbereiten lokalen Häuptlingen Privilegien zu gewähren und ihnen weiterhin Verantwortung für ihre Region zu überlassen. Gleichzeitig wurden Provinzfürsten für gute Ergebnisse mithilfe der effizienten Verwaltung in die Pflicht genommen. Heiratsallianzen sowie die Erziehung der Häuptlingssöhne in der »Führungsakademie« der Incas (von manchen Forschern als verkappte Geiselnahme interpretiert) taten ein Übriges. Aus heutiger Sicht wirkt das wie eine sehr durchdachte Strategie, die über weite Strecken hervorragend funktionierte. Auch wenn man die Mittel der Incas natürlich nicht eins zu eins übertragen kann: Dieser Grundgedanke eines durchdachten Führungsmodells verdient Bewunderung. Die Entwicklung – zumindest aber das Vorleben – eines solchen Modells ist Sache des Topmanagements.

Führungssouveränität – mehr als eine Stilfrage

In Führungsseminaren werden gemeinhin die verschiedenen Führungsstile vorgestellt. Am Ende, beim kooperativen Führungsstil, nicken dann alle zustimmend. So weit, so wirkungslos. Wichtiger als eine theoretische Erörterung von Stilfragen wäre die Reflexion der eigenen Persönlichkeit, die das Führungsverhalten zumindest unter Stress und Druck weit stärker prägt als alle Theorien. Schon bei den Incas war das nicht anders. Im blutigen Bruderkrieg, der den Untergang des Reiches am Ende mit herbeiführte, waren offenbar alle Führungstugenden vergessen und machten der reinen Machtgier Platz. Führungsmodelle allein nützen wenig, wenn es an Menschen mangelt, die sie mit Leben füllen. Beim Führungsverhalten gehen Persönlichkeit (Anlagen plus Sozialisation), Situation und praktische Erfahrung eine Synthese ein. Wie glaubwürdig und erfolgreich ein Führungsstil praktiziert wird, bleibt eine Frage der Person. Wie passt das alles zu den bekanntesten Führungsansätzen?

Charismatische Führung: d. h. Führung auf der Basis der tiefgreifenden und außergewöhnlichen Wirkung, die eine Persönlichkeit auf Menschen hat. Gern werden hier Martin Luther King, Gandhi, Churchill oder Nelson Mandela angeführt. Nur Charisma reicht natürlich nicht. Diese Menschen hatten auch etwas zu sagen und waren bereit, Risiken dafür einzugehen. Und nicht zuletzt: Sie ergriffen konkrete Maßnahmen, um ihre Visionen Wirklichkeit werden zu lassen. Im Übrigen ist Charisma ein zweischneidiges Schwert, wie nicht zuletzt die Erfahrung der jüngeren deutschen Geschichte zeigt. Ein Positiv-Beispiel gibt dagegen ein ehemaliger Paukist der Wiener Philharmoniker in seinen Memoiren – eine Geschichte, die wir einem unserer Gesprächspartner verdanken. *An der Pauke ist man nur selten im Einsatz. Also lesen die Musiker zwischendurch und hören nebenbei den Kollegen zu.* Während einer Probe mit einem Gastdirigenten veränderte sich auf einmal der Klang, alles passte plötzlich perfekt zusammen. Was war passiert? Der Paukist blickte auf und sah: Hinter dem Dirigenten war Furtwängler in die Philharmonie gekommen, weil er hören wollte, wie es lief. Plötzlich änderte sich alles, es entstand ergreifende Musik. »Da braucht nur der Furtwängler zu kommen und schon spielen wir!«, so der Paukist. Furtwängler habe einfach die Kraft der Persönlichkeit gehabt. »Und man spielte für ihn, weil er einen anständig behandelte oder weil er einfach Esprit hatte.«

Wertegestützte Führung: fast eine Art Gegenteil der charismatischen Führung: Diese Menschen stehen nicht vorne, sondern hinter der Organisation und führen auch von dort. Vorne sind die Visionen, die Werte und die Ziele des Unternehmens. Die sind so attraktiv und bilden so starke Leitplanken, dass die Mitarbeiter sich daran orientieren. Der Erfolg von Southwest Airlines ist ein Beispiel. Herb Kelleher gründete Southwest mitten in der Krise der amerikanischen Airline-Industrie, und es gelang ihm, eine der erfolgreichsten Fluglinien Amerikas aufzubauen. Ein paar Sätze aus seiner Philosophie: »Ein Unternehmen ist stärker, wenn es durch Liebe statt durch Furcht zusammengehalten wird«, oder: »Die Mitarbeiter stehen an erster Stelle. Raten Sie, was passiert, wenn Sie Ihre Mitarbeiter richtig behandeln? Die Kunden kommen wieder, und das macht die Shareholder glücklich. Fangen Sie bei den Mitarbeitern an; der Rest ergibt sich.«[12] Sätze wie diese zitieren wir öfter in Vorträgen. Sie lassen sich leicht konkretisieren: Wie, beispielsweise, möchten Sie, dass ein Mitarbeiter oder Kollege nach einem schwierigen Gespräch aus Ihrem Büro geht? Ballt er die Faust in der Tasche? Sind Sie ein verdammtes A…? Das kommt jeden Tag in jeder Organisation oft genug vor. Wahrscheinlich möchten Sie eher, dass er denkt: »War nicht angenehm, aber fair. Irgendwie hat er recht, und ich sollte das umsetzen.« Führen Sie das Gespräch entsprechend? Neben der Vorbereitung auf das Gesprächsziel verlangt auch dieser Punkt im Vorfeld gründliche Überlegung.

Partizipative Führung: aus unserer Sicht der Führungsstil, der in komplexen und schnellen Zeiten im operativen Geschäft am ehesten nachhaltigen Erfolg verspricht, weil er die Kompetenz und die Ideen der Mitarbeiter aktiv einbezieht und sich situativ mit »Beyond Delegation« kombinieren lässt. Das verlangt eine reflektierte Führungspersönlichkeit, die sich nicht der Illusion der eigenen Unbesiegbarkeit hingibt, sondern weiß, dass sie auf die Kreativität und Unterstützung der Mannschaft angewiesen ist. Gefragt sind daher Führende, die den täglichen Austausch mit ihren direkten Mitarbeitern, aber auch mit Angehörigen anderer Ebenen suchen. Gibt es einen direkten Zugang zu Ihnen? Oder ist es nur die angeblich »immer offene« Tür, die aber bewacht ist? Sprechen Sie mit den »Small People«, wie man in USA sagt? Machen Sie beispielsweise ein monatliches Frühstück mit zehn bis zwölf Mitarbeitern, die zwei bis drei Fragen mitbringen (damit sie vorbereitet kommen) und alles fragen können? Und das auch tun? Wie die Fallschirmübung ist auch das ein schöner Vertrauenstest. Oder beschränken Sie sich auf »Kamingespräche« mit High Potentials, womöglich in Anwesenheit leitender Personaler und einiger Vorstandskollegen? Wir sind versucht zu schreiben: Vergessen Sie's! Vielleicht bringt auch das manchmal etwas. Doch zwei Drittel dieser Events sind symbolisch, und am Ende nehmen beide Parteien wenig mit. Suchen Sie das direkte Gespräch lieber auf Ihre Weise – und Sie bleiben ganz nah dran an den Menschen und am Markt.

Keine Zeit für Mitarbeiter? Jack Welch und die Hebelwirkung

Jack Welch, legendärer CEO von General Electric (GE), wird oft zitiert, und das zu Recht, denn einige großartige Führungsinstrumente gehen auf sein Konto. Welch verbrachte etwa ein Drittel seiner Zeit in der GE-Academy, in Workshops der ersten Führungsebene (Gruppenleiter, Schichtleiter in Fabriken, kleine Abteilungsleiter) bis zum oberen Management. Er war jeweils ein bis zwei Stunden anwesend, hielt einen kurzen Vortrag und/oder beantwortete Fragen der Mitarbeiter – und zwar ohne Vorabinfo, alles unplugged, direkt und klar. Wie kann der CEO eines so großen Unternehmens es sich leisten, so viel Zeit in Mitarbeiter-Seminaren zu verbringen? Für Jack Welch war die Antwort einfach: Er habe dort die größten Hebel, seine Botschaften loszuwerden. Er käme auf diese Weise in alle Organisationsstufen, ohne die Hierarchie zu übergehen. Die Leute gingen zurück in ihren Bereich, in ihr Land, in ihre Organisation und sagten: »I heard it from Jack!«

Direktive Führung: Vielleicht wundern Sie sich, dass der autoritäre Führungsstil, also das Führen über Anweisungen, die widerspruchslos auszuführen sind, hier überhaupt noch auftaucht. Doch auch das gehört zu einer globalisierten Wirtschaftswelt: Was bei uns vorwiegend im Militär, bei der Polizei und allenfalls in patriarchalisch geführten Unternehmen praktiziert wird, hat für unsere Kollegen in vielen asiatischen Ländern und auch im Mittleren Osten durchaus noch Bedeutung. Und das ändert sich nicht von heute auf morgen und verlangt europäisch geprägten Managern mitunter Anpassungsleistungen ab. Auch auf politischer Ebene erlebt dieser Führungsstil eine unvermutete Renaissance, wenn man nach Ungarn, Polen oder in die Türkei blickt oder auf die Popularität einer neuen, egozentrischen Politikerriege.

Wenn klare Ansagen Begeisterung auslösen

In einem Training zu »High Performance Behaviour« mit internationalen Führungskräften in London, während einer klassischen Übung mit dem Thema: »Die Firma läuft nicht gut, Markt und Konkurrenz sind schwierig. Sie sind das neue Führungsteam und müssen in einer Stunde die Turnaround-Maßnahmen verkünden und begründen.« Nach zwei Tagen Training war allen klar: Das Resultat kann nur eine interdisziplinäre Team-Anstrengung sein, eine konzertierte Aktion, hinter der alle stehen, partizipative Führung, um alle abzuholen, gepaart mit gemeinsamen Zielen, usw. Das erschien einer der vier Arbeitsgruppen zu einfach und einfach mal so zum Spaß veränderte sie das Ergebnis und präsentierte als Schlussgruppe etwas ganz anderes, ungefähr mit folgendem Wortlaut:

- »Die Zeiten sind schwierig, schwierige Zeiten erfordern harte Maßnahmen. Die werden jetzt hier verkündet und sofort umgesetzt.«

- »Bei Windstärke 9 bis 10 im Marktumfeld haben wir keine Zeit für Diskussionen, Round Tables und Workshops.«

- »Wem das nicht passt, der kann sich jetzt melden.«

- »Fragen? Nein? – Der neue Kurs sieht wie folgt aus und nach diesem Meeting geht's los. Und zwar mit Top-Leistung, die von allen ab sofort erwartet wird!«

Das wurde von Detlef Britzke, einem Zweimeter-Mann, unglaublich überzeugend vorgetragen. Wow! – Schweigen. Das Trainerteam betreten: Offensichtlich hatte diese Gruppe nichts von dem kapiert, was man uns zwei volle Tage lang beigebracht hatte. Ganz anders die Asiaten, die eben noch eine Konsenslösung mitentwickelt hatten (als Zugeständnis an die Europäer?). Nach kurzem Zögern ließen sie ihrer Begeisterung freien Lauf:

– Die Dame aus Singapur: »Yes, this is the right thing to do!«

– Der Filipino: »That's how we would have done it in Manila!«

– Der Inder: »It's the only way to go!« ... usw.

Auf welcher Seite ist das nun Leader-Shit? Vielleicht müssen wir uns in der globalen Zusammenarbeit darauf einstellen, dass verschiedene Wege zum Ziel führen. Eine souveräne Führungspersönlichkeit muss entscheiden, wie weit sie solchen »abweichenden« Führungserwartungen entgegenkommt (oder zeitweise sogar entgegenkommen muss).

Transformationale Führung: der letzte Schrei auf dem Markt der Führungsstile und eigentlich auch schon nicht mehr ganz taufrisch. 1985 skizzierte der US-Amerikaner Bernard Bass erstmals diesen Stil, der stark auf das Charisma des Führenden baut. Die transformationale Führungskraft versteht es, die Mitarbeiter auf einer emotionalen Ebene anzusprechen und sie für eine übergeordnete Vision zu begeistern. Außerdem ermutigt sie, bestehende Routinen zu hinterfragen und Innovationen anzustoßen (»intellektuelle Stimulierung«). Darüber hinaus nimmt sie Rücksicht auf die individuellen Bedürfnisse und Stärken von Mitarbeitern. Auf diesem Nährboden werden – so die Hoffnung – Mitarbeiter-Potenziale freigesetzt und neue Herausforderungen eher bewältigt, das Unternehmen agiert flexibler und innovativer.[13] Es verwundert wenig, dass in der sogenannten VUCA-Welt transformationale Führung zum Modell der Stunde avancierte, schließlich zielt die transformationale Führungskraft schon per definitionem auf Flexibilität und Wandel. Übersehen wird dabei, dass alle Bedenken gegen Charisma als Kernkompetenz auch hier zutreffen – auch der Enron-Chef Jeff Skilling oder der Anlagebetrüger Bernard Madoff waren zweifellos charismatisch. Außerdem fällt die Übersetzung des Modells in konkretes Führungsverhalten eher schwach aus.[14]

Ehe man Unternehmen einen transformationalen Wandel verordnet, wäre vermutlich schon viel damit gewonnen, wenn Führungskräfte gerade in Großunternehmen einen Blick für diejenigen Mitarbeiter entwickelten, die mit größeren Freiräumen tatsächlich Innovationen anzustoßen bereit und in der Lage wären. Klingt weniger sexy, bewirkt aber vielleicht mehr.

Echte Führungssouveränität besitzt in unserem Verständnis, wer seine persönlichen Stärken und Schwächen klar im Blick hat, Schwächen durch »komplementäre« Mitarbeiter auszugleichen versteht und in verschiedenen Situationen Mitarbeiter mit unterschiedlichen Kompetenzen und Bedürfnissen situationsgerecht adressieren kann. Es wird immer Menschen geben, die sich eindeutige Zielvorgaben wünschen, an deren Nüchternheit emotionale Appelle abprallen, und solche, die durch Freiräume wachsen. Jenseits aller Stilfragen sind daher folgende Persönlichkeitsmerkmale für erfolgreiches Führen wünschenswert:

- Ehrgeiz und Leidenschaft, um ein Ziel zu erreichen und eine Vision zu verwirklichen,
- Mut und Optimismus, um durch Krisen zu steuern und Mitarbeiter dabei mitzunehmen,
- Integrität und Kommunikationsbereitschaft, um Vertrauen zu schaffen und zu bewahren,
- Selbstreflexion und die Fähigkeit, das eigene Ego im Griff zu haben (zum Beispiel: sich nicht nur mit Jasagern zu umgeben),
- Stressresistenz und Unabhängigkeit (und damit die Fähigkeit, Gegenwind auszuhalten und unpopuläre Entscheidungen zu treffen),
- Ausdauer und Hartnäckigkeit.

Führung ist eine spannende Herausforderung, aber eben beides: spannend und anstrengend. Wenn jeder Sie mag, ist das ein Zeichen von Mittelmäßigkeit. Wer führt, gibt den Schutz des Rudels auf, er stellt sich an die Spitze. Diese Distanz muss man aushalten. Natürlich ist Führungssouveränität nicht immer einfach, vor allem dann nicht, wenn man neu in der Rolle ist und nicht alle Lösungen parat hat. Wir haben schon viele Topmanager von der Bühne sagen hören: »Ich weiß das auch nicht!« Man glaubt, man wirkt dadurch menschlicher. In Wahrheit verspielt man Respekt und verunsichert. Besonders anstrengend sind neue Chefs oder Kollegen, die erst mal »ganz viel lernen«

wollen, am ersten Tag also gleich signalisieren, dass sie keine Ahnung haben. Kann ja alles sein, trotzdem ist es nicht hilfreich, sondern für erfolgreiche Unternehmensführung desaströs. Man kann souverän sein, ohne hilflos zu wirken – und auch, ohne ins andere Extrem zu kippen und sich selbst zu überschätzen, weil man immer alles zu wissen meint.

1 : 10 oder 1 : 10 000? Leadership ≠ Leadership

Ob jemand »führen kann«, ist eigentlich eine sinnlose Frage. Sie tradiert den Mythos der geborenen Führungspersönlichkeit, die überall gleich klarkommt. Sinnvoller wäre, zu fragen, ob jemand für eine bestimmte Funktion, eine bestimmte Führungsebene geeignet ist. Führung ist nicht gleich Führung! Selbst erfahrene Manager sind da nicht gegen Überraschungen gefeit, auch auf Vorstandsebene muss man sich erst in die neue Rolle einfinden. Es gilt, die »Kraft des Amtes« richtig einzuschätzen und angemessen damit umzugehen. Die strategischen Anforderungen sind andere, die Aufgaben, die Außenwahrnehmung, das Umfeld. Auch nach 15 oder 20 Jahren in Führungspositionen ergibt sich das nicht von selbst. Unter unseren Interviewpartnern, überwiegend erfahrene Topmanager, spürten wir eine große Sensibilität für dieses Thema. Große Unternehmensberatungen etwa, mit ihrem »Up-or-out«- bzw. »Grow-or-go«-Karrieresystem, sind naturgemäß sensibilisiert dafür, ob ein Mitarbeiter auch noch die übernächste Karrierestufe bewältigen kann.

Gerd Stürz, *Life Sciences DACH-Chef von EY: »Es gibt bei uns keine Mitarbeiter, die nach zehn Jahren immer noch Assistent oder nach 20 Jahren immer noch Manager sind. Man entwickelt sich hier zwangsläufig – oder man geht. Dafür müssen wir nicht kündigen. Viele gehen in die Industrie und machen da einen guten Job. Diese Entwicklung wird von uns von Anfang an begleitet: Wir fragen uns bei jeder Beförderung, ob dieser Mitarbeiter auch die nächste Stufe schaffen wird. Wenn also jemand vom Assistent zum Senior Consultant befördert werden soll, dann fragen wir auch: ›Kann der Manager werden?‹ Und wenn er oder sie das nicht kann, dann sagen wir ihm das jetzt: ›Pass mal auf, du musst ein paar Dinge beachten, sonst haben wir in zwei Jahren ein Problem‹. Das klingt hart, aber ich halte es für extrem fair.«*

Auch wir haben es erlebt: Es ist nicht jedem gegeben, über ein Verhältnis von 1:10 (Chef zu Mitarbeiter) hinaus Organisationen zu führen. Andere können durch andere führen. Wieder andere führen große Organisationen, haben aber das Gefühl für die Eins-zu-eins-Situation (und oft auch für die »normalen« Mitarbeiter) verloren. Die wirklichen großen Köpfe verstehen beides: Zehntausende zu führen und gleichzeitig dem Einzelnen das Gefühl zu geben, man sei nur für ihn da, wie etwa General Foster in Eingangszitat dieses Kapitels. Dieser Wechsel »big – small – big – small«, das ist wahres Leadership! Es ist extrem wichtig für die menschliche Komponente beim Führen von großen Organisationen, denn es macht für den einzelnen Mitarbeiter sichtbar, dass der Mensch, der die Organisation anführt, sich noch für ihn und seine Kollegen interessiert. Und nur so können die Visionen der Unternehmensspitze in die Organisation getragen und wirksam werden.

Konkret heißt das: In Sachen Leadership hört das Lernen nie auf. Erhellend ist in diesem Zusammenhang das Modell der »Leadership Pipeline« von Charan / Drotter / Noel (2011). Auf der Basis zahlreicher Unternehmensbeispiele gehen die Autoren, selbst erfahrene Topmanager, davon aus, dass Führung auf jedem Level neue zeitliche Prioritäten, neue Fähigkeiten und Werte (verstanden als Messlatte für den Erfolg der eigenen Arbeit) erfordert. Für multinationale Konzerne postulieren Charan et al. insgesamt sieben Führungsebenen; im mittelständischen Unternehmen wären es fünf mit dem Geschäftsführer an der Spitze:

Ebene 7:   Enterprise Manager
Ebene 6:   Group Manager
Ebene 5:   Business Manager (Geschäftsführer)
Ebene 4:   Functional Manager
Ebene 3:   Manager of Managers
Ebene 2:   Manager of Others
Ebene 1:   Manager of Self

Wichtig sind dabei die Übergänge zwischen den Ebenen, von Charan et al. als »Passages« bezeichnet. Jeder Übergang setzt eine persönliche Weiterentwicklung voraus. Bleibt die aus, kommt es auf der neuen Ebene zu Problemen.

Weitsichtige Unternehmen sorgen für eine systematische Befähigung geeigneter Führungskräfte vom Teamleiter aufwärts bis an die Spitze – wenn man so will: für eine sprudelnde Pipeline, die den dauerhaften Erfolg des Unternehmens sichert. Grob gesprochen nehmen im Verlauf der Pipeline strategische und später auch repräsentative Aufgaben zu, während die funktionale Verantwortung abnimmt. Es gibt also nicht das Führen an sich, sondern eine Vielfalt von Führungsherausforderungen.

Kleiner Stresstest für Leadership

Wer auf Top-Ebene Erfolge erzielen will, sollte in Wirtschaft wie Politik gut vernetzt, sensibel für die Agenden verschiedener Stakeholder, global orientiert, strategisch klug, kommunikationsstark und krisenfest sein. Eine Prise Charisma schadet nie, wichtiger als der göttliche Funke sind jedoch persönliche Integrität und soziale Kompetenz.

Leadership oder Leader-Shit? Ein Test

1. In Ihrem Unternehmen gibt es ein Leadership-Programm, das geeignete Persönlichkeiten identifiziert und gezielt fördert. ☐

2. Nach oben kommt, wer für Führung geeignet ist, nicht, wer die richtigen Kontakte hat. ☐

3. Fehlverhalten von Führungskräften (z. B. Mobbing) hat Konsequenzen und wird sanktioniert. ☐

4. Tyrannen, menschenfeindlichen Technokraten oder labilen Persönlichkeiten werden keine Mitarbeiter anvertraut. ☐

5. Es gibt keine Abteilungen mit auffällig hohem Krankenstand und mit mehreren Fällen von Erschöpfungsdepression (»Burn-out«). ☐

6. Das Unternehmen pflegt eine Kultur der Eigenverantwortung und Mitarbeiterförderung. ☐

7. Das Topmanagement hat den Draht zu den »kleinen Leuten« im Unternehmen nicht verloren. ☐

8. Das Topmanagement genießt Vertrauen auf allen Ebenen. ☐

9. Mitarbeiter sind nicht nur auf dem Papier »das Herz des Unternehmens«. Dies schlägt sich auch im Handeln nieder. ☐

10. Das Management sorgt auf allen Ebenen für klare Ziele und gute Arbeitsmöglichkeiten. ☐

11. Kreativität, Eigeninitiative und Leistungsbereitschaft werden belohnt. ☐

12. Harte Einschnitte und Maßnahmen wie Kündigungen werden so fair wie möglich gehandhabt. ☐

13. Es gibt keine inoffizielle, aber allen bekannte Philosophie des »Teile und herrsche«, »Wissen ist Macht« o. Ä. ☐

INCA-IMPULS

- Handeln Sie verantwortungsvoll im Geiste des »Last Table«.

- Erzeugen Sie einen Verantwortungssog, indem Sie anspruchsvolle Aufgaben an gute Mitarbeiter abgeben.

- Reflektieren Sie Ihre Persönlichkeit und Ihr Handeln: Tun Sie alles, um Mitarbeiter erfolgreicher zu machen? Hätten Sie selbst Freude daran, für sich als Vorgesetzten zu arbeiten?

»Glaubwürdigkeit in Führungsprozessen entsteht durch konsequentes Handeln. Verhalten von Menschen ist veränderbar durch das Setzen klarer Leitplanken. Das bedeutet auch: Es gibt nicht nur Boni, es muss auch einen Malus geben.«

DR. ALEXANDER VON PREEN, GESCHÄFTSFÜHRER
KIENBAUM CONSULTANTS

4 Fair Play –
oder Werte-Kulissen?

Wir neigen dazu, uns früheren Kulturen auch moralisch überlegen zu fühlen. Doch wie stabil sind unsere Werte tatsächlich? Kaum eine Woche vergeht, ohne dass nicht irgendwo ein Firmenskandal aufgedeckt wird. Auch die Rolle einer starken Wertekultur lässt sich am Inca-Reich hervorragend studieren. »Ama sua, ama llulla, ama quella« steht an Hauswänden in Cusco und so grüßen sich die Bauern im Hochland von Peru teilweise bis heute. Es handelt sich um eine alte Inca-Formel, die Jahrhunderte überdauert hat. Frei übersetzt lautet sie: »Das Volk der Sonne stiehlt nicht, lügt nicht und ist nicht faul.« Das lässt schon erahnen, dass im Andenstaat strenge Regeln und Prinzipien herrschten. Tatsächlich stand auf Faulheit die Todesstrafe, ebenso auf die Zerstörung von Brücken oder das Töten von Seevögeln. Steuern wurden nicht erhoben, stattdessen galt ein ausgeklügeltes Tributsystem: Ein Drittel der Arbeitserträge gebührte dem Inca, ein Drittel dem Priester, ein Drittel der Dorfgemeinschaft. Jeder hatte dem Reich zu dienen. Der Amerikanist René Oth beschreibt die Gesellschaft der Incas als »puritanisch«, auch wenn fremde Herrscher mit kostbaren Geschenken umgarnt und Siege oder der Abschluss von Arbeiten mit Festen begangen wurden. Die Altamerikanistin Karoline Noack nennt dies »ritualisierte Großzügigkeit«.[1] Wer sich an die geltenden Regeln hielt, profitierte von der perfekten Logistik des Reiches und den kenntnisreichen Anbaumethoden und Handwerkskünsten, die die allgemeine Versorgung garantierten. Ein Geben und Nehmen, selbst in religiösen Fragen: Eingegliederte Völker mussten sich dem Sonnengott unterwerfen, gleichzeitig jedoch wurden ihre Gottheiten in den Kult der Incas integriert.[2] Insgesamt ergibt sich das Bild einer bis in den letzten Winkel geordneten Gesellschaft mit eindeutigen Werten. Was richtig und was falsch war, diese Frage stellte sich dem Einzelnen im Inca-Reich vermutlich kaum – übergeordnete Werte bildeten die ideelle Klammer des ausgedehnten Imperiums. Im Bruderkrieg konkurrierender Inca-Söhne zerbrach am Ende auch diese Klammer und das beschleunigte den Untergang des Reiches.

Es genügte den Inca-Herrschern nicht, ihre Untertanen formal in einen ausgeklügelten Verwaltungs- und Wirtschaftsapparat einzugliedern. Ihre Mission,»Ordnung in die Welt« zu bringen, war von einem Wertesystem begleitet, das auf gegenseitigen Leistungen basierte und auf diese Weise Fairness versprach. Gemeinsame Normen und Werte sind bis heute der soziale Kitt einer Gesellschaft. An ihnen kann sich individuelles Verhalten ausrichten. »Werteverfall« assoziieren wir zu Recht mit Regellosigkeit und Chaos.

Auch die Unternehmenswelt hat schon vor Jahrzehnten das Thema »Werte« entdeckt. Womöglich können Sie es schon nicht mehr hören: Wer die Stichworte »Werte Unternehmen« bei Google eingibt, erhält rund 29 Millionen Treffer. Zum Vergleich: Bei der Kombination »Gewinn Unternehmen« sind es gerade einmal 2,6 Millionen.[3] Seit vielen Jahren wird also über Unternehmenswerte geredet. Doch wie passt das zu den Skandalen der letzten Jahre? Werden möglicherweise nur Werte-Kulissen geschoben? Sollte, müsste sich etwas ändern? Und was?

Verbal radikal, faktisch total egal?

Die Werte-Welt der offiziellen Verlautbarungen ist heil. Wenn PWC unter dem Titel »Redefining Success in A Changing World« rund 1400 CEOs in 83 Ländern weltweit befragt, kann die Beratungsgesellschaft hinterher vermelden: »Ein Großteil der weltweiten Vorstandschefs (76 Prozent) sind sich einig: Erfolg darf sich künftig nicht nur nach Gewinnzahlen bemessen, sondern Ziel muss es sein, gesellschaftliche Werte zu schaffen.«[4] Entscheidungsträger scheinen für das Thema Werte sensibilisiert, möglicherweise eine Folge der Finanzkrise und der Firmenskandale diesseits wie jenseits des Atlantiks. In Deutschland widmet sich die *Wertekommission* (»Initiative Werte bewusste Führung«) dem Thema. Sie befragt regelmäßig etwa 700 Führungskräfte aus allen Managementebenen dazu, welche Werte sie für die wichtigsten halten. Dabei geht es vorrangig um die Präferenz unter sechs postulierten Kernwerten: »Vertrauen«, »Verantwortung«, »Integrität«, »Respekt«, »Nachhaltigkeit« und »Mut«. Seit 2010 bilden dabei die ersten drei Werte kontinuierlich die Spitzengruppe. »Mut« landet dagegen Jahr für Jahr abgeschlagen auf dem letzten Platz – 2016 war das nur für 1,8 Prozent der befragten Manager der wichtigste Wert. Das überrascht, denn wie soll man im Konfliktfall für Werte einstehen, wenn es an persönlicher Courage mangelt?

Die Skepsis verstärkt sich, folgt man einer Befragung der Beratungsgesellschaft Rochus Mummert unter Mitarbeitern und Führungskräften großer Mittelständler. Während »ausnahmslos alle« befragten Topmanager meinten, ihr Unternehmen habe Werte definiert, die den Mitarbeitern bekannt seien, stimmten dem nur rund 50 Prozent der Mitarbeiter selbst zu. Selbst bei leitenden Angestellten waren es mit 53 Prozent nur unwesentlich mehr. Und es kommt noch schlimmer: Lediglich 17 Prozent der Befragten waren der Auffassung, ihre Chefs würden die selbst gesetzten Werte auch vorleben.[5]

Dass man mit Werten auch trefflich Kulissen schieben kann, zeigt einer der größten Firmenskandale der letzten Jahrzehnte. Die Schmiergeldaffäre bei Siemens ist ein Musterbeispiel dafür, wie ein erfolgsverwöhntes Großunternehmen sich in der Illusion wiegt, ihm könne nichts passieren, wenn es dauerhaft gegen geltendes Recht verstößt, solange nur der schöne Schein gewahrt bleibt – inklusive Ethik-Kodex und Anti-Korruptions-Beauftragten. Dieser Irrglaube endete im Fall von Siemens bekanntermaßen mit dem Ansehensverlust des Topmanagements, über einer Milliarde Dollar Strafzahlungen und zahllosen Prozessen, die zum Teil bis heute andauern.[6]

Siemens – »Die Firma«

»Ich halte dieses scheinheilige gespielte Entsetzen, was vor allem durch die Konzernleitung kommuniziert wird, einfach nicht mehr aus«, zitierte der *Spiegel* im April 2008, auf dem Höhepunkt der Schmiergeldaffäre, den Finanzvorstand der Festnetzsparte von Siemens.[7] Nicht nur er redete, sondern auch andere Mitarbeiter, und nicht nur die deutsche Staatsanwaltschaft ermittelte, sondern auch in den USA, der Schweiz, Italien, Griechenland waren Ermittler aktiv geworden. Stück für Stück schälte sich dabei der größte Bestechungsfall der deutschen Nachkriegsgeschichte heraus. Im führenden deutschen Technologiekonzern waren Schmiergelder offenbar Teil der Unternehmensstrategie und wurden durch ein findiges System von Schwarzgeldkonten und Tarnfirmen mit bürokratischer Zuverlässigkeit organisiert, inklusive Formular (»Provision für Kundenaufträge«), das zwei Unterschriften erforderte – sicherheitshalber auf abziehbaren Post-it-Zetteln, wie der aufgedruckte Hinweis »Hier gelben Zettel aufkleben!« in Erinnerung rief. Wie konnte es so weit kommen? Für eine Ehrenrettung reicht es nicht, aber es ist eine Erklärung: Bis 1999 war Bestechung im Ausland in Deutschland nicht strafbar, sie konnte sogar als »nützliche Aufwendung« bei der Steuer deklariert werden. Siemens als global aktiver Konzern war für diese Praxis besonders anfällig: Wie sollte man sonst an Aufträge im Nahen Osten, in Südamerika oder in Schwarzafrika kommen, mag man sich gedacht haben. 1999 änderten sich die Spielregeln, doch Siemens änderte sich nicht mit. Zwar gab es im Unternehmen seit 2001 einen Ethik-Kodex, Führungskräfte mussten alle zwei Jahre eine Compliance-Erklärung unterschreiben und eine Anti-Korruptions-Abteilung berichtete regelmäßig an den Zentralvorstand, doch hinter den Kulissen lief alles weiter wie bisher. Möglicherweise war es tatsächlich wie bei der Mafia: Wer im System groß geworden war (und nicht wenige leitende Mitarbeiter waren seit der Lehre im Konzern), lebte in einer Welt mit eigenen Regeln. »Die Regierungen kommen und gehen, Siemens bleibt bestehen«, soll ein Topmanager gesagt haben.

Woran es bei Siemens mangelte, war ein glasklares Bekenntnis des Topmanagements »Das machen wir nicht mehr!«, eine Zero-Tolerance-Politik, wie sie die Incas bei aus ihrer Sicht gravierenden Verstößen betrieben. Stattdessen blieb hinter der neuen Fassade ethischen Verhaltens alles beim Alten. Doch wenn Werte mehr sein sollen als

Schönwetterparolen oder Instrumente der Imagepflege, müssen Werteverstöße Konsequenzen haben.

Ausführungen wie diese wirken immer etwas moralinsauer. Ist dieser ganze Werte-Hype nicht übertrieben? Wo gehobelt wird, fallen schließlich Späne, mag mancher denken – erst recht, wenn er angesichts ambitionierter Zielmarken auch schon gehört hat: »Wie Sie das hinkriegen, ist mir egal!« Doch wo endet es, wenn man ethische oder gar juristische Dämme einreißt? Management-Vordenker wie Jim Collins attestierten außergewöhnlich erfolgreichen Unternehmen schon vor Jahrzehnten starke Kernwerte, eine »Core Ideology«. Studien wie die von Rochus Mummert stellen einen Zusammenhang zwischen Wertekultur und Unternehmenserfolg her.[8] An dieser Stelle lohnt es sich, das Werte-Credo von Johnson & Johnson anzuschauen: kurz, knapp, sehr konkret und gültig seit 1943. Sie finden es im Internet unter: https://www.jnj.com/about-jnj/jnj-credo

Man mag monokausale Erfolgsbegründungen anzweifeln. Plausibel ist jedoch, dass dort, wo Werte wie Selbstverantwortung, Integrität oder gegenseitiger Respekt erkennbar nicht gelten (nicht vom Management vorgelebt werden), nach und nach die Sitten verwildern. Wir würden uns daher mehr Einsichten wünschen wie die des evangelischen Theologen Wolfgang Huber und seiner Mitherausgeber Peter Barrenstein, Unternehmensberater, und Friedhelm Wachs, Verhandlungsexperte, im Vorwort zu ihrem lesenswerten Buch »Evangelisch. Erfolgreich. Wirtschaften.«: »Es gibt nach unserer festen Überzeugung kein Unternehmen, das nur auf Grundlage des Eigeninteresses der Beteiligten nachhaltig bestehen könnte. Unternehmen, die nur auf kurzfristige Gewinnerzielung setzen, sind ganz schnell auf der Verliererseite. Und kein Unternehmen in der Welt kann sich dauerhaft behaupten, wenn es alle schlechten Charaktereigenschaften der Menschen in sich selbst freisetzt oder gar noch kultiviert. Dann zerfällt es, weil sich das Vertrauen zersetzt, das für auf Bestand angelegte Arbeitsprozesse unabdingbar ist.«[9]

Warum sollen sich Mitarbeiter an Regeln halten, wenn »die da oben« das auch nicht tun? Das fügt dem Unternehmen auf verschiedenen Ebenen Schaden zu. Gemeint sind nicht nur finanzielle Schäden durch Wirtschaftskriminalität, laut polizeilicher Kriminalstatistik hierzulande im Schnitt jährlich zwischen 3,5 und 4,5 Milliarden Euro[10], sondern auch Ansehensverlust, Gefährdung von Geschäftsbeziehungen und nicht zuletzt die Kosten für Heerscharen teurer Anwälte und die im Schadensfall zu erwartenden Strafzahlungen. Bildlich gesprochen: Die Späne beim Hobeln werden immer größer und können irgendwann existenzgefährdend werden, wie die Übersicht einiger Wirtschaftsskandale weiter unten zeigt. Dabei haben wir noch nicht einmal die Frage aufgeworfen, welchen zusätzlichen Innovationsschub es Siemens verschafft hätte, hätte man sich bei der Auftragsakquise nicht auf finanzielle Schmiermittel verlassen können.

Langfristig lohnen sich Compliance-Verstöße nicht, wie die aktuellen Krisen der Deutschen Bank, des VW-Konzerns und die Kartellbildung der gesamten deutschen Autoindustrie belegen. Spätestens, wenn US-Juristen sich in Stellung bringen, wird es richtig teuer. Vielleicht sind die USA heute eher durch die hohen Strafzahlungen Ordnungsmacht als durch ihre militärische Präsenz in der Welt. Durch die digitale Vernetzung und Kommunikationsgeschwindigkeit gibt es keine Spielräume für Non-Compliance. Was eben noch ein lokaler Verstoß in irgendeinem Teil der Welt war, läuft in fünf Minuten auf dem *New-York-Times*-Ticker. Dem stehen die positiven Wirkungen eines klaren Wertegerüstes gegenüber: Werte sind Entscheidungshilfen in Dilemma-Situationen. Und gemeinsame Werte helfen dabei, eine große Gruppe von Individuen auf ein gemeinsames Ziel einzuschwören – siehe das Inca-Reich.

Die Kosten des Werteverfalls – eine Skandalauswahl[11]

Unternehmen	Anlass	Kosten (Auszüge)
Eon	Illegale Absprachen beim Pipeline-Bau mit Gaz de France in den Siebzigerjahren	EU Kartellstrafe von 550 Mio. Euro
Heidelberg-Cement	Zementkartell, das 2003 durch das Bundes-kartellamt enttarnt wird	170 Mio. Euro Strafe
Siemens	Schmiergeldskandal 2008 (über 4000 Zahlungen weltweit); Verurteilung in Europa und den USA	Etwa 1,4 Mrd. Dollar Strafzahlungen
MAN	Verurteilung wegen Bestechung 2009	150 Mio. Euro Strafe
Daimler	Bestechung	185 Mio. Dollar Strafe (USA 2010)
ThyssenKrupp Gleistechnik	Preisabsprachen mit anderen Stahlunternehmen beim Verkauf von Schienen an die Deutsche Bahn (»Schienenfreunde«)	Bußgelder in Höhen von 191 Mio. Euro, über 100 Mio. Euro Schadenersatz an die DB[12] (2012/13)
Volkswagen	Abgasskandal (Einsatz einer Manipulations-software) und drohende Entschädigungen, vor allem in den USA	Rückstellungen in Höhe von 16,4 Mrd. Euro (2015)[13]
Deutsche Bank	Weltweit ca. 7800 Rechtsstreitigkeiten, u. a. wegen Verdacht auf Marktmanipulation, Geld-wäsche, Zinsmanipulation, Embargo-Verstöße	Rückstellungen in Höhe von 5,4 Milliar-den Euro (2016)[14]

Von Riesenbüros und der Chefin als Putzhilfe

Wie transportiert man Werte ins Unternehmen, wie kommuniziert man sie? Mit einem Verhaltenskodex, der in den Tiefen des Intranets verschwindet, ist es offenbar nicht getan. Das spricht nicht gegen eine schriftliche Fixierung von Werten, und wenn diese gemeinsam erarbeitet wird, umso besser. Wenn das Werte-Statement jedem neuen Mitarbeiter ausgehändigt wird, wenn es vom Topmanagement kommuniziert wird und in Team-Meetings spätestens bei Wertekonflikten in die Diskussion einfließt, ist das ebenfalls hilfreich. Doch im Zweifelsfall zählen Taten immer mehr als Worte. Niemand bei Siemens kam auf die

Idee, die langjährige Bestechungspraxis infrage zu stellen, nur weil Unternehmenschef Heinrich von Pierer 2003 in einem Buch über »Profit und Moral« die Ehrlichkeit zu den erfolgsrelevanten Kernwerten von Siemens gezählt und hellsichtig ausgeführt hatte: »Täuschung, Betrug und Korruption lassen sich auf Dauer nicht verbergen.«[15] Mitarbeiter haben ein feines Gespür dafür, ob hehre Prinzipien ernst gemeint sind oder eher der Imagepflege dienen. Das beginnt beim persönlichen Umgang im Unternehmen, den eine unserer Gesprächspartnerinnen, Catherine von Fürstenberg-Dussmann, auf spektakuläre Weise testete.

Werte im Alltag oder: Wirkliche Top-Leader kennen keine Arroganz

Die Dussmann Group beschäftigt 63 500 Mitarbeiter in 18 Ländern und erzielt einen Milliardenumsatz.[16] Kerngeschäft sind Services wie Catering, Sicherheitsdienst, Gebäudetechnik und Gebäudereinigung. An der Spitze des Unternehmens steht nach dem frühen Tod des Unternehmensgründers Peter Dussmann dessen Witwe Catherine von Fürstenberg-Dussmann. Bevor die gelernte Schauspielerin nach 28 Jahren als Ehefrau und Mutter 2008 das Heft der Firma in die Hand nahm, besann sie sich auf ihr Handwerk und arbeitete inkognito mehrere Wochen in ihrem eigenen Unternehmen, getarnt als Putzfrau, Küchenhilfe, Pflegekraft und Autoaufbereiterin. Sie habe das Unternehmen kennenlernen wollen, erzählte sie uns im Gespräch. Zwei besonders eindrückliche Erlebnisse verrieten ihr, wie es um das Wertegerüst der Topmanager bestellt war. Nach einer langen Nacht putzen begegnete sie, noch als Putzfrau getarnt, auf dem Flur im 7. Stock der eigenen Dussmann-Hauptverwaltung dem damaligen CEO und CFO. Sie musste den beiden, die raumgreifend über den Flur steuerten, ausweichen. Sie grüßte, wurde jedoch komplett ignoriert, keiner hat sie gegrüßt. Für das Topmanagement war sie schlicht nicht existent. Nicht anders erging es ihr, als sie bei einem Kunden den Boden der Tiefgarage reinigte. Sie habe regelrecht hin- und herspringen müssen, um nicht von den vorbeirauschenden Porsches und Mercedes der Manager überfahren zu werden, erinnert sie sich. Keiner grüßte, keiner sprach mit ihr. Auch hier existierte sie einfach nicht. Von CEO und CFO hat sie sich später dann auch getrennt. Ihr Verhalten hatte bestehenden Argwohn hinsichtlich ihrer menschlichen Integrität bestärkt.[17]

Kleine Gesten, große Wirkung. Eine übertriebene Reaktion? Wir finden nicht. Noble Werte-Statements zu »Respekt« oder »Integrität« verpuffen, wenn es im Alltag noch nicht einmal für elementare Umgangsformen reicht. Mitarbeiter registrieren solche Widersprüche sehr genau. Viele Manager sind sich der Symbolkraft ihrer Handlungen nicht bewusst – je höher man steigt, desto größer ist die Ausstrahlungskraft des Amtes. Und Achtung: Auch gut gemeinte Gesten können nach hinten losgehen, etwa, wenn Sie glauben, es reicht, einmal am 23.12. zum Weihnachtssingen in der Spätschicht aufzutauchen und ein paar rührende Worte zu sprechen, wie wichtig die Menschen sind. Was Sie vielleicht als Tränen der Rührung wahrnehmen, sind möglicherweise Tränen der Wut ... Sehr schnell sendet das Management die falschen Signale, zum Beispiel, wenn die Dienstwagenflotte just dann erneuert wird, wenn das Kantinenessen »aus Kostengründen« outgesourct wird. Den Hinweis auf langfristige Leasingabkommen können Sie sich schenken, die Wirkung bleibt verheerend. Natürlich funktioniert das auch andersherum, und Sie können mit einer einzigen Handlung einen positiven Kulturwandel einleiten.

Christine Wolff, *Multi-Aufsichtsrätin und Unternehmensberaterin: »Ich hatte den Hauptsitz in London und dort ein riesiges, typisch englisches Büro: Leder, schwere Möbel, Vorzimmerdame. Und dann gab es den ›Work Floor‹, kleine Würfel, teilweise ohne Tageslicht, enge Gänge, 80 Mann total gedrängt zwischen Papierbergen. Ich hab gedacht, das glaube ich nicht. Ich habe meinen Bürobereich gleich abreißen lassen und gesagt, da könnt ihr 16 andere unterbringen. Damit waren europaweit die üblichen Diskussionen wie ›ich brauche das größte Büro‹ vom Tisch.«*

Worauf es ankommt, ist letztlich aber nicht die Bürogröße, sondern die Fähigkeit, Menschen aller Ebenen auf Augenhöhe zu begegnen. Und darauf, die Werte, die man im Unternehmen hochhält, auch selbst zur Richtschnur seines Handelns zu machen. Das kann auch bedeuten, dort die Stimme zu erheben, wo man nicht Täter, wohl aber Zeuge ist. Wer Alkoholismus im Unternehmen toleriere, werde zum »Passiv-Alkoholiker«, sagen einschlägige Experten. Wer Korruption, Machtmissbrauch und kriminellen Praktiken tatenlos zusieht, beschädigt in diesem Verständnis seine eigene Integrität.

Nicht nur rechtens, sondern richtig?

Als Manager können Sie durch die Macht Ihres Vorbildes also viel bewegen, und zwar auf jeder Ebene der Unternehmenshierarchie. Dessen war man sich schon im Reich der Incas bewusst: Der Führungsnachwuchs musste besonders harte Prüfungen bestehen, bevor ihm Funktionen übertragen wurden, auch Strafen verschärften sich mit dem gesellschaftlichen Rang. Die Regeln galten nicht nur für das Volk, sondern auch für seine Häuptlinge – eine wichtige Botschaft, die sehr wahrscheinlich die Akzeptanz der Herrschenden förderte.

Außer auf individueller Ebene wird angemessenes Verhalten im Unternehmen schon seit Jahren unter dem Stichwort »Compliance« behandelt. Erstaunlicherweise liefen die Werte-Diskussion und die Compliance-Diskussion lange Zeit weitgehend nebeneinander her: auf der einen Seite die (Sonntags-)Reden über Verantwortung und Integrität, auf der anderen die organisatorischen Prozesse und juristischen Voraussetzungen, um Haftungsfällen vorzubeugen. PYA (»Protect your ass«) soll man bei Siemens Compliance-Erklärungen genannt haben, die auch dort regelmäßig von Managern zu unterzeichnen waren, um den Vorstand abzusichern.[18] Doch allmählich setzt ein Umdenken ein, ob rein rechtsgetriebene Compliance tatsächlich die Lösung ist.

Kein namhaftes Großunternehmen kommt ohne Compliance-Management-System aus und auch immer mehr Mittelständler blicken mit Sorge auf die Vielzahl rechtlicher Vorschriften, die im internationalen Business zu beachten sind. Allerdings haben Compliance-Systeme weder bei Siemens noch bei VW oder bei der Deutschen Bank skandalträchtiges Fehlverhalten verhindert. Offenbar taugen bürokratische Prozesse und formale Absichtserklärungen nur zum wirkungslosen Papiertiger, solange wichtige Entscheidungsträger im Unternehmen nicht glasklar verdeutlichen: »Wir meinen das ernst!« Ein CEO, der ehrgeizige Umsatz- und Kostenziele ausgibt und keinen Widerspruch duldet, mag Compliance-Regeln formal abgenickt haben. Doch solange er nicht explizit nachfragt: »Ist das (legal) umsetzbar?«, lautet die untergründige Botschaft: »Sehen Sie zu, wie Sie das hinkriegen!« Resultat ist eine Kultur der Doppelbödigkeit, mit Compliance als Kulisse und der tatsächlichen Unternehmenspraxis dahinter. Fliegt das auf, soll es dann meistens »das Fehlverhalten einiger weniger in der Abteilung XY« gewesen sein. Fairness geht anders.

»Wir tun das, was nicht nur rechtlich erlaubt, sondern auch richtig ist«, schreibt die Deutsche Bank in ihrem Wertekodex von 2013, der einen Kulturwandel einläuten sollte.[19] Der wäre auch dringend nötig: Im Fachorgan *Die Kriminalpolizei* widmet sich ein langer Artikel der Frage »Ist die Deutsche Bank eine kriminelle Vereinigung?«. Die Antwort fällt erschreckend aus. Unter anderem heißt es dort, »Akteure der Finanzwirtschaft [hätten] mit strategischer Weitsicht eine globale Bereicherungsorgie vorbereitet« und »der Organisierten Kriminalität in mehrfacher Hinsicht den Rang abgelaufen«.[20] Passend dazu zeigt das Cover des *Spiegel* im Oktober 2016 die Vorstände seit Hilmar Kopper als Gruppe von Finanzpaten. Wundert es da, dass laut einer Studie der Bertelsmann Stiftung nicht einmal ein Drittel der Bevölkerung in börsennotierte Unternehmen das Vertrauen setzt, »Gutes für die Gesellschaft« zu bewirken? (Bei KMU sind es immerhin 66 Prozent, bei Familienunternehmen 70 Prozent.)[21]

Solche Befunde sind bitter, besonders für die kompetenten, engagierten und integren Mitarbeiter, die auch in diesen Unternehmen auf allen Ebenen die Mehrheit bilden. Umso mehr müssen sich große Unternehmen fragen, welche Folgen es langfristig für gesellschaftlichen Zusammenhalt und sozialen Frieden hat, wenn sie trotz aller Corporate-Social-Responsibility-Beteuerungen von vielen Menschen als rein profitorientierte Trickser wahrgenommen werden? Wie passt es beispielsweise dazu, das »Richtige« zu tun und nicht nur das rechtlich Zulässige, wenn Steuerzahlungen so weit optimiert werden, dass die Kosten für die Infrastruktur weitgehend der Allgemeinheit aufgebürdet werden? Und wenn dafür gar Maßnahmen wie die Verlegung von Abteilungen oder Bereichen betrieben werden, die betriebswirtschaftlich kaum Sinn ergeben? Oder wenn kleine Handwerksbetriebe an den Rand der Insolvenz getrieben werden, weil Konzerne ihre Rechnungen erst nach Monaten bezahlen? Wir würden uns wünschen, dass Manager sich viel öfter fragen: »Obwohl es legal ist, was wir vorhaben – ist es auch wirklich legitim?« Bestünde Ihr Vorhaben den Kamera-Test, d. h., könnten Sie es in den Abendnachrichten live im Interview den viel zitierten kleinen Leuten erklären?

Manche Fragen sind nicht individuell zu lösen und auch nicht von einzelnen Unternehmen. Sie müssen politisch und gesamtgesellschaftlich gelöst werden. Was Sie als Einzelner tun können: deutlich machen, dass Compliance mehr ist als eine bürokratische »Cover your ass«-Strategie. Ernst gemeinte Compliance braucht ernst zu nehmende Botschafter, Werte und Compliance müssen zu einer Einheit verschmelzen, und da ist auch und gerade das Topmanagement gefragt.

Empirische Befunde, die deutlich machen, wohin die Reise gehen könnte:

- Nur in der Hälfte der Unternehmen gab es einen Brief der Unternehmensleitung an alle Mitarbeiter zum Code of Conduct, meist werden allgemeine Intranet-Lösungen gewählt.
- Weniger als 50 Prozent der Unternehmen berücksichtigen Compliance bei der Leistungsvergütung.
- Bei Beförderungen schlagen Compliance-relevante Kriterien (z. B. »Integrität«, »vorbildliches Verhalten«) nur in 36 Prozent der Unternehmen zu Buche.
- Nur mit 18 Prozent aller Manager wurden »Clawback-Klauseln« vereinbart, von ihnen können also bei Schäden durch Compliance-Verstöße Vergütungszahlungen zurückgefordert werden (ein Punkt, der im Hinblick auf die Debatte um Bonusrückzahlungen bei der Deutschen Bank und VW aktueller ist denn je).
- 46 Prozent aller Unternehmen haben Kernelemente des CMS (»Compliance-Management-Systems«) nur in der Unternehmenszentrale umgesetzt.[22]

Andere Länder, andere Werte

Der US-Ethnologe Clyde Kluckhohn definierte Werte einst knapp als »Vorstellungen vom Wünschenswerten«.[23] Werte unterscheiden sich, je nachdem, wo wir uns auf dem Globus aufhalten. Sie sind, wie Psychologiestudenten lernen, »Aspekte einer sozial geteilten Konstruktion von Wirklichkeit«.[24] Die Wertvorstellungen, die das Zusammenleben in einer 300-Seelen-Gemeinde im Hunsrück prägen, unterscheiden sich von denen in einem Berliner Szeneviertel. Man muss also nicht erst Tausende Flugmeilen hinter sich bringen, um in einem anderen Wertekosmos zu landen. Dennoch stellen sich Wertefragen im internationalen Umfeld, die sich oft weit außerhalb unserer europäischen Normen abspielen.

Manager im Werte-Dilemma

Der China-Leiter eines DAX-Konzerns, relativ neu in seiner Rolle, berichtete uns von seinen Werte-Herausforderungen. Was man wissen muss: Abtreibungen und Hochzeiten werden in chinesischen Produktionsbetrieben vom Vorgesetzten genehmigt, da es einen Tag Sonderurlaub gibt. Nach einem sehr erfreulichen und positiven Gespräch über ihre Beförderung bat eine junge Mitarbeiterin um einen Tag Bedenkzeit und einen Tag Urlaub, der natürlich gewährt wurde. Am Tag danach kam sie freudestrahlend in das Büro des China-Leiters, bestätigte die Annahme der Beförderung und dass sie sich jetzt 120 Prozent für die Firma einsetzen könne. Gleichzeitig reichte sie noch nachträglich einen Tag Sonderurlaub für ihre Abtreibung ein. Die Beförderung war ihr wichtiger als die Gründung einer Familie und sie sah es praktisch als Verpflichtung an, so zu handeln, da die Firma von ihr mehr Einsatz in der neuen Rolle einfordern würde.

Wie würden Sie damit umgehen? Sind Sie bereit für solche Wertekonflikte, oder würden Sie das delegieren wollen? Wer international tätig ist, muss immer wieder Konflikte aushalten und trotzdem die richtige Entscheidung treffen. Doch was ist in dem Fall »richtig«? Vielleicht haben Sie Lust, das Buch kurz zur Seite zu legen und darüber nachzudenken.

Ein ähnlich gravierendes Beispiel: In der chinesischen Tochter eines europäischen Konzerns hat ein lokaler Manager Kundengelder und Gehälter in Höhe von rund 150 000 US-Dollar unterschlagen und verspielt. Unterschlagungen dieser Größenordnung werden nach chinesischem Recht mit dem Tod bestraft. Der aus Europa kommende China-Manager ruft seinen Asien-Leiter an und bittet um Rat, ob er den Mitarbeiter anzeigen soll. Was hätten Sie an seiner Stelle geraten? Kehrt man den Vorfall unter den Teppich, weckt man im Unternehmen den Eindruck, man könne dort auch mit größeren Vergehen davonkommen. Dort kannte jeder den Fall. Formuliert man eine wahrheitsgetreue Anzeige, wäre das jedoch ein Todesurteil. Man hat in diesem Fall eine Hybrid-Lösung gewählt, in Zusammenarbeit mit der Familie des Mitarbeiters, begleitet von guter Rechtsberatung und der Polizei. Die Familie verpflichtete sich, das Geld in Raten ▶▶

zurückzuzahlen (ein Teil musste abgeschrieben werden), und der Mitarbeiter ging für einige Jahre ins Gefängnis.

Es gibt allerdings auch Situationen, die keinen Raum für solche Kompromisse lassen. Uns sind zwei andere Fälle aus Joint-Venture-Unternehmen bekannt, in denen die chinesische Seite – Arbeitgeber, Personalabteilung wie auch Arbeitnehmervertreter – auf der vollen Härte der Gesetzgebung bestand. Begründung: »So sind unsere Gesetze, und auch Sie haben sich daran zu halten. Alles andere würde niemand im Unternehmen verstehen.«

Macht Sie das beklommen? Was bedeutet das für international tätige Manager? Unseres Erachtens kann man sich weder achselzuckend mit einem »Da ist nichts zu machen« aus der Verantwortung stehlen noch wirklichkeitsfern unterstellen, die anderen müssten sich *unseren* Werten anpassen. Sie können nur im Einzelfall sorgfältig ausloten, was durchsetzbar ist und welchen Preis Sie für die Wahrung bestimmter Positionen zu zahlen bereit sind. Wenn Sie für Lateinamerika, Asien, den Mittleren Osten oder Afrika Verantwortung übernehmen, müssen Sie innerlich gewappnet sein und vor allem kulturellen Hochmut vermeiden. Würden wir zulassen, dass sich andere in unsere Gerichtsbarkeit einmischen? Sind wir tatsächlich so überlegen, wie wir manchmal glauben? Wir echauffieren uns über Korruption anderswo und schmunzeln über den Kölner Klüngel. Den verteidigte der Kölner Kabarettist Heinrich Pachl einmal treuherzig so: »Klüngel ist das Erledigen öffentlicher Interessen auf privatem Wege, während Korruption umgekehrt das Erlangen privater Interessen auf öffentlichem Wege ist.«[25]

Wo hört gute Zusammenarbeit auf und wo fängt Korruption an? Was ist noch »Networking« und was schon eine Seilschaft? Wie viel trennt das auf dem Golfplatz angebahnte Geschäft, das Wettbewerber außen vor lässt, von dem Verkehrspolizisten auf einer belebten Kreuzung in Buenos Aires, der gegen »eine Spende für die jährliche Tombola« die Anzeige wegen verkehrswidrigen Abbiegens erlässt? Diese Form der Alltagskorruption erfolgt übrigens viel subtiler, als die meisten Europäer es sich vorstellen: Es gibt keine Strafzettel, der Polizist müsste eine Meldung schreiben. Das wurde eingeführt, um Korruption und

Barzahlungen zu verhindern. Aber der Polizist möchte natürlich keine Meldung schreiben (dann würden Sie später Ihre Strafe schriftlich bekommen), sondern er wird eine Gesamtprüfung des Autos, des Fahrers und mehr anstreben. Er könnte zum Beispiel vermuten, dass Sie getrunken haben. Das würde es erforderlich machen, dass Sie ihn aufs Präsidium begleiten und viele Stunden dort verbringen, inklusive Drogentests und mehr. Und das wollen Sie nicht, oder? Dieser Polizist hat vermutlich lange darauf gewartet, auf der Kreuzung in der Nähe ausländischer Niederlassungen eingesetzt zu werden. Er verdient um die 300 US-Dollar im Monat. Steht uns ein Urteil über ihn zu? Wann werden »westliche Werte« destruktiv, weil sie blind machen für andere Realitäten?

Der Politikwissenschaftler Samuel Huntington hat schon Ende der Neunzigerjahre die Vorstellung »überlegener« Werte der westlichen Demokratien, die sich mit wachsendem Fortschritt quasi naturgesetzlich durchsetzen, kritisiert und im gleichnamigen Buch einen »Kampf der Kulturen« prognostiziert. Vieles, was Huntington schreibt, hat sich als prophetisch erwiesen.[26] Das wirft unweigerlich die Frage auf, was unsere Kernwerte sind und wo wir in einer Welt, die von disruptiven Entwicklungen und Ängsten geprägt ist, unsere »roten Linien« ziehen.

Selbst wenn es Sie nicht auf andere Kontinente verschlägt, sondern nur zu unseren europäischen Nachbarn, empfiehlt es sich, vorsichtig zu sein, statt anderen ungefragt ein ähnliches Werte-Verständnis zu unterstellen. Christoph Barmeyer und Eric Davoine illustrieren dies am Beispiel »Empowerment«, einem US-Wert, der in Großbritannien und Deutschland auf ein ähnliches Verständnis von »Eigenverantwortung« treffe, in der sehr hierarchischen Führungskultur Frankreichs jedoch nicht funktioniere. Sie haben daher Zweifel an der verbreiteten Strategie multinationaler Konzerne, gemeinsame Werte als Integrationsmoment von der Zentrale in ausländische Töchter zu transferieren. Wenn Unternehmenswerte nicht an vorhandene Werte andocken könnten, blieben sie wirkungslos oder würden missverstanden. Der Rat der Wissenschaftler: ausländische Töchter in die Erarbeitung eines Wertekanons miteinbeziehen, statt ihn ethnozentrisch vorzuschreiben, und Spielraum für nationale Interpretationen und Anpassungen lassen – ganz so, wie es die Incas in spirituellen Fragen schon vor 500 Jahren praktiziert haben.[27]

Und noch eine letzte Bemerkung: Je genauer man hinschaut, desto mehr Werte-Unterschiede wird man finden. Es gibt Werte, die für die meisten Angehörigen eines bestimmten Kulturkreises verbindlich sind, solche, die bestimmte Staaten oder Regionen zu ihren Kernwerten zählen, unternehmensspezifische Werte und schließlich auch das ganz individuelle Wertegerüst jedes Einzelnen. Gut, wenn man sich seiner persönlichen Kernwerte bewusst ist und danach handelt. Eine gleichermaßen fordernde wie erhellende Übung ist es, in einer ruhigen Stunde eine Liste jener Werte zu erstellen, die man für wichtig hält, und dann in einem zweiten Schritt alle zu streichen bis auf die drei, auf die man unter keinen Umständen verzichten könnte. Wenn Sie ehrlich zu sich selbst sind, gewinnen Sie eine im doppelten Sinne »wert-volle« Entscheidungshilfe in Dilemma-Situationen, ob im Ausland oder hierzulande.

Wertekonflikt: Karriere oder Familie?

Paul Williams wurden im Laufe seiner Konzernkarriere zweimal weitere attraktive Auslandsentsendungen angeboten. Es sollte nach Griechenland bzw. nach Holland gehen. Paul lehnte beide Angebote aus familiären Gründen ab, auch gegen spürbaren Druck von oben. Kurzfristig war das schwierig und schmerzvoll, langfristig brachte ihm das Respekt bei vielen Kollegen und auch Vorgesetzten ein. Dieselben Topmanager, die ihm die Angebote unterbreiteten und ihm klarmachten, dass sie ihn sehr gerne entsenden würden, sorgten später dafür, dass er andere attraktive Chancen im Unternehmen bekam, die keine Auslandsversetzung bedeuten – ein schönes Beispiel für Fairness und eine gewisse Anerkennung für die Standhaftigkeit in Bezug auf persönliche Kernwerte.

Fazit: Der letzte Anker in einer schnelllebigen, vielfältigen und unvorhersehbaren (Wirtschafts-)Welt bleiben die eigenen Kernwerte. Wo können Sie nachgeben oder »sich arrangieren«, wo definitiv nicht? Diese Entscheidung kann Ihnen niemand abnehmen.

Kleiner Stresstest für Ihre Werte – und die des Unternehmens

Es fängt bei mir an. Oder hört es bei mir auf? Persönliche Wertvorstellungen und Unternehmenswerte lassen sich kaum getrennt betrachten. Wenn hier keine große Überschneidung herrrscht, werden Werte zur Kulisse, weil sie nicht gelebt werden.

Ihre persönliche Werte-Bilanz

1. Ihnen ist klar, wofür Sie als Person stehen, was Ihre Werte sind und nach welchen Kriterien Sie entscheiden. ☐

2. Sie wissen, wofür Ihre Firma steht. Die Firmenwerte sind weitestgehend mit Ihren eigenen Werten im Einklang. ☐

3. Diese Werte werden im Alltag vollständig von Ihnen und der Firma (inkl. Topmanagement) gelebt. ☐

4. Sie sind in der Lage, dieses Wertegerüst (Ihr persönliches und das der Firma) in alltäglichen Führungssituationen (1:1, 1:10, 1:1000; vgl. Kapitel 3) überzeugend, glaubwürdig und nachhaltig (d.h. konsistent und kontinuierlich) vorzuleben. ☐

5. Wenn Sie Punkt 4 nicht »zu 100 Prozent« bejahen können: Sie sind bereit / Es ist realistisch, diese Diskrepanz von Werte-Statements und täglichem Handeln abzubauen. ☐

6. Wenn sich die Diskrepanz nicht abbauen lässt, dann sind Sie bereit, die Konsequenzen zu ziehen und zu gehen oder den Preis des Kompromisses zu zahlen. ☐

Bilanz der Unternehmenswerte

1. Wenn Sie einen Ihrer Mitarbeiter nach den Werten Ihres Unternehmens fragen würden, könnte er diese nennen. ☐

2. Bei Neueinstellungen wird darauf geachtet, dass der Mitarbeiter die Unternehmenswerte teilt. ☐

3. Im Alltag werden Werteverstöße und Wertekonflikte offen angesprochen. ☐

4. Eklatante Werteverstöße haben Konsequenzen – auf allen Ebenen! ☐

5. Investitionen, Geschäftspartner und Kunden passen zu den Unternehmenswerten. ☐

6. Compliance wird nicht auf juristische Haftungsfragen reduziert, sondern als Konsens über korrektes Verhalten gelebt. ☐

7. Entsendete Manager werden auf Wertekonflikte im multinationalen Business vorbereitet. ☐

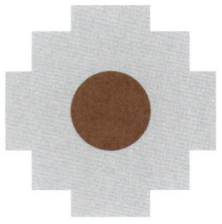

INCA-IMPULS

- **Klare Werte, die entschlossen vorgelebt werden, machen stärker, nicht schwächer.**

- **Wer sich »über dem Gesetz« wähnt, bereitet in Wahrheit schon seinen eigenen Untergang vor.**

»Verblüfft haben mich zwei CEOs, die einen schwierigen
Abgang aus ihrer alten Firma hatten und dann in der neuen
Firma ein Konkurrenzprodukt aufbauten, einfach aus
Rache. Diese ›Ich zeig's euch‹- Momente haben gigantische
Investitionen getrieben.«

TOPMANAGER, UNS BEKANNT

5 Die wahren Gegner bekämpfen – oder Nebenkriegsschauplätze eröffnen?

Wer sich unbesiegbar wähnt, trifft die falschen Entscheidungen und führt womöglich seinen eigenen Untergang herbei. Dafür gibt es kaum ein eindrücklicheres Beispiel als das Schicksal der Incas. Besonders groß ist die Gefahr, wenn sich die Spielregeln ändern: in Zeiten der Disruption, wie wir heute sagen würden. Am 16. November 1532 treffen in den Bergen bei Cajamarca zwei Welten aufeinander: Der spanische Konquistador Francisco Pizzaro stößt mit nur 180 Soldaten und 27 Reitern auf das vielfach überlegene Heer der Incas. Auf 12 000 Mann schätzten Chronisten die Zahl der Inca-Krieger, und doch gehen die Spanier aus dieser Konfrontation als Sieger hervor. Die Geschichte der Incas fasziniert bis heute nicht zuletzt durch ihr tragisches Ende: Eine Dynastie, die binnen weniger Jahrzehnte ein riesiges Imperium schuf, wird am Ende von einem Haufen Abenteurern besiegt? Das ist nur ein kleiner Teil der Wahrheit. Zum Verhängnis wird dem herrschenden Inca Atahualpa zum einen der Glaube an die eigene Unbesiegbarkeit. Diese Überzeugung ist so stark, dass die Incas den Spaniern völlig unbewaffnet gegenübertreten. Der Inca-König ist sich sicher, seine gottgleiche Erscheinung werde die Fremden beeindrucken. Doch als er eine Bibel, die man ihm überreicht, ratlos prüft und zu Boden schleudert, eröffnen die Spanier das Feuer. Atahualpa wird gefangen genommen und ein knappes Jahr später hingerichtet. Auch nach dieser verheerenden Schlacht wäre vielleicht noch ein Umschwung möglich gewesen – wären die Incas nicht durch einen blutigen Bruderkrieg um die Herrschaft geschwächt gewesen. Seit 1527 rangen Atahualpa und sein Halbbruder Huáscar um die Herrschaft, die ihr Vater Huayna Cápac unter beiden aufgeteilt hatte. Ergebnis war ein Bürgerkrieg, der das ganze Reich entzweite, zahllose Tote forderte und Aufstände begünstigte. Noch heute heißt ein See in Peru nach einer der vielen Schlachten zum Ende des Reiches Yaguar Cocha (»Blutsee«). Viele ethnische Gruppen verbündeten sich mit den Spaniern, in der Hoffnung, so die Inca-Herrschaft abzuschütteln, und die Spanier wussten dies klug zu nutzen. Schließlich rafften auch eingeschleppte Seuchen wie Pocken, Grippe und Masern Tausende der Indios dahin und beschleunigten den Untergang.[1]

Für den Inca-König Atahualpa war völlig klar, dass die Neuankömmlinge nach seinen Regeln spielen würden. Ein Irrtum, der an den CEO eines Großunternehmens erinnert, der einem Start-up-Gründer nach einer überzeugenden Präsentation der Geschäftsidee etwas gönnerhaft »Viel Glück!« wünschte. Darauf überlegte der Youngster einen Moment, blickte dann auf und erwiderte gelassen: »Das wünsche ich Ihnen auch!« Wohl selten hat ein Topmanager so entgeistert geschaut.

In der Wirtschaftsgeschichte gibt es zahlreiche Beispiele, wie allzu siegesgewisse und erfolgsverwöhnte Unternehmen in Bedrängnis geraten. Die Geschichte von Nokia haben wir im Einleitungskapitel erzählt. Nicht viel besser erging es der deutschen Hi-Fi-Industrie von Braun über Dual bis Grundig bei Erstarken der unterschätzten fernöstlichen Konkurrenz, den Herstellern mechanischer Uhren bei Aufkommen der Digitaluhr oder der Musikindustrie, die sehr lange brauchte, um zu verstehen, dass fast nur noch ältere Herrschaften CDs kaufen.

Wenn die Zeiten schwierig sind, muss man alle Kräfte bündeln, um sich am Markt zu behaupten. Umso verheerender ist es, wenn ein Unternehmen sich gerade dann in internen Machtkämpfen und auf Nebenkriegsschauplätzen verzettelt, statt Wettbewerbern die Stirn zu bieten. Wären die Incas den Spaniern mit der gleichen Entschlossenheit entgegengetreten wie in den Jahrzehnten zuvor ihren Nachbarvölkern, müsste die Geschichte Lateinamerikas vielleicht neu geschrieben werden. Es gibt viele Gründe, warum die Incas die europäischen Eindringlinge nicht konsequent bekämpften: der Schock, den als Gott verehrten Herrscher im Handstreich gefangen genommen zu sehen, unbekannte Waffen wie Kanonen und Schusswaffen, fremde, furchterregende Tiere wie Pferde und Bluthunde.[2] Und nicht zuletzt die Herausforderung, in einer bis dato abgeschotteten Welt erstmals mit einer völlig anderen Kultur konfrontiert zu sein. Da sind die Rahmenbedingungen im modernen Wirtschaftskrieg – pardon: Wettbewerb – erheblich freundlicher. Möglicherweise macht gerade das manchmal zu sorglos. Wie unbeweglich, wie stark mit sich selbst beschäftigt ist man in vielen Unternehmen? Wie oft werden Nebenkriegsschauplätze eröffnet, statt sich auf die wirklich wichtigen Fragen und die wahren »Gegner« zu konzentrieren? Was sind die Ursachen, wo sind die Auswege?

Wenn Alphatiere aufeinanderprallen

Was, würden Sie sagen, braucht jemand *unbedingt*, der in einem Unternehmen oder einer anderen Organisation (NGO, politische Partei, Bürgerinitiative, moderne Behörde …) ganz nach oben kommen will? Intelligenz? Kreativität? Rhetorisches Geschick? Vielleicht schütteln Sie gerade den Kopf, und das zu Recht. All diese Eigenschaften nützen wenig, wenn eine andere fehlt: Durchsetzungsvermögen. Nach oben wird man nicht von einer warmen Welle gespült. Man muss sich gegen Mitbewerber behaupten, entschlossen auftreten, gelegentlich auch die Ellbogen ausfahren. Man darf sich nicht schlaflos im Bett wälzen, weil ein unterlegener Konkurrent vielleicht gerade seinen Kummer in der nächsten Bar ertränkt. Wenn aber Karriere eine Selektion der Durchsetzungsfähigsten und Robustesten ist, treffen auf den Teppichetagen der Unternehmen zwangsläufig die Alphatiere aufeinander – siegesgewohnte und erfolgsorientierte Macher. Das erklärt manchen Konflikt und seine scheinbar lächerlichen Ursachen. Eine unserer Gesprächspartnerinnen erinnerte sich an ein frappierendes Beispiel.

Prof. Dr. Iris Löw-Friedrich, *Topmanagerin und Multi-Aufsichtsrätin:*
»In einer meiner früheren Funktionen forschte das Unternehmen zu einem verbreiteten Krankheitsbild. In solchen Fällen gibt es in den USA immer große Galas, um Spenden zu sammeln. Wir waren in einer Partnerschaft mit einem anderen Unternehmen, und die beiden

CEOs saßen bei diesem sozialen Event an einem Tisch. Die Vorsitzende einer Patientenorganisation sprach einleitend ein paar Dankesworte. Zu Beginn ihrer Rede nannte sie nach Meinung einiger Vorstände den ›falschen‹ CEO zuerst, nämlich den des Partnerunternehmens. Das ruinierte nicht nur den Abend, sondern auch die geschäftliche Zusammenarbeit. Die persönliche Ebene stimmte danach nicht mehr, und das nur wegen einer arglosen Begrüßungsrede, die leider auf übergroße Egos traf. Es war ein Rieseneklat ohne triftigen Grund.«

Falls Sie das merkwürdig finden, parken Sie Ihr Auto doch ein-, zweimal »aus Versehen« auf dem CEO-Parkplatz und warten Sie ab, was passiert. Steve Jobs soll einen Manager postwendend gefeuert haben, weil der es wagte, auf einer Flipchart-Skizze von Jobs einen kleinen Zusatz anzubringen. Und wir wissen von einer Chef-Sekretärin, die beinahe ihren Job verloren hätte, weil sie dem neuen Vorgesetzten einen Joghurt im Plastikbecher servierte, statt diesen vorher in ein Glasschälchen umzufüllen.

Solche Vorfälle verdeutlichen, dass viele Eigenschaften, die beim Aufstieg nützlich sind – etwa ein starkes Selbstbewusstsein und eine gewisse Härte – ins Zerstörerische umschlagen können. Der Mediziner und Psychotherapeut Gerhard Dammann widmet sich in einem viel beachteten Fachbuch den »Narzissten, Egomanen, Psychopathen in der Führungsetage«. Als narzisstische Eigenschaften, die sich günstig auf die Karriere auswirken, nennt Dammann unter anderem:

- »übersteigertes Selbstwertgefühl«
- »Tendenz, sich zu überschätzen«
- »suchtartiges Arbeitsverhalten«
- »Fähigkeit, andere zu lenken, zu beeinflussen oder zu manipulieren«
- »Gefühlskälte, Mangel an Empathie«
- »Risikofreudigkeit«[3]

Von hier ist es nur noch ein kleiner Schritt zum pathologischen Narzissmus, den für Dammann z.B. das Gefühl, auch ohne besondere Leistung »etwas Besonderes« zu sein, ständige Fantasien von Erfolg und Macht sowie die Instrumentalisierung zwischenmenschlicher Beziehungen kennzeichnen.[4] Wo verläuft die Grenze zwischen einem

»starken Selbstbewusstsein« und einem überzogenen Glauben an die eigene Großartigkeit? Und wie stark verschiebt sich diese Grenze möglicherweise durch eine Serie von Erfolgen? Kippt »gesunder« Narzissmus ins Extreme, werden Misserfolge als persönliche Kränkungen empfunden, die nach Rache schreien. Das kann dann schon mal fragwürdige Millioneninvestitionen zur Folge haben, siehe das Eingangszitat. Oder uns das Gruseln lehren, wenn ein Mensch dieses Schlages an die Macht kommt und sogar US-Präsident wird.

Bürowahnsinn: Die Mauer muss weg!

In einem Verlag waren die beiden gleichberechtigten Geschäftsführer so zerstritten, dass sie sich vollkommen gegeneinander abschotteten. Man sprach nicht mehr miteinander, kam nur noch auf der monatlichen Geschäftsleitungssitzung zusammen. Ansonsten lief die gesamte Kommunikation über Mitarbeiter. Dann griff man zum Äußersten: Man baute eine Mauer! Ja, der Gang zwischen den (Herrschafts-)Bereichen der Herren wurde zugemauert. Es gab nur noch Zugänge aus dem Stockwerk darunter. Selbst die gemeinsame Dachterrasse musste geteilt werden. Die beiden Vorzimmerdamen ließen sich von der Fehde ihrer Chefs anstecken und pflegten ebenfalls eine innige Feindschaft. Über die Jahre war mitten im Unternehmen und mittlerweile auch in den Köpfen der Mitarbeiter eine echte Demarkationslinie entstanden. Der neue Geschäftsführer und alleinige Nachfolger der beiden (wir kennen ihn persönlich) berichtete uns von seiner ersten Aktion: Die Mauer muss weg!

Wer den Kopf schüttelt, wie zwei machtorientierte Inca-Brüder einen Bürgerkrieg anzetteln und ein ganzes Reich verspielen können, muss angesichts solcher Beispiele einräumen: Unsere psychische Grundkonstitution ist noch dieselbe wie vor 500 Jahren. Konflikte in der Top-Ebene eines Unternehmens sind eben deswegen wahrscheinlich, weil hier die Kämpfernaturen mit Führungsanspruch versammelt sind. Ob diese Konflikte überwiegend konstruktiv (zum Wohle des Unternehmens) oder destruktiv (ohne Rücksicht auf Verluste) ausgetragen werden, hängt davon ab, ob man die richtigen Leute befördert hat oder Persönlichkeiten, deren Machthunger alles andere überstrahlt – Menschen mit viel Ehrgeiz und ohne Werte, um Jack Welchs Matrix aufzugreifen (vgl. Kapitel 2 »Prognose statt Potenzial«). Dabei rechtfertigt auch ein anfänglicher Erfolg rücksichtsloser Charaktere nicht deren Mittel: Irgendwann kommt der Moment, in dem Kurskorrekturen erforderlich werden. Und genau dann ist niemand mehr da, der dem Machtmenschen noch etwas entgegensetzt. Auch Aufsichtsräte haben sich in der Vergangenheit in solchen Fällen oft durch erstaunliche Zurückhaltung desavouiert.

Wenn Patriarchen zukunftsblind agieren

In »Harmonie und Eintracht« sollten seine acht Kinder aus drei Ehen das familieneigene Unternehmen führen, verfügte Rudolf-August Oetker, bevor er 2007 starb. Gut möglich, dass Atahualpa den beiden als Nachfolger auserwählten Söhnen Ähnliches mit auf den Weg gab. Bei Oetker, mit über 12 Milliarden Jahresumsatz eines der größten familiengeführten Unternehmen in Deutschland, war das Konfliktpotenzial schon durch die Zahl der Kinder mehrfach größer. Und so hielt und hält der Streit der Firmenerben die Presse in Atem, sogar über eine Zerschlagung des Konzerns wurde spekuliert.[5]

»Geschwistergesellschaften bergen das höchste Streitpotenzial. Gibt es Nachkommen aus mehreren Ehen, sind die Konflikte oft noch größer«, sagt Peter May, Experte für Familienunternehmen. Er führt dies auf Animositäten der Älteren gegenüber den Sprösslingen der Frau zurück, die die eigene Mutter verdrängte.[6] Auch in anderer Hinsicht ist die Geschichte der Oetkers prototypisch: Fast zwei Drittel aller Familienunternehmen scheitern zwischen der dritten und der vierten Generation[7] – scheitern im Sinne von Nicht-Weiterführung durch die Familie, Insolvenz, Verkauf oder Teilverkauf. Bei den Oetkers bekriegt sich gerade die dritte Generation, allem voran Beiratschef August Oetker (72) und sein jüngster Bruder Carl-Friedrich Oetker (43). Die Liste der Beispiele, in denen sich Bruder und Bruder, Vater und Sohn, Mutter und Tochter, Onkel und Neffen, Bruder und Schwägerin so erbittert bekämpf(t)en, dass die Unternehmen ernsthaft Schaden nehmen könnten, lässt sich verlängern. Es sind große Namen darunter: Adidas / Puma, Aldi Nord, Bahlsen, Fischer Dübel, Gaffel-Kölsch, Tönnies Lebensmittel.

Oft schwelen Flügel- und Clan-Kämpfe schon länger, bevor sie offen ausbrechen. Die Ursachen sind fast immer die gleichen: Da ist der Patriarch, der das Unternehmen sehr lange – und oft auch sehr erfolgreich – führt und lange zögert abzutreten. Die Firma ist Lebensinhalt und der Abschied fällt schwer. Da ist die Nachfolge, die unzureichend geregelt wird und damit Streit vorprogrammiert. Ein Versäumnis aus nachvollziehbaren Gründen, denn die eigene Endlichkeit wird gern verdrängt. Nur sind die Folgen schwerwiegender, wenn es nicht um ein Häuschen im Grünen und ein paar Wertgegenstände geht, sondern um ein Unternehmen mit Tausenden Mitarbeitern.

Hinzu kommt, dass unter einem starken Patriarchen sehr selten ein starkes und souveränes Management entsteht. Das Kontrollbedürfnis und die Angst, dass Familienfremde etwas falsch machen könnten, sind zu groß. Das kann sehr lange gut gehen, nur lehren Lebenserfahrung und Wirtschaftsgeschichte, dass kein Erfolg ewig währt. Dann wird Hartnäckigkeit zu Starrsinn, mangelnde Vorausschau zur existenziellen Bedrohung und Kontinuität zu Unbeweglichkeit. Die wirklich wichtigen Themen wie die Weiterentwicklung des Unternehmens, Transformation und Change sind bei langjähriger, oft jahrzehntelanger Führung durch eine Person nicht selten vernachlässigt worden. Ist dann die Erbengeneration mit internen Auseinandersetzungen befasst, erholt sich die Organisation womöglich nicht mehr davon. Begehrlichkeiten im Rahmen des Familienvermögens und das Fehlen einer adäquaten Streit- und Diskussionskultur können den Untergang besiegeln. Stabile Umsätze und imponierende Unternehmenszahlen besagen in einer volatilen, komplexen und schnelllebigen Wirtschaftswelt wenig, wiegen manchen Firmenerben jedoch in falsche Sicherheit – ganz so wie den Inca-Herrscher, der sich auf die imposante Zahl seiner Krieger verließ.

Und der Ausweg? Es gibt naheliegende Vorsichtsmaßnahmen: rechtzeitige Nachfolgeregelungen (wenn der aktuelle Chef die 50 überschreitet, wird es Zeit), eine solide Streitkultur (Konflikte ansprechen statt schwelen lassen) und die Bereitschaft, externe Berater, Mediatoren und Experten einzubeziehen, wenn man allein nicht weiterkommt. Ganz pragmatische Vorsorge eben, statt sich zukunftsblind im Tagesgeschäft zu verschanzen.

Schwieriger ist es, von außen den Zeitpunkt zu sehen, an dem die aktuelle Praxis eines Patriarchen (oder langjährigen Managers) nicht mehr zukunftsweisend ist. Wann hätte man die Warnsignale wahrnehmen müssen, lautet später oft die Frage. Leider lässt sie sich nicht verbindlich beantworten. Klüger ist man oft erst hinterher. Was hilft, ist das Bewusstsein, sich durch momentane Erfolge nicht zu sehr blenden zu lassen. Es ist verführerisch, in Erfolgsphasen nicht mehr so genau hinzuschauen. Wer kennt das nicht selbst, ob als junger Abteilungsleiter oder als Bereichsvorstand: Wenn »die Zahlen stimmen«, hat man erst mal den Rücken frei und bekommt schneller (manchmal vorschnell) Zustimmung bei Entscheidungen und Investitionen. Das gilt erst recht für die Top-Ebene: Wer wollte die Führung der Deutschen Bank kritisieren, solange das Investmentbanking Milliarden in die Kasse spielte, wer Anton Schlecker, solange seine Kette noch erfolgreich expandierte?

Ein souveräner Patriarch wie auch ein souveräner Manager indes sollten Diskussionen nicht ersticken, sondern fördern. Beide sollten sich mit Leuten umgeben, die eine gewisse Distanz, einen positiv-kritischen Blick bewahren. Das gilt im Übrigen auch für die Beziehung zwischen Management und Board, CEO und Aufsichtsratsvorsitzenden. Wenn sich beide sehr gut verstehen, gleich ticken, ähnliche Wertvorstellungen haben, dann hat das einen großen Wert für das Unternehmen, birgt aber auch ein erhebliches Risiko. Denn wer will schon diesen beiden, den höchsten Entscheidungsträgern im Unternehmen widersprechen? Gut, wenn das Bekenntnis zum Querdenkertum im eigenen Unternehmen dann tatsächlich ernst gemeint ist! Mehr dazu, wie man sich nützliche Korrektive schafft, lesen Sie im Kapitel 8 (»Ego schlägt Sache«).

Wenn der Fehler im System liegt

Der »wahre Gegner« eines Unternehmens ist in unserem Verständnis die Konkurrenz. Vielleicht hadern Sie mit dem Begriff der »Gegnerschaft«. Doch jenseits aller BWL-Euphemismen (»Marktbegleiter«, »Mitbewerber«, »Wettbewerber«) geht es im Kern darum, besser, schneller, erfolgreicher zu sein als andere, um Marktanteile zu sichern oder zu erobern. Was nicht unmittelbar oder mittelbar diesem Ziel dient, sondern ein Unternehmen daran hindert, seine Kunden zuverlässig zufriedenzustellen, ist ein Nebenkriegsschauplatz.

Solchen Ablenkungsfaktoren sollte man mit Argwohn begegnen. Dazu zählen auch die üblichen Abteilungsrivalitäten »Marketing gegen Vertrieb«, »Vertrieb gegen F&E«, »Zentrale gegen Niederlassung« usw. Natürlich gibt es sachlogisch bedingte Interessenkonflikte, die nicht völlig auszuräumen sind. Die Entwicklungsabteilung will meistens mehr Zeit, mehr Testreihen, der Vertrieb will in der Regel schnelle Ergebnisse und dergleichen. Die Schlüsselfrage ist jedoch, ob die Unternehmenskultur eine offene Kommunikation und transparente Lösung solcher Konflikte fördert oder ob sie das nicht zulässt und den taktisch Geschicktesten bzw. denen mit dem »besten Draht nach oben« das Feld überlässt. Am verheerendsten sind Kulturen, die der Maxime des »Teile und herrsche« folgen, in der irrigen Erwartung, auch interne Konkurrenz belebe das Geschäft. In solchen Kulturen blühen auf Dauer genau die Falschen auf, die mit Ehrgeiz und ohne Werte, um noch einmal Jack Welch zu bemühen. Wer eine Alternative hat, geht; wer bleiben »muss«, duckt sich weg und bleibt unter seinen Möglichkeiten. Angst war noch nie ein guter Motivator.

Ein Gradmesser dafür, wie es um die Kultur eines Unternehmens steht, ist, wer dort Karriere macht und aufsteigt. Welches Verhalten wird tatsächlich belohnt? Geschmeidige Anpassungsfähigkeit oder verantwortungsbewusste Klarheit, brachiale Dominanz oder die Fähigkeit zum Dialog, vordergründige Geschäftigkeit oder echte Leistungsorientierung? Welche unterschwelligen Incentives gelten im Unternehmen?

Neben kulturellen »Fehlsteuerungen« von Verhaltensweisen, die den eigentlichen Unternehmenszielen zuwiderlaufen, können auch strukturelle Bedingungen Nebenkriegsschauplätze begünstigen. Gerade Großorganisationen scheinen dazu prädestiniert, organisatorische Wasserköpfe zu fördern.

Von Abteilungen, die wachsen wie Pilze im warmen Regen

Ich (Andreas Krebs) erinnere mich noch sehr gut, wie erstaunt ich war, als ein Mitarbeiter mir als neuem Konzernvorstand berichtete, sein Strategie-Papier sei »im Prinzip« fertig, müsse aber noch durch die Abteilung »Strategische Evaluation«. Von einer solchen Abteilung hatte ich noch nie gehört. Offenbar hatte es jemand für eine gute Idee gehalten, wichtige Konzepte durch Dritte prüfen zu lassen – ein durchaus plausibler Gedanke. Allerdings war aus einer Drei-Leute-Crew »Internes Consulting« inzwischen eine Abteilung mit 120 Mitarbeitern geworden, in der emsig alles Mögliche geprüft wurde.

Ein ähnlicher Fall: eine 60-Mann-starke interne SAP-Abteilung, die individuelle Zusatzanwendungen für die verschiedenen Konzernbereiche programmierte. Auch diese Abteilung hatte einmal klein angefangen. Als sich herumsprach, dass man die Standardsoftware nach eigenen Wünschen optimieren lassen konnte, wurde die Abteilung von Anfragen überschwemmt und wuchs und wuchs. Das endete abrupt, als die »dringend erforderlichen« Optimierungen über das jeweilige Abteilungsbudget abzurechnen waren.

Einige der Leser sind sicher (ebenfalls) Meister in Sachen »Verteilungsschlüssel« und im Weiterbelasten anderer Kostenstellen. Es gibt Unternehmen, in denen 20 Prozent der Kosten zwischen Unternehmensbereichen verschoben werden. Was für eine gigantische Zusatz-Bürokratie! Die Meister in dieser Disziplin schaffen es auch dadurch, die »effizientesten« Abteilungen zu leiten. Es fällt gar nicht so leicht, diese Sätze zu schreiben, auch ich war als junger Manager nicht zimperlich in dieser Disziplin …

Salopp gesagt: Was da ist, wird auch genutzt. Das ist heute nicht anders als in den Fünfzigerjahren, als Cyril Northcote Parkinson sein berühmtes Gesetz formulierte: »Arbeit dehnt sich in genau dem Maß aus, wie Zeit für ihre Erledigung zur Verfügung steht.« Das gilt erst recht, wenn es den (für manche Menschen) angenehmen Nebeneffekt hat, einen Teil der Verantwortung auf andere Schultern abzuwälzen. Hat die Abteilung »Strategische Evaluation« das Papier durchgewinkt, kann sich der eigentliche Urheber entspannen, Denkfehler gehen nicht mehr allein auf sein Konto.

Besonders anfällig für pilzähnliches Wachstum sind Stabsstellen. Um nicht missverstanden zu werden: Viele der Experten in Rechts- und IT-Abteilungen, Marktforschung, Unternehmensplanung oder Controlling leisten hervorragende Arbeit. Ungut ist es nur, wenn aus Dienstleistungsangeboten unreflektierte Ansprüche erwachsen. Beispiel: Ein Produktmanager beantragt ein sechsstelliges Budget für eine Marktforschungsstudie, um die Zielgruppe seines Produktes »besser kennenzulernen«. Andreas Krebs empfiehlt jedem Produktmanager, stattdessen erst einmal ein paar Tage mit dem Außendienst zu reisen. Danach ist die Studie meist überflüssig.

Ein anderes Beispiel, das wir erlebt haben: Der neue CEO eines DAX-Unternehmens stellt zwei persönliche Controller ein. Bald darauf meldet der für Marketing und Verkauf zuständige Vorstand ebenfalls Bedarf an, schließlich hat auch er »viele Zahlen«. Das wollen die übrigen Vorstände nicht auf sich sitzen lassen und argumentieren ebenfalls für einen eigenen Stab. Am Ende gibt es ein Dutzend Controller, die natürlich alle fleißig Analysen erstellen, für die sie Zahlen anfordern, was andere Mitarbeiter Zeit kostet und vom operativen Geschäft abhält. Anschließend werden Papiere versendet, zu denen es wiederum Rückfragen und Ergänzungen gibt. Es dauert nicht lange, und jeder Controller braucht dringend einen Assistenten – siehe Parkinson. Und ob diese ganzen Controller an den Obercontroller berichten sollen oder doch an den jeweiligen Bereichsmanager, und das mit »dotted« oder »solid Line« (in fachlicher und / oder disziplinarischer Berichtslinie), da muss dann wiederum Human Resources gefragt werden. Wettbewerber des Unternehmens können sich über so viel Beschäftigung mit sich selber nur freuen!

Neben wuchernden Abteilungen ist es die Unternehmensbürokratie, die Prozesse verlangsamt, Geld und Zeit verschlingt und von Wichtigerem abhält. Das kann absurde Blüten treiben, etwa wenn jede Büromaterialbestellung von sieben Instanzen genehmigt werden muss. Die Bestellung eines einzigen Bleistifts könne das Unternehmen auf diese Weise schon einmal 90 Euro kosten, errechnete ein Unternehmensberater.[8] »Ist dies schon Wahnsinn, so hat es doch Methode«, um mit Shakespeare zu sprechen. Auch wenn Bürokratie heute schon fast ein Schimpfwort ist, bleibt der ursprüngliche Gedanke einer rationalen, Regeln folgenden, Kompetenzen eindeutig klärenden Ordnung[9] ja richtig. Pervertiert wird dieser Ansatz, wenn kleinteilige Regelungen entmündigen und sinnlose Vorschriften unnötig Zeit kosten. Bürokratie steht und fällt also mit der Güte der Regeln, auf denen sie basiert. Je mehr Regeln, desto mehr Bürokratie (und je länger sich jemand im betreffenden Apparat aufhält, desto weniger fällt ihm das auf). Es soll Unternehmen geben, in denen die Kontrolle der Reisekostenabrechnungen fast so viel Geld verschlingt wie die Reisen selbst. Das verdeutlicht: Ein überbordender Regelapparat ist Ausdruck einer Misstrauenskultur. Die Anschaffung eines neuen Laptops oder Kopiergeräts mag mehrere Unterschriften rechtfertigen. Aber muss für Büromaterial im Wert weniger Euro dasselbe gelten? Rechnet sich die Extra-Abrechnung für Privattelefonate wirklich?

Überdies besteht ein fataler Zusammenhang zwischen überbordender Bürokratie und schrumpfendem Verantwortungsgefühl. Wenn es für alles Regeln gibt, lebt es sich am besten, wenn man das eigene Denken einstellt. Kommt es durch den so erzeugten Mangel an Eigenverantwortung zu Versäumnissen, reagiert ein bürokratisches System auf die einzige Art und Weise, die es kennt – mit noch mehr Regeln. So entsteht ein Teufelskreis, der Unternehmen lähmt und von wirklich wichtigen Aufgaben abhält. In einer Vertrauenskultur dagegen erübrigen sich kleinteilige Kontrollmechanismen und der Bereich selbstverantwortlichen Handelns ist größer. Knapp gesagt: Wer Eigenverantwortung will, muss Selbstständigkeit zulassen, und dafür braucht es Vertrauen. Das gilt im Übrigen auch für Unternehmenszentralen, die Niederlassungen mitunter mit mehr Anfragen und Kontrollen beschäftigt halten, als dem Unternehmenserfolg wirklich guttut. Und ja, es gibt schwarze Schafe, die Vertrauen missbrauchen, aber die lassen sich auch durch Regeln nicht abschrecken. Wollen Sie 99 Mitarbeiter einengen, weil möglicherweise einer den Freiraum missbraucht?

Ein weiterer Systemfehler sind ungeklärte Verantwortungsbereiche und Weisungsbefugnisse. Klare Verantwortlichkeiten bieten einen Rahmen, innerhalb dessen sich Eigenverantwortung entfalten kann. Wo es keine formellen Strukturen gibt, bilden sich informelle; wo die »Macht« nicht offiziell geklärt ist, etabliert sich über kurz oder lang eine inoffizielle Hackordnung. Beides ist konfliktträchtig und verschlingt viel Zeit, die dafür verwendet wird, sich richtig zu positionieren, statt die gemeinsame Sache nach vorn zu bringen. Bei Unternehmen und im Management kann man sich das vorstellen, meist kennt man das aus der eigenen Firma: Machtkämpfe, die viel Energie kosten, keinerlei Wert bringen, das Unternehmen lähmen und die Konkurrenz stärker machen. Aber bei NGOs? In Kirchen und gemeinnützigen Organisationen? Sogar in Friedensinstituten? Leider ist das Gerangel um Macht und Status auch dort alltäglich, wie uns unsere Gesprächspartner berichteten. Es scheint fast so, als ob die »gute Sache« moralische Absolution erteilt.

All das spricht dafür, Hierarchien, Leitplanken und Zuständigkeiten eindeutig zu klären, um Statuskämpfen soweit als möglich den Boden zu entziehen. Und all das erklärt auch die Problematik von Matrixorganisationen, die nicht nur einen hohen Abstimmungsbedarf erfordern, sondern auch Verteilungskonflikte provozieren und jene »Unternehmensbewohner« begünstigen, die gern hinter vermeintlicher »Überlastung« durch Nachbarabteilungen abtauchen.

Wie man sechs Jahre bezahlten Urlaub machen kann

Im Frühjahr 2016 berichtete zuerst die BBC. Dann ließ kaum eine Zeitung das Thema aus: Ein spanischer Beamter erschien sechs Jahre lang nicht zur Arbeit, ohne dass es irgendjemandem auffiel. Erst als Joaquim G. eine Auszeichnung für »20 Jahre treue Dienste« verliehen werden sollte (!), kam heraus, dass er nur »ab und an« im Büro vorbeigeschaut hatte. Die meiste Zeit verbrachte er zu Hause mit dem Lesen philosophischer Schriften. Diogenes wäre begeistert gewesen! Eigentlich sollte der Beamte den Bau einer Kläranlage überwachen. Des Rätsels Lösung waren ungeklärte Zuständigkeiten. Die Wasserwerke nahmen an, Joaquim G. sei der Kommune unterstellt; die Kommune dachte, er unterstehe den Wasserwerken.[10]

Wenn Risiken unterschätzt werden

Wer sich mit den wirklich wichtigen Herausforderungen einer Organisation beschäftigt, kommt um das Thema Risikomanagement und insbesondere um Risikoprävention nicht herum. Es gibt sehr gute Literatur zu diesem Instrument der Unternehmensführung. Dennoch wird es oft vernachlässigt, oft nur zweimal im Jahr in einem Prüfungsausschuss abgehandelt und selten ausführlich durch die Top-Ebene des Unternehmens begleitet. Ebenso selten wird es wirklich systematisch und professionell gehandhabt. Klar – Risiken lauern überall, und es macht auch wenig Freude, sich fortwährend mit Untergangsszenarien zu befassen. Doch viele Unternehmen sind genau deshalb untergegangen. Sie haben sich zu wenig mit präventivem Handeln in Bezug auf ihre Risiken beschäftigt, waren im Fall des Risiko-Eintrittes nicht vorbereitet, hatten keine Handlungsszenarien für den »Fall der Fälle« durchgespielt, und zwar nicht nur im Hinblick auf Konkurrenz und Wettbewerbssituation, sondern auch mit Blick auf neue Gesetzeslagen, Naturkatastrophen oder mögliche Hacker-Angriffe und Sabotageakte.

Risikomanagement ist daher ein wichtiger und elementarer Teil guter Unternehmensführung. Es genügt nicht, nur die Lehrbuch-Stichworte wie »Risikovermeidung«, »Risikominderung«, »Risikosammlung«, »Risikoanalyse«, »Risikoüberwachung« usw. pflichtschuldig abzuarbeiten. Das Thema beginnt woanders – bei der Risikowahrnehmung und der dazugehörigen Risikopsychologie. Oft sind die Fachleute, die sich laut Jobprofil mit Risikomanagement beschäftigen sollen, hochgradig rational denkende Menschen, was für den Prozess auch gut ist. Der Nachteil: Die Soft Factors und »weichen« Risiken werden in vielen Fällen vernachlässigt, weil sie einfach schwieriger zu erfassen und insbesondere schwerer zu quantifizieren sind.

Hinzu kommt, dass wir gern glauben, alles oder zumindest das meiste richtig zu machen: Die Strategie steht, die operative Umsetzung läuft, Fehler werden korrigiert. Und die Wettbewerber kennen wir auch. Im Austausch mit unseren Gesprächspartnern wurde beispielsweise deutlich, dass viele von uns das Innovationsrisiko nicht wirklich im Blick haben. Wir sind stolz auf unsere Produkte und Kunden. Dass sich das Blatt einmal wenden könnte (wie etwa bei Nokia), liegt außerhalb unserer Vorstellungskraft. Dabei sind auch Innovationsrisiken nicht immer schleichende Risiken durch langsam veraltende und nicht mehr konkurrenzfähige Produkte. Apple kam für Nokia eher wie ein Blitzschlag.

Bis vor Kurzem sprach man in Anlehnung an eine englische Redewendung von einem »schwarzen Schwan«, wenn das gänzlich Unwahrscheinliche plötzlich doch eintrat. Heute diskutieren wir über die VUCA-Welt, d. h. über neue Risiken, die durch eine Umwelt entstehen, die durch »Volatility, Uncertainty, Complexitiy und Ambiguity« gekennzeichnet ist. Und bei all dem haben wir noch gar nicht über das gänzlich Unberechenbare geredet: kriminelles Verhalten von Mitarbeitern, Kunden und Geschäftspartnern, politische Rahmenbedingungen, die den Unternehmenserfolg gefährden, oder auch Elementarschäden. Egal, ob Sie in einer kleinen oder großen Organisation tätig sind, behalten Sie Ihre Warn-Antennen ausgefahren. Und wenn Sie es nicht selber tun: Stellen Sie sicher, dass jemand für Sie das »Undenkbare« denkt und Sie den Wandel der Welt um sich herum wahrnehmen – die (Mega-)Trends und auch die kleinen, sich langsam akkumulierenden Veränderungen, die erst offenbar werden, wenn es zum Umsteuern schon zu spät sein kann.

Eine ganz praktische Frage, die Sie sich sofort stellen können: Ist es denkbar, dass jemand, ein einziger Mitarbeiter oder eine kleine Gruppe, Ihre ganze Organisation zu Fall brächte? Manchmal kann dies der IT-Verantwortliche sein, der in vielen Mittelstandsfirmen und auch gemeinnützigen Organisationen als Einziger die Software und ihre inneren Verknüpfungen kennt und vielleicht die Programme selber geschrieben hat. Wenn er komplett ausfällt, ist die Katastrophe da. Das Gleiche gilt für entscheidende Wissensträger, die plötzlich nicht mehr da sind oder, schlimmer noch, bei der Konkurrenz. Unmöglich? Das dachten die Herren bei der Barings Bank vermutlich auch, bevor ihr Mitarbeiter Nick Leeson in Singapur 1,4 Milliarden US$ Verlust durch riskante Zins- und Indexspekulationen produzierte, die Bank nach über 200 Jahren erfolgreicher Historie in die Knie zwang und diese am Ende für einen symbolischen Euro von der ING übernommen wurde.

Solche Risiken sind keine Ausnahme: Ein mit uns gut befreundeter Aufsichtsrat stellte in den ersten Monaten seines neuen Mandates fest, dass ein Sachbearbeiter der Finanzabteilung und sein Gruppenleiter mit einer vollumfänglichen Bankvollmacht Zugriff auf die kompletten 600 Millionen Euro Barreserve eines größeren Familienunternehmens hatten. Nick Leeson lässt grüßen. Oder nehmen Sie die Target-Handelsgruppe, die einen kostengünstigen Software-Lieferanten engagiert hatte, dessen fehlerhafte Sicherheitssoftware einen überaus erfolgreichen Hackerangriff ermöglichte. Über 100 Millionen Kreditkarten- und Kundendaten, PINs, Kartenprüfcodes, Adressen und mehr wurden gestohlen. Zuerst musste der Chief Information Officer gehen, dann auch CEO Gregg Steinhafel und viele weitere Vorstände.

Noch eine kleine Anekdote zum Schluss. Paul Williams erinnert sich noch gut daran, wie er als junger Landesleiter in Neuseeland von einem erfahrenen Kollegen gefragt wurde, ob er jetzt, nach gut anderthalb Jahren im Job, alles im Griff habe? Paul überlegte kurz, lächelte stolz und antwortete selbstbewusst: »Ja, ich denke, ich habe jetzt alles unter Kontrolle! Da kann nichts passieren!« Drei Arbeitstage, quasi den Flügelschlag eines Schmetterlings in China später, und schon brach das Chaos los. Die Regierung hatte unerwartet neue Vorschriften mit unmittelbaren und sehr kritischen Folgen für Pauls Arbeitserfolg erlassen, und es war vorbei mit der vermeintlichen Kontrolle. Er schwor auf der Stelle, dass er nie wieder in seinem Leben sagen würde, er habe »alles im Griff«.

Das fokussierte Unternehmen

Wie viel Prozent Ihrer Zeit setzen Sie wirklich produktiv ein im Sinne von »nützlich für das Unternehmen«? Wenn Sie diese Frage auf verschiedenen Unternehmensebenen stellen, fallen die Antworten häufig erschreckend aus. Fast alle Führungskräfte und Mitarbeiter klagen über ausufernde Meetings, bürokratische Abläufe, Berichte und Protokolle, die keiner liest, mühsame Kommunikation, E-Mail-Schwemme und CC-Wahn, überflüssige Verlustgeschäfte und, und, und. Kurz: Alle beschweren sich über das, was sie gemeinsam selbst anrichten. Das ist das Wesen der Komplexität. Je größer ein Unternehmen, desto höher der Abstimmungsbedarf, desto komplizierter die Prozesse, desto länger die Entscheidungswege, desto mehr Vorschriften und Regeln. Neue Einheiten und Unternehmen müssen integriert werden, immer mehr

Produkte gemanagt werden. Es ist ein bisschen wie bei einem Haus, an das Jahr für Jahr ein Zimmer angebaut wird und dann noch eins und noch eins usw. Irgendwann findet man sich in einem unübersichtlichen Labyrinth wieder. Doch wer lange genug dabei ist, hält diesen Irrgarten für »ganz normal«.

Komplexitätswahnsinn: Wenn drei Länder eine Rechnung prüfen

Große Eurostocks-Namen, auch solche, die mit ihrer wertorientierten Managementphilosophie werben, scheitern häufig an einem simplen Verwaltungsakt: der pünktlichen Zahlung von Rechnungen. Auch wir werden oft erst nach 60, sogar 70 bis 100 Tagen bezahlt. Unser »schönstes« Telefonat: Die Vorstandssekretärin, uns wohlgesonnen und bemüht, meldet sich auf nochmaliges Anfragen (nach fast 70 Tagen überfälliger Zahlung) mit der freudigen Nachricht, jetzt wäre es bald so weit! Die Rechnung sei »schon« durch die erste Prüfung im (outgesourcten) Shared-Service-Center in Slowenien, wurde von einem anderen Shared-Service-Center in Rumänen sogar schon freigegeben, jetzt fehlt nur noch die Zahlungsanweisung. Die erfolgt in Hyderabad / Indien. Aber das könne nicht mehr lange dauern!

Bleibt die Frage, ob solche Strukturen wirklich Geld sparen, preist man den Zeitaufwand für Rückfragen und Missverständnisse mit ein.[11]

Es gibt eine einfache Frage, die Manager dazu zwingt, den Blick auf das Wesentliche zu richten: Stellen Sie sich vor, Sie würden morgen ein Management-Buy-out des eigenen Unternehmens machen – was würden Sie sofort ändern? Unsere Erfahrung ist: Wer sich auf diese Frage einlässt, hinterfragt Prozesse, die jeder für hanebüchen hält, aber keiner ändert, stellt Produktlinien infrage, die man eher aus Tradition denn aus wirtschaftlicher Vernunft mitschleppt, und verlegt Firmensitze, die wirtschaftlichem Denken krass widersprechen – sei es das überteuerte Büro in bester Pariser Stadtlage oder die alte, beengte Produktionsstätte aus den Sechzigerjahren.

Idealerweise pflegt ein Unternehmen eine Kultur der Eigenverantwortung und der Effizienz. Brauchen wir das wirklich? Wie können wir das einfacher lösen? Was tun wir nur, weil wir uns daran gewöhnt haben, aber nicht, weil es zielführend ist? All das sind Fragen, die es sich im Alltag regelmäßig zu stellen lohnt, auch diese: Dient XY tatsächlich unserem geschäftlichen Erfolg? Was bleibt übrig von einem Projekt, wenn man die imposanten PowerPoint-Folien dazu in klare Sprache übersetzt (und die Firma eine wirtschaftlich sinnvolle Verkleinerung des eigenen Bereiches nicht sofort durch eine niedrige Stellenbewertung abstraft)?

Wuchernde Komplexität lässt sich nicht allein durch gelegentliche Versuche der Prozessoptimierung eindämmen, sie erfordert eine effiziente Alltagskultur. Geben Sie die Aufgabe jungen (meist noch halbwegs unverdorbenen) Nachwuchs-Führungskräften oder einer Gruppe Ihrer High-Performer. Lassen Sie diese zwei bis drei Tage an einer neuen Organisation arbeiten, am Thema Management-Buy-out oder an einer Kosteneffizienz-Strategie. Organisieren Sie einen angemessenen und wertschätzenden Rahmen für die abschließende Präsentation. Die Ergebnisse sind meist verblüffend klar, oft direkt umsetzbar und weitgehend frei von politischen Hintergedanken, weil diese junge Truppe weniger zu verlieren hat. Alternativ können Sie das Szenario eines Management-Buy-outs einmal jährlich in einen Tagesworkshop im engsten Führungskreis durchspielen oder regelmäßige »Entrümpelungstage« auf allen Unternehmensebenen einrichten. Fredmund Malik bezeichnet solche Tage als »systematische Müllabfuhr« und formuliert dazu ebenfalls eine Leitfrage: »Was von all dem, was wir heute tun, würden wir nicht mehr neu beginnen, wenn wir es nicht schon täten?«[12] Die Formulierung lenkt den Blick bewusst in die Zukunft und verhindert so rückwärtsgewandte Rechtfertigungsdiskussionen.

Ein fokussiertes Unternehmen strebt danach, die definierten Ziele auf möglichst stringente und effiziente Weise zu erreichen. Generell wird das eine Verlagerung von Verantwortung nach »unten«, eine Reduktion der Entscheidungsinstanzen, den Abbau von bürokratischen Hemmnissen, vielleicht auch die Reduktion von Führungsebenen bedeuten. Je mehr Probleme dort gelöst werden, wo sie entstehen (und wo häufig auch das meiste Know-how zu ihrer Lösung vorhanden ist), umso besser. Denken Sie an den »Verantwortungssog«, von dem wir im dritten Kapitel berichteten: Durch das Übertragen ambitionierter Aufgaben an leitende Mitarbeiter, die dadurch ihrerseits Verantwortung an ihre Mitarbeiter abgeben mussten, stieß ein CEO eine Kaskade der Eigenverantwortung im Unternehmen an. Vom einzelnen Manager erfordert das mehr Mut zum Loslassen und die Schaffung eines Umfelds, in dem Fehler passieren dürfen. Leider ist das so ziemlich das Gegenteil der Absicherungskultur, die in vielen Unternehmen herrscht. Es ist aber gleichzeitig auch das Umfeld, nach dem die gut ausgebildeten Wissensarbeiter und Digital Natives heute suchen.

Kleiner Stresstest für Ihre Schlagkraft

Je stärker sich ein Unternehmen auf seine eigentlichen Aufgaben konzentriert und je weniger es durch interne Auseinandersetzungen und wuchernde Bürokratie davon abgelenkt wird, desto sicherer wird es auf Erfolgskurs bleiben und externe Bedrohungen rechtzeitig adressieren.

Unternehmensfokus oder Nebenkriegsschauplätze? Ein Test

1. Das Unternehmen ist so organisiert, dass mindestens 70 Prozent der Arbeitszeit produktiv in die Erreichung Ihrer Ziele fließen. ☐

2. Auch wenn die Zahlen gut sind, reflektieren Sie Ihr strategisches Handeln regelmäßig. ☐

3. Mutige, nicht egoistische Organisationsverbesserungen werden sichtbar belohnt. ☐

4. Zuständigkeiten und Weisungsbefugnisse sind eindeutig geklärt. ☐

5. Risikomanagement wird im Unternehmen professionell gehandhabt und von der Top-Ebene begleitet. ☐

6. Abteilungsrivalitäten und Silodenken halten sich in Grenzen. ☐

7. Es gibt Regeln, aber keine wuchernde Bürokratie kleinteiliger und überflüssiger Vorschriften. Effizienz wird bei Ihnen großgeschrieben. ☐

8. Führungskräfte mit starken charakterlichen Defiziten (Mangel an Integrität, Machtgehabe) werden auf Dauer nicht toleriert. ☐

---

9. Machtkämpfe sind im Unternehmen geächtet, persönliche Animositäten werden angesprochen und gelöst. ☐

10. Würden Sie morgen das Unternehmen erben, sähen Sie keinen akuten Handlungsbedarf in zentralen Fragen (wie Standort, Produktpalette, Kernprozesse, Unternehmenskultur). ☐

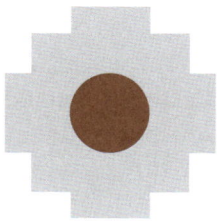

INCA-IMPULS

- **Was ist derzeit die größte Bedrohung für Ihr Unternehmen? Wie viel Ihrer Zeit widmen Sie dieser Bedrohung?**

- **Dass wir uns etwas nicht vorstellen können, heißt nicht, dass es nicht passieren wird. Deshalb: Welche »unvorstellbaren« Konstellationen könnten Ihnen gefährlich werden? Wie sind Sie darauf vorbereitet?**

»Das Beste aus den akquirierten Unternehmen zu übernehmen und gleichzeitig eigene klare Richtlinien durchzusetzen – das ist eine Balance, die man finden muss.
In der Konsequenz muss Fehlverhalten dann auch sanktioniert werden.«

CHRISTINE WOLFF, MULTI-AUFSICHTSRÄTIN UND
UNTERNEHMENSBERATERIN

6 Eine weitsichtige M&A-Strategie –
oder ein Millionengrab?

Unsere Wirtschaft folgt der Wachstumslogik.
Das ultimative Erfolgskriterium heißt »mehr« – mehr Umsatz, mehr
Marktmacht, mehr Gewinn. Unternehmensübernahmen und Fusionen sind gängige Praxis. Doch während die Experten uneins sind, ob
»nur« 50 Prozent aller Merger und Akquisitionen scheitern oder doch
eher zwei Drittel,[1] schrieben die Incas schon vor Jahrhunderten eine
über lange Zeit erfolgreiche Expansionsgeschichte. Man könnte ihr
Reich auch als multinationalen Konzern beschreiben, der das Wissen
und die Fertigkeiten zahlreicher Regionen akkumulierte und zu einem
immer mächtigeren Ganzen verschmolz – der Traum jedes modernen
Unternehmenslenkers!

Irgendetwas müssen die Incas vor 500 Jahren richtig gemacht haben.
Dazu gehört, dass sie bei aller Überlegenheit das Know-how anderer
schätzten und nutzten. Sobald sie ein neues Gebiet eingliederten, stu-
dierten sie die dortigen Handwerkskünste und Anbaumethoden. Was
gut war, übernahmen sie, sie saugten es geradezu auf, wie der Bon-
ner Altamerikanist Nikolai Grube ausführt.[2] Dabei nutzten sie auch
das Wissen zahlreicher Vorgängerkulturen, etwa die Meisterschaft der
Chimú im Straßenbau, die Töpferkunst der Moche und Naszca, die
architektonischen Leistungen der Tiwanaku oder die Vorratshaltung
der Huari.[3] Wenn wir heute über 40 000 Kilometer Straßen im frühen

Andenstaat staunen, über Vorratstürme, die ein Großreich zuverlässig versorgten, oder über monumentale Steinbauten, die Erdbeben trotzen, während heutige Gebäude wie Kartenhäuser zusammenfallen, dann auch deshalb, weil die Incas tatsächlich »das Beste aller Welten« verschmolzen.

Ein weiteres Erfolgsmoment war ihr strategisches Geschick. Die Incas praktizierten, wenn möglich, ein »Friendly Takeover«. Bevor sie zu den Waffen griffen, gaben sie dem Gegenüber Gelegenheit, sich »freiwillig« in ihr Reich zu integrieren. Dies wurde durch Geschenke und Beweise eigener Fertigkeit untermauert, aber auch durch die Demonstration militärischer Stärke – Zuckerbrot und Peitsche, wenn man so will. Lenkte das Gegenüber ein, wurde ausgiebig gefeiert. Lokale Herrscher behielten als Statthalter ihre Regionalmacht und wurden mitunter durch eine geschickte Heiratsdiplomatie zusätzlich an den Inca-Adel gebunden. Auf diese Weise entstand ein Reich mit starker Zentrale bei gleichzeitiger Regionalisierung vieler Aufgaben, eine über lange Zeit tragfähige Balance aus Integration und Dezentralisierung. Wie häufig gelingt uns das heute?

Zugleich exportierte die »Inca-Zentrale« eigene Erfolgsstrategien in die Regionen, entsandte Bodenkundler, Bewässerungsexperten, Verwaltungsbeamte und verbesserte so die Lebensbedingungen der einfachen Menschen. »Quick Wins« sozusagen, die Aufständen vorbeugten und die »Inca AG« befriedeten. Man mag rigide Umsiedlungspolitik, strenge Hierarchie und enge Vorgaben für die persönliche Lebensführung als diktatorisch verdammen.[4] Doch das ist der Blick des 21. Jahrhunderts auf eine Kultur, die vor Jahrhunderten schon einmal schaffte, woran wir heute oft scheitern: unterschiedliche Einheiten zu einem tragfähigen Ganzen, einer funktionierenden Organisation zusammenzuschmieden.

Wenn von M&A die Rede ist, rücken als Erstes die Big Deals ins Bewusstsein, die Elefantenhochzeiten, bei denen es um Milliarden geht: Daimler / Chrysler, Mannesmann / Vodafone, AOL / Time Warner, um nur einige zu nennen. Übernahmeschlachten, die Schlagzeilen machen, und das häufig über Jahre: bei der Geburt des neuen Firmenimperiums, bei den ersten Krisensymptomen und bei der Beerdigung wenige Jahre später, bei der dann Milliardenverluste gemeldet werden. Doch der Zukauf und die Verschmelzung von Unternehmen ist nicht nur ein Konzernthema. Abseits vom Pressegetöse vollziehen sich solche Prozesse auch im Mittelstand, und zwar in deutlich größerer Zahl. 99 Prozent aller deutschen Unternehmen sind Mittelständler mit einer Beschäftigtenzahl unter 500 und einem Jahresumsatz unter 50 Millionen Euro.[5] 95 Prozent aller deutschen Unternehmen sind Familienunternehmen und wiederum 85 Prozent von ihnen sind inhabergeführt. Rund 1300 Unternehmen hierzulande gelten als »Hidden Champions«, als mittelständische Weltmarktführer, die mit großem Erfolg Produktnischen besetzen. In den USA waren es im gleichen Zeitraum nur 360.[6]

Der Großteil der knapp 900 Transaktionen, die sich 2014 in Deutschland vollzogen,[7] betrifft daher kleine und mittelgroße Unternehmen, und zwar aus den unterschiedlichsten Gründen: weil es keinen Nachfolger gibt, um zu wachsen und / oder zu internationalisieren und nicht selbst zum Übernahmeziel zu werden, um das eigene Produktportfolio abzurunden oder um tatsächliche oder vermeintliche »Synergien« zu heben. Unternehmenszusammenführungen sind also alltäglich im Wirtschaftsgeschehen. Doch wo Großunternehmen krachende Misserfolge verkraften, geht es im Mittelstand womöglich um die Existenz. Daimler hat Jürgen Schrempps Ausflug in die Chryslerwelt überlebt, trotz der eingefahrenen Milliardenverluste. Ob der Firma Müller das auch gelingt, wenn die Verschmelzung mit der Firma Meier scheitert, ist längst nicht gewiss. Dies macht es umso relevanter, den Gründen für das Scheitern nachzugehen und zu schauen, ob wir aus der Geschichte der Incas etwas mitnehmen können. Dabei geht es uns um generelle Impulse für Führungskräfte, nicht um einen Detailplan, der ohnehin für jeden Einzelfall neu geschrieben werden muss.

Das ganz normale Fusionsfiasko – und ein Positivbeispiel

Normalerweise wird an dieser Stelle eine sattsam bekannte gescheiterte Großfusion seziert. Doch Jürgen Schrempp hat für seine »Welt AG« schon genug verbale Prügel bezogen. Wir möchten es daher anders machen und ein Erfolgsbeispiel in den Vordergrund stellen, die Fusion zweier mittelständischer Unternehmen zu einer schlagkräftigen neuen Einheit. Gemeint ist die Verschmelzung der Münchener IT-Beratung Esprit und der Hamburger Unternehmensberatung Agens zu Q-Perior.

Vom Segeltörn zur Firmenfusion

2004 arbeiten IT-Berater von Esprit und ein Team der Agens zusammen für einen großen Kunden. Agens ist auf die Finanzdienstleistungsbranche spezialisiert, beide Dienstleistungen ergänzen sich inhaltlich. Das Projekt wird ein Erfolg. Trotzdem kommt es Monate nach Projektabschluss zu einem Eklat: Esprit hat der Agens einen leitenden Mitarbeiter abgeworben. Der »Abtrünnige« stellt beim neuen Arbeitgeber fest, dass beide Unternehmen nicht nur eine ergänzende Angebotspalette haben, sondern sich in ihrer Kultur und Arbeitsweise sehr stark ähneln. Das berichtet der Ex-Esprit-Mitarbeiter seinem früheren Chef, dem Agens-Inhaber Rüdiger Lang (der inzwischen auch sein Schwiegervater ist). Folge ist ein gemeinsamer Segeltörn der Agens- und Esprit-Partner: Vielleicht lohnt sich eine weitere gemeinsame Arbeit ja doch für beide Partner? Inzwischen schreiben wir Mai 2009. Die Schnuppertour verläuft positiv, man bleibt im Kontakt. Doch erst im Oktober 2010 wird ein sechsköpfiges Team von Partnern beider Unternehmen damit beauftragt, die konkreten Vorteile einer Fusion zu analysieren und durchzurechnen. Agens hat zu diesem Zeitpunkt 140 Mitarbeiter, Esprit 240. Beide sind in ihrem Geschäftsfeld erfolgreich, befürchten aber, gegen größere Beratungen auf Dauer nicht bestehen zu können. Als das Sechserteam nach einigen Wochen grünes Licht gibt, werden im Dezember 2010 die übrigen zwölf Partner beider Unternehmen ins Boot geholt und konkrete Zeit- und Ablaufpläne erarbeitet. Erst im April 2011 weiht die Leitungsebene alle 50 Führungskräfte von Agens und Esprit in das Vorhaben ein, und erst als diese für die Fusion gewonnen sind, werden Ende Mai zeitgleich alle Mitarbeiter informiert. Am 1. Juli 2011 wird das Unternehmen Q-Perior formal geboren und mit einem rauschenden Fest in Berlin aus der Taufe gehoben. Weder Kunden noch Mitarbeiter sind während des Fusionsprozesses verunsichert worden, das Tagesgeschäft lief reibungslos weiter, und die Einsparungen in den zusammengelegten Bereichen Buchhaltung, Personal, Marketing und Assistenz werden ohne lange Hängepartie umgesetzt.[8]

Nachtrag: Inzwischen ist Q-Perior auf über 750 Mitarbeiter an zwölf Standorten gewachsen und verzeichnet einen Jahresumsatz von 120 Millionen Euro.[9]

Am Beispiel der beiden Mittelständler lassen sich gleich mehrere Erfolgsfaktoren für einen erfolgreichen Zusammenschluss von Unternehmen ablesen:

- Mögliche Synergien werden nicht einfach vorausgesetzt, sondern vorab analysiert und sorgfältig durchgerechnet.
- Die Unternehmen passen nicht nur wirtschaftlich, sondern auch kulturell zusammen, sodass tatsächlich eine neue Einheit, ein »Wir-Gefühl« entstehen kann.
- Man begegnet sich auf Augenhöhe und definiert den Zusammenschluss als gemeinsames Projekt. Sichtbares Indiz ist der neue gemeinsame Name, für den beide Unternehmen die alte Firmenbezeichnung aufgeben.
- Man überstürzt im Vorfeld nichts, sondern lässt auf Top-Ebene erst einmal Vertrauen wachsen. Die Firmenchefs und -partner reden direkt miteinander.
- Man nimmt Emotionen ernst, etwa als der Agens-Inhaber sich in einer Verhandlung über zukünftige Besitzanteile übervorteilt fühlt und explodiert. Das Thema wird vertagt und noch einmal verhandelt. Das Fazit: »Am Ende haben wir es fair gelöst.«[10]
- Man bereitet den Vollzug der Fusion hinter den Kulissen gründlich vor und vermeidet so lange Zeiten der Unsicherheit für Kunden wie für die Mitarbeiter. Nach einer heimlichen Verlobungsphase von anderthalb Jahren vergehen von der Information sämtlicher Mitarbeiter bis zur Gründung des neuen Unternehmens nur noch wenige Wochen.
- Nach der Fusionierung ordnet sich nicht einer dem anderen unter, sondern man startet tatsächlich gemeinsam neu, etwa indem man beim Führungsmodell und beim Vergütungsmodell »Teile aus beiden Welten« verknüpft.[11]

Die beiden Mittelständler umschifften damit viele Klippen, an denen Großfusionen sehr häufig scheitern: Kulturelle Unterschiede werden missachtet, Synergien schöngerechnet, Aufwand und Kosten einer Zusammenführung nicht bedacht, Leistungsträger durch lange Übergangsphasen verunsichert und zu Eigenkündigungen veranlasst. Bekanntermaßen gehen ja die Besten zuerst. Die schon erwähnten Elefantenhochzeiten liefern hier gleich reihenweise Beispiele. Eine Auswahl:

AOL / Time Warner: Mit einem Kaufpreis von 182 Milliarden US-Dollar war die Übernahme von Time Warner durch America Online (2000) einer der größten Deals aller Zeiten. Die erhofften Synergien zwischen »alten« und »neuen« Medien blieben jedoch aus. 2009 wurde die Fusion rückgängig gemacht. Der Preis der Time-Warner-Aktie war bis dahin um über 80 Prozent gefallen. Durch das Platzen der Dotcom-Blase stand das Projekt von Beginn an unter einem ungünstigen Stern.[12]

Daimler / Chrysler: 38 Milliarden Dollar zahlte Daimler 1998 an den amerikanischen Chrysler-Konzern; im Vergleich zum AOL / Time Warner-Deal beinahe ein Schnäppchen. 2007 trennte man sich wieder. Jürgen Schrempp, der beim Zusammenschluss eines der »innovativsten« und »rentabelsten« Unternehmen der Welt versprach, hat laut McKinsey in seiner Funktion als CEO (1995 bis 2005) 74 Milliarden Dollar vernichtet. Das entspricht zehn Jahre lang Tag für Tag über 20 Millionen US-Dollar, wohlgemerkt an jedem einzelnen Tag! Heute sind sich Beobachter über die Ursachen weitgehend einig: Es gelang nie, das gegenseitige Misstrauen unter den Managern zu beenden, auch weil zwei Jahre lang die »Lebenslüge vom Zusammenschluss unter Gleichen« aufrechterhalten wurde, bevor man die tatsächliche Praxis der Übernahme Chryslers durch Daimler auch offiziell anerkannte.[13] Zudem waren die kulturellen Unterschiede der Unternehmen unüberbrückbar. Der Kulturschock begann schon beim unterschiedlichen Produktverständnis: Einen qualitäts- und statusorientierten Mercedes-Händler (oder auch Mercedes-Kunden) trennen Welten vom eher pragmatischen Automobilverständnis in den USA, und auch die Manager beider Unternehmen sahen die Autowelt mit unterschiedlichen Augen. Kulturelle Unterschiede scheinen der blinde Fleck in der Wahrnehmung vieler Verantwortungsträger zu sein, und zwar umso eher, je vertrauter uns eine Kultur bei oberflächlicher Betrachtung erscheint. Auch einer unserer Interviewpartner berichtete über ein gescheitertes USA-Abenteuer.

Rüdiger Lentz, *Direktor des Aspen Institute:* »*Ich habe über 30 Jahre lang als Journalist gearbeitet und davon etwa drei Jahre als Geschäftsführer ›German TV‹ in den USA. Das war ein Unternehmen, das sich zum Ziel gesetzt hatte, deutsches Fernsehen (eine Gemeinschaftsproduktion von ARD, ZDF und Deutscher Welle) auf den amerikanischen Markt zu bringen. Dieses Unternehmen war als deutsches Unternehmen geplant* *worden. Damit lag der Fehler schon in der Konzeption: Wir versuchten, in einem Markt, der von lokalen Fernseh- und Radiostationen dominiert war, ein bundesweites deutsches Fernsehprogramm zu installieren. Übrigens ist mir das nicht das erste Mal begegnet. Wenn Deutsche versuchen, in den USA Geschäfte zu machen, denken sie deutsch und unterschätzen den Markt in seinen Eigenheiten und Eigenarten.«*

Porsche / Volkswagen: Was man noch im März 2008 per Pressemitteilung ausdrücklich ausgeschlossen hatte, wurde am 26. Oktober desselben Jahres dann doch von Porsche-Chef Wendelin Wiedeking verkündet: Die Porsche Automobil Holding beabsichtige, ihren Anteil an VW-Aktien auf 75 Prozent aufzustocken und damit VW de facto zu übernehmen. Aktuell halte man bereits 43 Prozent und zusätzliche Optionen. Doch der kleinere Partner Porsche verhob sich bei der Finanzierung und es kam andersherum: VW musste Porsche retten und übernahm den Sportwagenhersteller. Ermittlungen der Staatsanwaltschaft gegen Porsche-Manager und Milliardenklagen institutioneller Anleger waren die Folge der unübersichtlichen Porsche-Taktik.[14]

Pfizer / Astra Zeneca: Pharmaunternehmen stehen unter ständigem Druck, Umsatzeinbußen durch Innovationen auszugleichen, weil der Patentschutz für vorhandene Medikamente ausläuft und günstige Generika auf den Markt kommen. Häufig setzt man dabei auf den Zukauf von Wettbewerbern. In den letzten Jahren beherrschte u. a. der Viagra-Hersteller Pfizer die Schlagzeilen. 2014 versuchte das US-Unternehmen, durch die Übernahme des britischen Konkurrenten Astra-Zeneca zur weltweiten Nummer Eins aufzusteigen. Die feindliche Übernahme scheiterte, das Astra-Zeneca-Management erteilte allen Angeboten eine Absage. Man traue sich zu, »auch ohne eine Fusion den Umsatz in den nächsten Jahren deutlich [zu] steigern«, so die Unternehmensspitze dem *Handelsblatt* zufolge. Pfizer dagegen wurde in der Wirtschaftspresse eine Strategie »mit der Brechstange« und das »Unvermögen, aus eigener Kraft zu wachsen« vorgeworfen *(Frankfurter Allgemeine Zeitung)*. Das US-Magazin *Forbes* sprach von einem Hai, der nicht anders kann, als vorwärts zu schwimmen und zu fressen: »The Shark That Can't Stop Feeding«. Und das Thema hört hier noch nicht auf. Ein 160 Milliarden schweres Pfizer-Angebot für die Firma Allergan platzte im April 2016, obwohl die Fusionsgespräche schon weit fortgeschritten waren. Der Deal basierte hauptsächlich auf erwarteten Steuerersparnissen: Allergan hat seinen Hauptsitz in Irland. Die gemeinsame neue Firma wäre ebenfalls in Irland angesiedelt worden. Die amerikanische Steuerbehörde änderte »Last Minute« die dafür geltenden Regeln, was fast alle erwarteten Steuerersparnisse zunichtemachte. Hier muss man sich natürlich die Frage stellen: Wie kann ein solcher Deal platzen, nur weil Steuereinsparungen wegfallen? War das die einzige Synergie? Und wenn ja: Ist das Unternehmertum?[15]

Solche Bewertungen hindern indes andere Unternehmen nicht daran, auf Wachstum auf Teufel komm heraus zu setzen, wie das folgende aktuelle Beispiel illustriert.

Valeant: »Vom Investorenliebling zum Anleger-Alptraum«[16]

Mittlerweile ist der Fall Valeant zu einem Harvard-Business-School-Case geworden. Die Geschichte der kleinen kanadischen Generika-Firma, die in atemberaubendem Tempo zu einem Pharma-Giganten wurde, ist schnell erzählt und ein Lehrstück des modernen Kapitalismus. Bis 2009 machte das Unternehmen ca. 500 Millionen US-Dollar Umsatz und war ein regionaler Player. 23 Akquisitionen und über 30 Milliarden US-Dollar Übernahmekosten später war das Unternehmen im internationalen Umfeld angekommen. Der Börsenwert vervielfachte sich, alle konnten nur noch staunen, wie die Aktie, die bis 2009 zwischen 20 und 30 US-Dollar dümpelte, 2015 plötzlich auf über 250 US-Dollar hochschoss. Medien, Märkte, Banken, Hedgefonds, Private Equity, Stakeholder – fast alle waren begeistert! Insbesondere »Finanzexperten« feierten das Unternehmen. Healthcare-Insider konnten es nicht glauben. Was machten sie falsch?

Diese Frage stellten sich auch Andreas Krebs und Philip Burchard, CEO von Merz, auf der wichtigsten Investorenkonferenz der Branche, die jährlich im Januar in San Francisco stattfindet. 2013 erklärte Valeant-Chef Michael Pearson dort im größten Saal des Kongresszentrums über 1000 CEOs, Chairmen und Board-Mitgliedern der Pharmabranche und Finanzindustrie, wie ihr Business funktioniert. Seine Formel: Firmen kaufen, am besten zu 100 Prozent kreditfinanziert, R&D (Research and Development) auf ein absolutes Minimum beschränken, Verwaltungen schließen, alles, was Kosten verursacht, sofort in Cashflow und Profit umwandeln. Innovation durch Forschung und Produktentwicklung? Das sei doch Old School! Innovationen müsse man einkaufen. Alles andere sei nur »Ballast«.

»Wir waren fassungslos«, erinnert sich Andreas Krebs. »Waren nicht akquirierte Produkte und komplett übernommene Unternehmen viel teurer als ein guter Mix aus eigenen und einlizenzierten Innovationen? Oder nutzte Pearson Marktkräfte, die wir nicht erkannten? Auch die Arroganz des Vortragenden, der den wichtigsten Vertretern der Branche ihren Job erklärte, verschlug uns die Sprache. Später, im Einzelgespräch, beharrte Michael Pearson auf seiner überlegenen Strategie. Offenbar war er seiner Sache völlig sicher.«

Sie wissen es oder ahnen es schon: Die Erfolgsgeschichte fand ein jähes Ende. Die Kräfte des Kapitalmarktes und die insuffiziente Strategie wirkten schließlich doch. Die aufgehäuften Schulden erdrückten das Unternehmen geradezu. Nachdem Valeant sich an einem feindlichen Übernahme-Versuch (Allergan) verhoben hatte, schauten Analysten plötzlich genauer hin. Die Aktie stürzte von 250 US-Dollar auf unter 10 Dollar. Viele Leute verloren sehr viel Geld. Andere hatten bei den Übernahmen zuvor schon ihre Arbeit verloren. Werte wurden ignoriert, hoher Wert wurde vernichtet und ein Trümmerfeld hinterlassen. Natürlich gab es auch Nutznießer, etwa die Aktieninhaber übernommener Firmen, für die Mondpreise bezahlt worden waren, Investmentbanker und Rechtsberater, die an den Übernahmen satte Provisionen verdienten, und Valeant-Manager, die hohe Boni einstrichen.

Bleibt die Frage: Wer hat das zugelassen? Wo war der Aufsichtsrat, das Board des Unternehmens? Valeant ist ein Musterbeispiel für die zerstörerische Wirkung übermächtiger CEOs, denen niemand auf die Finger sieht (vgl. Kapitel 8 zum Thema »Ego«). Und Valeant ist auch ein Beispiel für eine kurzsichtige M&A-Strategie ohne jeden Gedanken an Nachhaltigkeit.

Auch die Incas führte ihr ambitionierter Expansionsdrang schließlich an die Grenzen des Machbaren. Doch anders als Valeant-Chef Pearson betrachteten sie neue Regionen nicht als bloße Beute, deren Ressourcen es abzuschöpfen galt. Sie »kauften« Know-how ein, brachten gleichzeitig aber eigenes Wissen mit. Sie setzten auf eine Balance von Eroberung und Entwicklung. Pearson hingegen verfolgte eine destruktive Strategie, nicht darauf gerichtet, Werte zu schaffen, sondern ausschließlich auf Profitmaximierung zielend. Das ist eher Kolonialpolitik als eine weitsichtige M&A-Strategie, von den Folgen für den pharmazeutischen Fortschritt einmal ganz zu schweigen. Auch Pearson unterlag nach anfänglichen Erfolgen der Illusion der Unbesiegbarkeit und steht damit nicht allein da: »Je erfolgreicher ein Unternehmen ist, desto gefährlicher wird es. Wem bisher alles gelungen ist, hinterfragt eine geplante Übernahme oft nicht ausreichend«, warnt etwa der M&A-Experte Jost Hartmann.[17]

Zugegeben: Unternehmensübernahmen und Fusionen sind hochkomplexe Vorgänge, und je größer die beteiligten Partner sind, desto schwieriger wird es, aus ohnehin anspruchsvoll zu managenden Organisationen eine neue funktionierende Einheit zu schmieden. Nicht ohne Grund haben sich Heerscharen von Wirtschaftskanzleien und Unternehmensberatungen auf dieses Feld spezialisiert. Jedes Projekt ist anders, Standardrezepte verbieten sich, und wer im Nachhinein den Finger in die Wunden legt, steht schnell als Besserwisser dar. Wie der Fall Valeant illustriert, zeichnen sich aber bei aufmerksamer Beobachtung generelle Fehler ab, und zwar über alle Unternehmensgrößen hinweg. Auf die wichtigsten dieser Versäumnisse wollen wir im Folgenden kurz eingehen.

Prinzip Hoffnung – oder ein Masterplan?

Blicken wir noch einmal 500 Jahre zurück. Auch wenn die schriftlichen Zeugnisse über die Inca-Welt dürftig sind, deutet alles darauf hin, dass die Incas bei ihren Eroberungszügen immer wieder nach exakt demselben Muster vorgingen. Stark verknappt sah das so aus: Stärke demonstrieren – (»freundliches«) Übernahmeangebot unterbreiten – Vorteile einer Annahme deutlich machen – Provinzfürsten entweder entmachten (bei Widerstand) oder in die Inca-Hierarchie eingliedern (bei Annahme des Angebots) – das neue Gebiet studieren, Erfolgspraktiken übernehmen und eigene Erfolgsrezepte dorthin vermitteln. Die Manager des Inca-Reiches waren auf diese Weise Meister der Effizienz; sie stützten sich auf die Erfahrung einer kontinuierlichen Expansionspolitik. Anders gesagt: Die Incas hatten Übung, während für viele der heutigen Unternehmen M&A-Projekte singuläre Ereignisse sind. Auch die Wirtschaftswissenschaftler Maximilian Dreher und Dietmar Ernst sehen Erfahrung als »wichtigsten Erfolgsfaktor« bei M&A-Vorhaben an: »Mit steigender Anzahl an Unternehmenstransaktionen ist ein

Unternehmen i.d.R. besser in der Lage, ein M&A-Vorhaben zu evaluieren, die Due Diligence (…) zu strukturieren und abzuwickeln, die Unternehmenszusammenführung (Post-Merger-Integration) zu vollziehen und somit geplante Synergien zu realisieren.«[18]

Natürlich kann man Übernahmeaktivitäten nicht fünfmal üben, um beim sechsten Mal erfolgreich zu sein. Aber man kann von den Erfahrungen anderer profitieren. Das beginnt schon damit,

… die Komplexität und Dauer solcher Prozesse nicht zu unterschätzen,

… sich über das präzise Ziel des Vorhabens im Klaren zu sein und rational zu analysieren, wie realistisch/tragfähig dieses Ziel ist (»Welt AG« oder »Nummer Eins werden« sind Marketingformeln, aber keine echten Ziele, aus denen sich konkrete Maßnahmen ableiten lassen),

… die einzelnen Schritte des Vorhabens vorab zu durchdenken und zu planen, und zwar auf den verschiedenen betroffenen Ebenen (Geschäftsfelder, Prozesse, People), und

… die Rolle psychologischer und emotionaler Faktoren zu erkennen (vgl. nächster Punkt: »Der Irrtum der Rationalität«).

Es gibt verschiedene Publikationen, in denen Prozesskomponenten und Ablaufmuster von M&A-Aktivitäten ausführlich diskutiert werden.[19] Nach einer Studie der Universität Münster, für die 200 Fusionen seit dem Jahr 2000 analysiert wurden, haben trotzdem nur zehn Prozent der Unternehmen bei Vertragsabschluss ein Konzept für die Zusammenführung der neuen Unternehmenseinheiten.[20] 90 Prozent der Unternehmen setzen also bei einem Projekt, dessen Scheitern im schlimmsten Fall existenzgefährdend sein kann, auf das Prinzip Hoffnung! Dabei spricht alles dafür, das Vorhaben im Vorfeld – und möglichst ohne Verunsicherung der verschiedenen Stakeholder – so ausführlich wie möglich vorzuplanen. Salopp gesagt: Doppelte Vorbereitungszeit ist halbe Durchführungszeit. Und je kürzer der Übergang von der bisherigen zur neuen Unternehmensform ist, desto besser.[21]

Monatelange Hängepartien gefährden nicht nur die Mitarbeitermotivation und riskieren den Abgang von Leistungsträgern, sie machen das Unternehmen auch für Wettbewerber angreifbar. Winfried Berner und seine Kollegen bei der »Umsetzungsberatung« sprechen in diesem Zusammenhang vom »Fenster der Verwundbarkeit«. Während Mitarbeiter aller Hierarchiestufen in der Übergangsphase stark mit eigenen Zukunftsängsten und -plänen beschäftigt sind, stockt das eigentliche Geschäft. Diesen »hohen Grad an Innenorientierung« und die begleitende Gerüchteküche können Mitbewerber nutzen, um Leistungsträger abzuwerben, Kunden oder Lieferanten davon zu überzeugen, sie selbst seien der verlässlichere Partner, Konkurrenzprodukte zu lancieren oder Vertriebswege zu besetzen.

Ein prominentes Beispiel dafür ist der Niedergang der einst so stolzen Hoechst AG, die 1999 unter CEO Jürgen Dormann mit dem französischen Konkurrenten Rhône-Poulenc zu Aventis verschmolzen wurde. Dormann hatte seit 1996 verschiedene erfolglose Fusionspläne verfolgt und etliche Geschäftsbereiche verkauft. Die Arbeitnehmervertreter gingen auf die Barrikaden, und Konkurrenten wie Bayer profitierten von der Lähmung des Traditionsunternehmens in Form von Marktanteilen und hervorragenden Mitarbeitern, die die jahrelange Unsicherheit satt hatten und zu Bayer und anderen direkten Wettbewerbern wechselten. Diese »Kollateralschäden« bei M&A-Aktivitäten werden selbst von erfahrenen Managern dramatisch unterschätzt! In den USA erschien sogar 2001 ein Businessratgeber dazu, wie man die Schwäche eines M&A-bedingt abgelenkten Konkurrenten perfekt ausnutzt: »Capitalize on Merger Chaos: Six Ways to Profit from Your Competitors' Consolidation and Your Own« von Thomas M. Grubb und Robert B. Lamb (2001). Das Titelbild zeigt einen einsamen Manager in einem Haifischbecken. Um nicht Opfer solcher Attacken zu werden, hilft nur, »das ›Fenster der Verwundbarkeit‹ erstens so klein wie möglich zu halten und es zweitens so schnell wie möglich wieder zu schließen«[22].

Allerdings schützt kein noch so ausgeklügelter Plan völlig vor den Unwägbarkeiten des Wirtschaftsgeschehens. Wie wäre die AOL / Time Warner-Verschmelzung positiver verlaufen, wenn es keine platzende Dotcom-Blase gegeben hätte und Börsenanalysten das Projekt positiver eingeschätzt hätten? Wäre Porsches Husarenstück der VW-Übernahme geglückt, hätte die Finanzkrise 2008 die Banken nicht so nervös gemacht, dass sie Porsche Anfang 2009 weitere Kredite verweigerten und das Unternehmen dadurch an den Rand der Insolvenz brachten?[23]

Wir brauchen Zahlen, Daten, Analysen. Doch manchmal gaukelt uns die Fülle des Datenmaterials eine Sicherheit vor, die es in Wirklichkeit nicht gibt. Ohne Plan ist alles nichts, aber Pläne sind nicht alles. Jedes Projekt dieser Größenordnung braucht Exit-Strategien, einen Plan B für das eigentlich nicht Vorgesehene.

Wir als Führungskräfte und Manager haben allen Grund, sensibler für Risiken zu sein, denn das Unwahrscheinliche ist nur so lange unwahrscheinlich, bis es passiert. Einer unserer Gesprächspartner hat das am eigenen Leib erfahren. Hintergrund ist das Jahr 2002, als Arthur Andersen (damals global eine der Top-5-Beratungen) durch seine Verstrickung in den Enron-Skandal binnen weniger Wochen zahlreiche Kunden verlor, mit Millionenklagen überzogen wurde und weltweit auseinanderbrach.

Gerd Stürz, *Life Sciences DACH-Chef von EY:* »*Das hat mir in meinem weiteren Berufsleben enorm geholfen, weil ich seitdem eine andere Risikowahrnehmung habe. Bis dahin fühlte ich mich sicher, weil ich darauf baute, dass unser Risikomanagement jederzeit greift. Aber dann trat ein Fall ein, wie wenn ein Flugzeug auf das Kernkraftwerk stürzt, und der ist nicht abgesichert. Die Eintrittswahrscheinlichkeit dafür bewegte sich in einem Nachkommastellenbereich, den man gar nicht mehr lesen konnte. Mein gesamtes Kapital steckte in diesem Unternehmen. Das hat mich nachhaltig geprägt. Wir expandieren seitdem unverändert, aber wir beurteilen Risiken, deren Eintrittswahrscheinlichkeit wir früher als höchst unwahrscheinlich betrachtet haben, anders. Mit einer bloßen mathematischen Abgleichung ›Eintrittswahrscheinlich mal Größe des Risikos‹ kommt man auf einen relativ geringen Wert. Ich ignoriere aber die Eintrittswahrscheinlichkeit und sorge für das maximale Risiko vor. Und so ist diese Organisation auch heute aufgestellt.*«

Der Physiker und Kabarettist Vince Ebert (der sich in seinem ersten Leben übrigens als Unternehmensberater mit Daten-Analytik beschäftigte) erntet regelmäßig Lacher, wenn er in Vorträgen vor Managern anhand amüsanter Beispiele die Grenzen der Berechenbarkeit aufzeigt.[24] Wir begegneten Ebert 2014 auf dem Alpensymposium in Interlaken, und abschließend sagte er noch etwas sehr Spannendes: »Achtung bei Algorithmen! Sie bilden nur Korrelationen ab, keine Kausalitäten. Trotzdem vertrauen wir ihnen. Sogar im Alltag, an vie-

len Stellen!« Sein neues Erfolgsbuch heißt übrigens »Unberechenbar«
(2016).

Vor dem Hintergrund solcher Überlegungen und des weiter oben ge-
schilderten Valeant-Beispiels machen Megafusionen nachdenklich. Ist
die Philosophie des Fressens oder gefressen Werdens auf Dauer trag-
fähig? Ist »größer« tatsächlich automatisch »besser«? Ab wann ist eine
organisatorische Einheit kaum noch beherrschbar? Noch einmal Gerd
Stürz:

Gerd Stürz, *Life Sciences DACH-Chef von EY: »Ich glaube, wir werden*
weltweit irgendwann nicht an Größendiskussionen vorbeikommen. Ob
große Organisationen langfristig ihre Daseinsberechtigung haben, stelle
ich in Frage. Die Agilität im Business-Prozess setzt sehr viel schnellere
Reaktionszeiten voraus, als das große Organisationen abbilden können.
Und heute sind kleine Organisationen Start-ups. Morgen können kleine
Organisationen isolierte Teile von heute großen Organisationen sein, die
in ihrer Supply Chain alles besitzen wollen, es aber vielleicht langfristig
gar nicht können und auch gar nicht müssen, wenn sie das Netzwerk ma-
nagen und mit den kleinen Teilen im Organismus zusammenarbeiten.«

Gerd Stürz thematisiert hier ein Dilemma, für das die Incas eine lange Zeit tragfähige Lösung gefunden haben: die Frage, wie eine große Organisation langfristig regierbar und damit überlebensfähig bzw.
profitabel bleibt. Die Antwort der Inca-Strategen lautete: durch eine
kluge Aufteilung in Regional- und Zentralmacht. Was besser vor Ort
entschieden werden konnte, wurde auch dort entschieden und nicht
im Cusco Headquarter. »Die Inca verstehen es, in ihrem Reich eine Organisation aufzubauen, in der eine zentralistische Verwaltung mit rela-
tiver Autonomie ihrer Provinzen einhergeht«, schreibt der Schweizer
Managementexperte Albert Stähli bewundernd.[25] Diese Machtauftei-
lung ermöglichte gleichzeitig die Integration lokaler Herrscher in den
Regierungsapparat der Incas: Wer selbst noch etwas zu sagen hat, re-
belliert seltener. Die Incas waren da klüger als viele heutige Manager,
die die emotionalen Einflussfaktoren auf M&A-Prozesse ähnlich entschlossen ausblenden wie kulturelle Fusionsbarrieren.

Eine positive Erfahrung machte einer unserer Interviewpartner bei
einem führenden US-Unternehmen, das den radikalen Umbau von

Regionalstrukturen auf Business-Unit-Organisationen wagte und die traditionellen und tief im Unternehmen verwurzelten Regionalstrukturen »Europa«, »Naher Osten«, »Afrika«, »Lateinamerika« und »Asien« abschaffte. Die neue Maxime lautete: Was die Organisation nicht hocheffizient global und idealerweise standardisiert leisten kann, wird lokal gemanagt. In der Folge gab es keine Dreifach-Funktionen mehr; überflüssige und oft ineffiziente Mittelbau-Strukturen wurden abgebaut. An ihre Stelle trat eine Kombination von mehr lokalem unternehmerischem Spielraum einerseits und global gültigen Werten und Zielen, verbindlichem Marken- und Selbstverständnis (Corporate Identity) sowie anderen nicht verhandelbaren Themen andererseits.

Bei jeder M&A-Aktivität sind Entscheidungsträger daher gut beraten, sich die Frage zu stellen: Wie viel Integration der verschiedenen Unternehmenseinheiten wollen wir wirklich? Wie viel Autonomie lassen wir zu? Was nützt dem Unternehmen als Ganzem am meisten, was sichert seine Innovationskraft und Entscheidungsfähigkeit? Wie bleiben wir nah genug an unseren Teilmärkten und Zielgruppen? Wie halten wir die besten Leute? Je klüger die Antworten auf diese Fragen ausfallen, desto effizienter und profitabler wird eine Organisation auf Dauer sein.

Der Irrtum der Rationalität

Zu den meistgepflegten Mythen im Unternehmensalltag gehört, dass dort vor allem Sachargumente regieren und Emotionen keine Rolle spielen – oder zumindest keine Rolle spielen sollten. Individuelle Empfindlichkeiten werden als »Kinderkram« abgetan, gern appelliert man (etwa in kontroversen Meetings) an die Vernunft und ruft dazu auf, die Dinge nicht »persönlich« zu nehmen. Doch die Fassade der Rationalität bröckelt spätestens dann, wenn es einmal nicht um die Emotionen anderer, sondern um die eigenen geht. Aber die haben selbstverständlich rationale und gut begründete Ursachen …

Psychologen können über den Rationalitätsmythos nur lächeln, und auch die Hirnforschung hat in den letzten Jahrzehnten viele Belege dafür zusammengetragen, dass unsere Entscheidungen und Handlungen stark emotionsgetrieben sind.[26] Das gilt im Übrigen auch für Topmanager. Oder glaubt jemand ernsthaft, Ferdinand Piëchs Phaeton-Ausflug in die Luxusklasse, Wendelin Wiedekings Übernahme-Attacke auf VW oder Michael Pearsons milliardenteure rastlose Einkaufstour durch die Pharmabranche seien nur von nüchternen Zahlen getrieben? Hans-Olaf Henkel, Ex-BDI-Präsident und früherer Europa-Chef von IBM, konstatierte in der *Süddeutschen Zeitung* unverblümt: »Unter den Verursachern gescheiterter Megafusionen scheint mir der Typus des egomanen Machos häufiger vorzukommen.«[27] Wie man selbst der Falle des »Ego-Tripping« entgehen kann, lesen Sie im letzten Kapitel.

Viele Fusionen beginnen mit Zahlen und scheitern an Emotionen. Eine der stärksten Emotionen ist Angst. Unsicherheit macht vielen Menschen große Sorgen, und Veränderungen im Unternehmen gehen immer mit Phasen der Unsicherheit einher. Manager glauben nur zu oft: Die Leute werden den Change schon mitmachen; mit guten Folien und einer guten Story wird das schon klappen. Ein fataler Irrtum! Wer selbst bei M&A-Aktivitäten die Fäden in der Hand hält, übersieht leicht, welche Reaktionen ein angekündigter Umbau des Unternehmens bei den betroffenen Mitarbeitern auslöst. Die frühere Topmanagerin Christine Wolff bezeichnet das in der Rückschau auf ihre beeindruckende Karriere als eine ihrer größte Fehleinschätzungen.

Christine Wolff, *Multi-Aufsichtsrätin und Unternehmensberaterin: »Ich habe in einem großen amerikanischen Konzern gearbeitet, wo wir ständig Akquisitionen machten und tagtäglich mit Veränderungen zu tun hatten. Gute Führungskräfte können ja mit Veränderungen gut umgehen, sie lieben das. Doch der Großteil der Menschen hat große Angst davor und hält lieber an Gewohntem fest. Gespürt habe ich das, wenn ich völlig euphorisch irgendwo hinging und sagte, wir haben jetzt diese Firma gekauft und das sind die neuen Kollegen und wir sind jetzt alle eine große Familie – und plötzlich nur in angstgeweitete Augen guckte. Auch am Feedback der Leute war abzulesen, dass es so nicht funktioniert. Und dann tauchen Phänomene auf, etwa dass die Arbeitsplätze mit Logos, Fähnchen und Kaffeetassen des ›alten‹ Unternehmens dekoriert werden. Etwas überzeichnet gesprochen, gewinnt man den Eindruck, manche Mitarbeiter einer übernommenen Organisation würden lieber sterben, als aus einer Tasse mit dem Logo der neuen Firma zu trinken. An solchen Kleinigkeiten merkt man, was für eine unglaub-*

liche Angst herrscht. Die ›Lesson Learned‹ ist, dass man bei großen Akquisitionen sehr schnell integrieren muss und gleichzeitig sehr viel Zeit verwenden muss, um die Leute an Bord zu holen. Ich habe viele Akquisitionen begleitet und zum Erfolg geführt, weil ich viel Zeit auf Integration verwendet habe. Oft hätte ich mir dabei für das ›Post Merger Team‹ mehr Unterstützung gewünscht.«

Die von Christine Wolff geforderten Integrationsmaßnahmen sind mehr als pädagogische Streicheleinheiten: Sie sind im knallharten wirtschaftlichen Interesse eines Unternehmens. Ein Beispiel: Ende 2016 machte die Fluggesellschaft Tuifly Schlagzeilen. Dort meldeten sich Hunderte Piloten und zahlreiche Kabinenbesatzungen krank und legten die Fluggesellschaft für einen Tag nahezu komplett lahm. »Viele Mitarbeiter sorgen sich wegen des geplanten Zusammenschlusses von Tuifly mit Air Berlin um ihre Zukunft«, meldete das *Handelsblatt*.[28] Vertreter der Spartengewerkschaft der Flugbegleiter (Ufo) machten die »miserable Informationspolitik« des Unternehmens und die daraus resultierenden psychischen Belastungen für die (vermeintliche) Krankheitswelle verantwortlich.[29] Politiker kritisierten das Unternehmen scharf, weil es interne Konflikte auf dem Rücken der Kunden austrage; Tausende Kunden reichten Beschwerden ein[30] – ein echter Image-Gau. Selten sind die Folgen von Mitarbeiterfrust so offensichtlich, viele Menschen verabschieden sich still und leise in die innere Kündigung. Deren volkswirtschaftlichen Schaden beziffert das Gallup-Institut auf circa 75 bis 99 Milliarden Euro jährlich. Das liegt unter anderem daran, dass Mitarbeiter ohne emotionale Bindung ans Unternehmen fast doppelt so häufig krank sind wie engagierte Mitarbeiter.[31]

Man wird den Eindruck nicht los, dass die Incas mehr psychologisches Gespür besaßen als manche Unternehmenslenker von heute. Zumindest scheint ihnen bewusst gewesen zu sein, dass es sich auszahlt, »Übernahmekandidaten« zu umwerben, Herrschenden (»Führungskräften«) wie Bevölkerung (»Mitarbeitern«) die Vorteile einer Fusion zu demonstrieren und nicht unnötig Fronten aufzubauen. Grundsätzlich besteht bei einer freundlichen Übernahme eher die Chance, dass das Management des Zielunternehmens zur Kooperation bereit ist und einer möglichen Skepsis der Belegschaft mit echter Überzeugung begegnet. Wer die Häuptlinge gegen sich hat, wird sich schwertun, die Indianer für sich zu gewinnen. Dabei sitzen die größten Verhinderer des Change häufig im mittleren Management, das Siemens-Chef Peter Löscher einmal als »Lehmschicht« kritisierte. Schon das sorgte für Empörung. Dabei wäre es manchmal angebracht, Löschers Schlagwort auch noch mit »ä« zu schreiben, so stark ist das Beharrungsvermögen mancher Manager.

Welche Kriterien muss ein fundiertes Post-Merger-Management erfüllen? Einige Anregungen:

- Eine durchdachte Kommunikationspolitik: Wer erfährt was wann von wem? Es passiert immer noch, dass Mitarbeiter aus der Presse entnehmen, dass ihr Unternehmen zum Übernahmekandidaten geworden ist, obwohl das Topmanagement längst verhandelt. Das so zerstörte Vertrauen ist kaum wieder aufzubauen. Natürlich ist das manchmal eine Gratwanderung. Insiderwissen, Insidertrading, Aktiengesetz und Compliance machen es nicht einfach, hier immer gute Lösungen zu finden.
- Ein möglichst zügiger Integrationsprozess: Je kleiner das »Fenster der Verwundbarkeit«, je kürzer die Phase der Unsicherheit, desto besser. Jede Hängepartie birgt die Gefahr, dass die besten Köpfe das Unternehmen verlassen und Wettbewerber die Übergangsphase zu ihren Gunsten nutzen.
- Eine klare Zielsetzung, die aus der Due Diligence im Vorfeld verlässlich abgeleitet ist: Wie tief soll die Integration gehen, wie viel Regionalmacht will man zulassen? Wo lassen sich Synergien (Kostensenkungen oder Leistungssteigerungen) heben? Welche Bereiche sollen verschmolzen werden, welche weiterbestehen?
- Eine realistische Planung der personellen Ressourcen: Wer leitet den Integrationsprozess? Welche Führungskräfte und Mitarbeiter sind in das Projekt eingebunden? Wie wird gewährleistet, dass in dieser herausfordernden Phase das Tagesgeschäft reibungsfrei weiterläuft? Welche Know-how-Träger aus dem übernommenen Unternehmen sind für die Post-Merger-Phase essenziell?
- Ein Stufenplan für die Integration von Schlüsselbereichen IT und Infrastruktur über Vertrieb und Marketing bis hin zu HR, Rechnungswesen und Finanzen, der dafür sorgt, dass das betroffene Unternehmen handlungsfähig bleibt und das Tagesgeschäft abgewickelt werden kann.

- Eine rasche Klärung von Personalfragen, insbesondere, was die Besetzung von Top-Positionen und möglichen Personalabbau angeht. Es ist nur zu menschlich: Jeder, der involviert ist, fragt sich unweigerlich:»Was wird aus mir?«, bevor er sich Gedanken über das Unternehmenswohl macht. Je schneller darauf eine Antwort gegeben wird, umso besser.
- Die Aufstellung einer Führungsmannschaft, die hinter dem M&A-Projekt steht. Das bedeutet auch, sich von Führungskräften zu trennen, die bremsen oder geforderte Leistungsstandards nicht erfüllen. In der Praxis bewährt es sich häufig, ein Drittel des Managements auszuwechseln, ein Drittel zu halten und ein weiteres Drittel intern neu zu besetzen.
- Eine konstruktive Zusammenarbeit mit Arbeitnehmervertretern, Betriebsräten und Gewerkschaften. Viele Manager haben zu diesem Thema keinen adäquaten Zugang. Dabei ist es ganz einfach: Erstens gibt es klare Regeln und Gesetze, die einzuhalten sind. Zweitens gilt hier wie überall: Proaktive Kommunikation, Respekt vor dem Gegenüber und angemessene inhaltliche Vorbereitung verbessern die Situation enorm. Manchem fehlt der Blick für die Zwänge, denen gewählte Arbeitnehmervertreter unterliegen, die hautnah mit den Sorgen und Forderungen ihrer Wähler konfrontiert sind. Wenn Manager hier jammern, heißt das oft nur: Sie haben ihre Hausaufgaben nicht gemacht!
- Die Identifikation von Problembereichen und Widerständen, die entschlossene Umsetzung getroffener Entscheidungen und die konsequente Trennung von Personen, die den eingeschlagenen Weg erkennbar nicht mitgehen wollen. In der Diktion von Christine Wolff:»Klare Richtlinien setzen und Fehlverhalten sanktionieren«. Auch hier können wir von der Kompromisslosigkeit der Incas lernen, die nicht zögerten, ihre Pläne in die Tat umzusetzen.

Das klingt alles selbstverständlich? Mag sein. Doch warum gibt es dann immer noch so viel unfassbar schlechtes Fusionsmanagement? Wenn Andreas Krebs in seinen Vorträgen beispielsweise fragt, wer schon eine Fusion mitgemacht hat, gehen viele Hände nach oben. Wenn er dann fragt,»Wer wusste sehr schnell, ob sein Stuhl wackelt oder nicht?«, gehen fast alle Hände wieder nach unten. Es wäre schön, wenn das »Selbstverständliche« einfach mal beherzigt werden würde …

Drei bis sechs Monate nach der formalen Übernahme sollten die wichtigsten Integrationsmaßnahmen abgeschlossen sein, empfiehlt der Unternehmensberater Michael Hirt. Danach stelle sich »Integrationsmüdigkeit« ein und die Erfolgswahrscheinlichkeit nehme rapide ab.[32] Die Timeline ist ambitioniert, Hirts Sorge allerdings berechtigt. Mitarbeiter werden sich zudem erst dann mit der neuen Organisation versöhnen und sich für deren Ziele engagieren, wenn Verteilungskämpfen der Boden entzogen ist: »Solange strukturelle Konflikte (…) nicht geklärt sind, fallen auch Menschen, die auf der persönlichen Ebene eigentlich miteinander könnten, sehr rasch in die Schützengräben der konkurrierenden Lager zurück«, warnt Change-Experte Winfried Berner.[33] Zukünftige Zuständigkeiten, Standorte, Produktionsstätten, Aufgabenteilungen und dergleichen können daher gar nicht früh genug festgelegt werden.

Darüber hinaus gibt es eine simple Maßnahme, die Menschen unterschiedlicher Lager wirksamer zusammenführt als alle Appelle und Sonntagsreden auf Betriebsversammlungen: die gemeinsame Arbeit an einer herausfordernden Aufgabe. Sympathie fördert gute Kooperation, so viel ist vielen Menschen bewusst. Doch umgekehrt gilt auch: Kooperation (auch erzwungene) ist das beste Mittel, Sympathie oder zumindest gegenseitiges Verständnis zu wecken. Auf diesem Grundgedanken basieren ja zahllose Outdoor-Trainings und Teambildungsseminare. Doch das wahre Abenteuer ist der Unternehmensalltag – und dort können Menschen viel besser und nachhaltiger zusammenwachsen als beim Abseilen an einer Steilwand oder im Kletterwald.

Das Beste aller Welten – oder eine Diktatur des Siegers?

Hätten die Incas nicht mit jeder »Akquisition« den Erfahrungsschatz anderer indigener Völker gehoben, wäre ihr Reich wohl nie zu solcher Blüte gelangt. Die Idee ist so bestechend wie einleuchtend: Wir werden unbesiegbar, indem wir das Fremde dort integrieren, wo es uns etwas voraushat. Auch in der M&A-Welt gibt es dieses Konzept – es ist die Idee von der Zusammenführung des Besten zweier Welten. Doch wie oft wird das wirklich umgesetzt? Meist bleibt es ein frommer Wunsch, selbst da, wo vollmundig ein »Merger of Equals« angekündigt wurde. Hinter den Kulissen der Sachlichkeit und Zielorientierung geht es bei den meisten Fusionen um Egos, um Posten, um Macht. Wie oft geschieht es tatsächlich, dass ein Manager des kleineren oder »unterlegenen« Partners in der neuen Organisation aufsteigt? Wie häufig werden Praktiken des Käufers infrage gestellt, weil ein gekauftes Unternehmen über ein effizienteres Prozedere verfügt? Das Beste aller Welten bedeutet: Nicht das Durchsetzbare machen, sondern das, was richtig ist. Die dazu nötige Souveränität bringt nicht jeder auf, verlangt es doch, nicht nur die anderen auf den Prüfstand zu stellen, sondern auch sich selbst.

Dabei spricht bei nüchterner Betrachtung viel dafür, nicht als Kolonisator, sondern als Partner aufzutreten:

1. Eine »Best of«-Fusion bietet die Chance, die klügsten Köpfe, die besten Konzepte, die erfolgreichsten Produkte, die effizientesten Verfahren aus einem größeren Pool auszuwählen und so den wirtschaftlichen Erfolg des (neuen) Unternehmens zu steigern.
2. Eine »Best of«-Fusion reduziert emotionale Widerstände beim kleineren oder schwächeren Partner und beschleunigt den Integrationsprozess. Man kann ein Unternehmen kaufen, aber die Kooperationsbereitschaft, das Engagement und das Vertrauen seiner Mitarbeiter kauft man eben nicht automatisch mit. All das muss erst gewonnen werden und all das wirkt sich unmittelbar auf die Produktivität aus. Wer mit Siegermentalität auftritt, errichtet Barrieren, statt zu vereinen, und sorgt für Frust, statt zur Mitarbeit anzuspornen.
3. Eine »Best of«-Fusion entspricht dem Bedürfnis vieler Mitarbeiter, im Unternehmen auch Gewohntes, Wurzeln, etwas wie »Heimat« zu finden. Organisationen leben nicht nur von visionären Topmanagern, ambitionierten Leistungsträgern und international flexiblen Führungskräften. Sie sind auch auf Menschen angewiesen, die zuverlässig, solide und ohne großes Aufheben das operative Geschäft erledigen. Wenn solche Mitarbeiter Teile des früheren Managements, bisheriger Arbeitsweisen und / oder Produkte im neuen Unternehmen wiederfinden, fördert das die Identifikation mit der neuen Organisation. Wie stark das Heimatbedürfnis von Mitarbeitern ist, hat Christine Wolff weiter oben an einem

eindrücklichen Beispiel gezeigt: Mancher empfindet es bereits als Zumutung, aus einer Tasse mit dem neuen Firmenlogo trinken zu müssen. Die Incas wussten vermutlich sehr genau, warum sie andere Völker bei der Integration zwar auf den Inca-Sonnengott verpflichteten, zugleich aber weiterhin lokale Gottheiten zuließen und in den eigenen Kult integrierten.[34]

Voraussetzung für eine »Best of«-Strategie ist, schon bei der Due-Diligence-Prüfung Personen, Bereiche, Prozesse, Produkte mit Potenzial klar zu lokalisieren und sie im folgenden Integrationsprozess tatsächlich einem internen Benchmark zu unterwerfen. Das ist zeitraubend, mitunter mühsam, und wird nicht immer erschöpfend gelingen. Hier muss eine Balance zwischen Gründlichkeit und Schnelligkeit gefunden werden. Worauf es ankommt, ist, sehr schnell zu demonstrieren, dass die angekündigte Zusammenarbeit auf Augenhöhe mehr als eine Beruhigungspille zu Beginn eines folgenden Übernahmediktats ist. Dazu genügen einige Richtungsentscheidungen, die vom kleineren Partner als glaubhafte Signale verstanden werden. Dass es tatsächlich gelingen kann, voneinander zu lernen, illustriert unser abschließendes Fallbeispiel.

Ein kluger Käufer oder: Auch alte Besen kehren manchmal gut

2010 übernahm der israelische Generika-Hersteller Teva das Ulmer Unternehmen Ratiopharm, damals die Nummer zwei auf dem deutschen Generika-Markt. Teva Pharmaceutical als Weltmarkführer bei Nachahmermedikamenten setzte damit seine Expansion in Europa fort. Rund anderthalb Jahre später öffnete Ratiopharm dem Wirtschaftsmagazin *Brand eins* die Türen. Die Bilanz der Übernahme in Ulm fällt überwiegend positiv aus. Dazu trug bei, dass das Teva-Management erst gar nicht versuchte, dem schwäbischen Unternehmen eine neue Kultur überzustülpen, also weder den Betriebskindergarten abschaffte noch das Gratis-Mineralwasser strich oder die zeitgenössische Kunst auf den Gängen. Was auf den Teppichetagen der Unternehmen als nebensächlich gelten mag, hat einige Stockwerke tiefer häufig einen ganz anderen Stellenwert, womöglich Symbolkraft. Manchmal genügt schon die Abschaffung der Schokoladenkekse in Meetings, um die Gerüchteküche anzuheizen.

Wichtiger noch wird gewesen sein, dass Teva die Kompetenz der Schwaben ausdrücklich schätzte und honorierte. So wurde der frühere Produktionschef von Ratiopharm zum Herstellungsleiter Europa berufen. Außerdem schaute Teva sich bei Ratiopharm die zentrale Lagerverwaltung ab, die bei den Tochterunternehmen Lieferengpässe vermeidet und Lagerkosten reduziert. Auch bei einer flexibleren Produktionsauslastung orientierte man sich am kleineren Unternehmen.

Natürlich hat sich auch viel geändert bei Ratiopharm: Das Tempo sei höher geworden, die Leistungsorientierung sehr viel stärker. Mit jeder Übernahme müssen sich Führungskräfte bei Doppelbesetzungen der Konkurrenz zu den Managern des neuen Unternehmens stellen; die Gesamtverantwortung bekommt der Bessere, unabhängig davon, wie lange er schon im Unternehmen ist. Doch das ist die logische Kehrseite einer konsequenten »Best of«-Philosophie: Es gibt keine ehernen Besitzstände, und das Bessere ist immer der Feind des Guten.[35]

Kleiner Stresstest für Ihre Fusionspläne

Da jede Branchen- und Unternehmenssituation anders und die Zusammenführung verschiedener Unternehmen immer komplex ist, scheint es fast vermessen, wichtige Impulse auf einer Seite zu bündeln. Wir versuchen es trotzdem.

Fusions-Test

1. Die Fusionspläne passen zur Unternehmensstrategie, es geht nicht primär um Macht, Status, Einfluss. (Es regiert also wirtschaftliche Weitsicht, nicht Egomanie im Vorstand.) ☐

2. Die Due-Diligence-Prüfung wurde sorgfältig genug durchgeführt. Es herrscht nicht etwa das Prinzip Hoffnung, sondern es findet eine kritische und robuste Analyse von Zahlen, Daten und Fakten statt. Potenzielle Synergien lassen sich konkret benennen, werden also nicht nur vermutet (die meisten der Synergien bei M&A werden nie realisiert). ☐

---

3. Die Unternehmenskulturen der betroffenen Einheiten sind kompatibel. □
   (Voraussetzung, um das beurteilen zu können: Die kulturellen Beson-
   derheiten des Zielunternehmens sind bekannt.)

4. Es gibt genügend Management- und Projekt-Kapazitäten für eine □
   geordnete Integration des Unternehmens. (Falls dem nicht so ist:
   Es ist klar, wie diese geschaffen werden sollen.)

5. Es besteht Klarheit darüber, welche externen Dienstleister in □
   den Vorgang eingebunden werden sollen (Beratungsunternehmen,
   Juristen).

6. Es wurde geprüft, ob es wettbewerbsrechtliche Barrieren (Kartellrecht) □
   geben könnte.

7. Es existiert ein Konzept für den Aufbau der neuen Organisation. □
   (Wie viel Zentralisierung ist geplant, wie viel Regionalmacht soll
   erhalten bleiben?)

8. Es ist ein Prozedere vorgesehen, das es gewährleistet, dass Know-how □
   und Best Practices aller Beteiligten in die neue Organisation einfließen
   (»Best of All Worlds«).

9. Es existiert ein ausführlicher Integrationsplan (Post-Merger-Integra- □
   tion) mit Zeitvorgaben, ersten Schritten, Prioritätensetzung.

10. Worst-Case-Szenarien wurden durchgespielt. (Es gibt einen Plan B □
    für den Fall, dass das Unwahrscheinliche doch eintritt.)

11. Die Kommunikations- und Informationspolitik ist eindeutig und □
    vertrauensbildend geregelt.

12. Eine möglichst schnelle Integration ist gewährleistet. (Wie groß □
    wird das »Fenster der Verwundbarkeit« sein?)

3 Dinge braucht es für erfolgreiche M&As:

- eine glasklare, überzeugende Strategie

- Kooperationsangebote an die Gegenseite

- erkennbare Offenheit für Best Practices anderer

»Ich nutze bewusst Gelegenheiten, nicht nur mit denen zu sprechen, mit denen ich immer spreche. Ich möchte auch mit Menschen reden, die ich dienstlich normalerweise nicht sehe, und hören, was sie denken.«

DANIEL ZIMMERMANN, 2009 MIT 27 JAHREN ZUM BÜRGER-MEISTER VON MONHEIM AM RHEIN GEWÄHLT UND 2014 MIT 95 PROZENT IM AMT BESTÄTIGT

7. Urteilskraft –
Look Who's Telling the Story!

Management sei »die Anwendung von Wissen auf Wissen«, hat Peter F. Drucker einmal formuliert.[1] Ohne verlässliche Informationen gibt es auf Dauer keinen Erfolg. Doch wie oft können Sie nicht sicher sein, welche Version der »Wirklichkeit« Sie gerade präsentiert bekommen? Stellen Sie sich beispielsweise ein Reich vor, das seit Jahrhunderten Krieg führt. Angehörige einer fremden Religion werden in blutigen Kämpfen zurückgedrängt. Weder Pest noch Bauernaufstände bremsen die Mächtigen. Im Bemühen, das Reich zu einen, schmiedet man nicht nur Heiratsallianzen, man schreckt auch vor brutaler Folter und grausamen Hinrichtungen nicht zurück. Dazu ruft man eigens eine Behörde ins Leben, die als »heilig« und daher als unfehlbar gilt. Sobald das Land unter Kontrolle ist, dehnt man die Expansionspolitik auf andere Kontinente aus. Dabei setzt man auf die Überlegenheit eigener Waffen und übt brutale Unterwerfung. Während der regierende Adel des Reiches prunkvoll residiert, verarmt die Bevölkerung und hungert. Schließlich muss sogar Getreide aus Nachbarländern importiert werden.

So ließe sich die Geschichte Spaniens auch erzählen, und zwar für die Zeit, in der rund 9000 Kilometer Luftlinie entfernt das Inca-Reich zu imperialer Größe wuchs: Reconquista (Rückeroberung der Gebiete unter maurischer Herrschaft), Inquisition, Vereinigung der Häuser von

Kastilien und Aragon, Vertreibung der Mauren, immer wieder kriegerische Auseinandersetzungen, 1557 gar ein Staatsbankrott.[2] Dennoch fühlte sich Spanien, das von religiösem Fanatismus, wirtschaftlicher Zerrüttung und Machtgier geprägt war, den Incas haushoch überlegen, auch in moralischer Hinsicht. Man berichtete von Menschenopfern im Inca-Reich (die es gab), übertrieb aber maßlos, indem man beispielsweise Massenopferungen von bis zu 20000 Gefangenen erfand, und beschrieb bestialische Methoden.[3] Die Gründe sind durchsichtig: Je primitiver und grausamer man die Incas schilderte, desto eher ließen sich Kolonialisierung und Christianisierung rechtfertigen. Eine Hochkultur ausplündern? Schwer vermittelbar. Aber unzivilisierten Wilden das Gold rauben und sie zum wahren Glauben bekehren: ein legitimer Feldzug im Namen Gottes!

Geschichte wird von Siegern geschrieben, das ist bekannt. Da waren auch die Incas nicht besser als ihre spanischen Eroberer. In frühen Chroniken, etwa des Inca-Adeligen Garcilaso de la Vega (1609), rechtfertigen sie die Unterwerfung anderer indigener Völker damit, dass sie Nachbarn, die bis dato angeblich »wie wilde Tiere« lebten, die Segnungen ihrer Kultur brachten.[4] Wir Menschen sind äußerst begabt darin, Fakten so zu präsentieren, dass sie uns nützen. Im Zeitalter der sozialen Medien verschwimmen die Grenzen zwischen Tatsachen, ideologisch gefärbten Darstellungen und schlichter Unwahrheit immer öfter. Wenn Wahlkämpfe durch »Fake News« beeinflusst werden und Präsidenten-Beraterinnen Lügen zu »alternativen Fakten« adeln[5], kann einem bange werden. Doch jenseits solcher besorgniserregender Auswüchse neigen wir alle ein wenig dazu, die Realität in unserem Sinne zu biegen. Und da schließt sich der Kreis zum Managementalltag. Was vermuten Sie, wie oft erfahren Sie von Ihren Mitarbeitern wirklich die »ganze Wahrheit«, bevor Sie eine Entscheidung treffen? Wie häufig basieren in Ihrem Unternehmen Maßnahmen auf Zahlen, die vielleicht nicht falsch, aber tendenziös ausgewählt sind? Und wie oft haben Sie selbst sich schon dabei ertappt, eine Situationsbeschreibung ein wenig in Ihrem Sinne zu »tunen«? Wenn Sie darauf mit »nie« antworten, sind Sie entweder nicht ganz ehrlich oder der erste Heilige, dem wir begegnen!

Im Spiegelkabinett der Chefetage

1997 veröffentlichte der Topmanager Daniel Gouedevert ein unge-
wöhnliches Buch, das sofort auf den Bestsellerlisten landete und sich
weit über 100 000 Mal verkaufte: »Wie ein Vogel im Aquarium«. Der
gebürtige Franzose Gouedevert war in den Achtzigerjahren acht Jahre
lang Vorstandsvorsitzender der deutschen Ford-Werke und danach bis
1993 Vorstandsmitglied bei VW. Sein Insiderbericht aus der Top-Etage
bricht radikal mit den üblichen Bänden der Selbstbeweihräucherung,
die Geschäftspartnern und Kunden feierlich überreicht und von diesen vermutlich meist ungelesen ins Bücherregal verbannt werden.
Bis heute interessant ist Gouedeverts Beschreibung, wie Informationen im Unternehmen bis ganz nach oben fließen: »Steigt man in der
Hierarchie eines Unternehmens bis zum Vorsitzenden, dann befindet
man sich meist auch auf der letzten Etage des Firmengebäudes. Und
je weiter man aufsteigt, desto mehr verwandeln sich die Fenster in
Spiegel. Auf der letzten Stufe der Hierarchie schließlich ist man nicht
nur allein, sondern man hat auch keine Fenster mehr. Der Blick auf
die Außenwelt ist verwehrt. Man sieht nur noch sich selbst. Auch die
Mitarbeiter, mit denen man verkehrt, stellen ständig einen Spiegel auf:
Gucken Sie mal, Chef, Sie sind der Beste. Selbst wenn man versucht,
sie zu Widerspruch oder Dialog zu animieren, bekommt man selten
eine Resonanz, die zu weiterem Nachdenken stimuliert.«[6]

So gesehen ist ein scheinbar allmächtiger CEO viel ohnmächtiger, als
wir glauben. Losgelöst vom operativen Geschäft ist er oft zu 100 Prozent darauf angewiesen, dass andere liefern, was er erfragt hat, und
gleichzeitig in der Pflicht gegenüber einer maximalen Zahl von Stakeholdern, die mit Argusaugen beobachten, ob die Unternehmensspitze
in ihrem Sinne handelt. Mag sein, dass die Ehrfurcht vor dem obersten
Chef vor 20 Jahren noch etwas größer war als heute, nach diversen
Skandalen, Finanzkrisen, Gehälter- und Boni-Diskussionen. Doch das
Grundproblem, das Gouedevert anreißt, besteht nach wie vor und es
besteht auch für die Ebenen unterhalb der Vorstandsetage: Es ist die
Schwierigkeit, als Führender nicht nur Mitteilungen zu bekommen,
die interessegeleitet oder aus Konfliktscheu gefiltert sind. Wie soll man
sachgerecht entscheiden, wenn man keine sachgerechten Informationen hat? Mögliche Auswege aus diesem Dilemma skizzieren wir im
nächsten Abschnitt (»Die Landkarte ist nicht das Land«).

Gouedevert beschreibt eine strukturell und institutionell bedingte Realitätsferne, die nicht auf (Top-)Manager beschränkt ist, sondern die auch andere Funktionsträger betrifft, etwa Politiker, die bisweilen entlarvend von den »Menschen draußen im Lande« sprechen, ganz so, als schwebten sie selbst in einer Raumstation darüber. Fatal wird es, wenn zum ohnehin getrübten Infofluss noch die (ebenfalls menschliche) Überzeugung kommt, qua Aufstieg ohnehin den überlegenen Durchblick zu haben. Manchmal holt die Unternehmenswirklichkeit einen Topmanager dann unsanft wieder ein, auf (zumindest für Außenstehende) amüsante Weise im folgenden Beispiel.

Wenn der CEO erst einmal Kerosin bezahlen muss

Ein US-Konzern hatte in einem Mega-Projekt viele Verwaltungsaufgaben, u.a. Kunden- und Lieferantenbuchhaltung, Rechnungsprüfung und andere Buchhaltungs- und Finanzbereiche, an externe Dienstleister outgesourct, und das global – gegen die Empfehlung von Teilen des Vorstandes, die das Projekt in vielen Aspekten für überdimensioniert hielten und um Kundennähe fürchteten. Das Projekt war bereits in vollem Gange, als es immer mehr zu knirschen anfing. Lieferanten beschwerten sich über unzureichende Bezahlung, Dienstleister weigerten sich zu liefern, Rechnungen wurden entweder nicht bezahlt oder gleich doppelt, das gesamte Prozess-Design schien mangelhaft. So etwas kommt bei fast jedem Projekt dieser Größe vor, aber hier häuften sich die Beschwerden massiv. Mehrere Vorstandskollegen hatten das bereits beim CEO vorgetragen, aber der hatte es sich zu eigen gemacht, das Projekt für gut zu befinden. Dann passierte es: Zu einer Sitzung waren Teile des Vorstands, wie in Corporate America üblich, vom 100 Meilen entfernten Headquarter mit dem Helikopter angereist. Bei der Abreise weigerte sich die betreuende Firma am kleinen Provinz-Airport, den Hubschrauber aufzutanken. Drei offene Rechnungen über insgesamt 72 000 US-Dollar waren einfach zu viel, trotz langjähriger Partnerschaft. Der CEO stieg aus und sprach allein mit dem Inhaber der Firma. Dann zückte er seine Kreditkarte. Selbst in dieser Einkommensklasse ist das Limit nicht so hoch, doch die Karte wurde anstandslos angenommen, und nach einem Telefonat mit der Kreditkartenfirma konnte der Hubschrauber schließlich betankt werden. Nach dem Start herrschten erst einmal zehn Minuten peinliches Schweigen, bevor der CEO die Gründe dieser absurden Situation reflektierte. Das war's dann. Der verantwortliche Vorstand musste gehen, die Berater auch, und das Projekt ▶▶

> wurde auf ein vernünftiges Mindestmaß zurückgestuft. Dann konnte man sich wieder auf das Wichtigste konzentrieren: das Geschäft und die Kunden.

Das Problem ausgewogener Urteilskraft ist also ein zweifaches: Führungskräfte laufen Gefahr, dass Mitarbeiter um sie herum ein Spiegelkabinett der Schmeichelei und Mikropolitik errichten, und zwar umso eher, je höher sie in der Hierarchie aufsteigen und / oder je autoritärer sie »regieren«. Und sie laufen darüber hinaus Gefahr, durch Selbstbezogenheit und Selbstgewissheit einen weiteren Spiegel in sich zu tragen und sich so noch mehr gegen die Wirklichkeit abzuschotten. Geht das nicht gut aus, versteht der Manager die Welt nicht mehr, ob er nun Ackermann, Dormann, Hoeneß, Middelhoff oder Welteke heißt. Doch in Wahrheit war seine Urteilskraft schon lange vor der unternehmerischen oder persönlichen Katastrophe getrübt.

Die Landkarte ist nicht das Land

Ein Außendienstmitarbeiter erlebt tagtäglich, wie Kunden auf Produkte oder Dienstleistungen des Unternehmens reagieren. Ein Vertriebsleiter verlässt sich schon vorwiegend auf Berichte seiner Vertriebsmitarbeiter sowie Absatzstatistiken und Umsatzübersichten. Der zuständige Vertriebsvorstand wiederum stützt sich auf die Berichte leitender Vertriebler und weitere Controlling-Daten. Der CEO schließlich setzt sein Unternehmenspuzzle aus weiter komprimierten, aufbereiteten und gefilterten Daten zusammen. Sein Bild ist sehr viel umfassender als das des Vertreters vor Ort, zugleich ist es aber auch grobkörniger. Es ist wie bei einer Landkarte, deren Maßstab immer größer wird, die dafür aber ein immer größeres Gebiet abdeckt. Doch die Landkarte ist nicht das Land. Im Vorteil ist, wer Kunden und Produkte nicht vergisst.

Ein Firmeninhaber oder CEO muss sich in noch stärkerem Maße als die Führungskräfte auf den Ebenen darunter auf das verlassen, was andere ihm erzählen. *Muss* er wirklich? Um die Bodenhaftung nicht zu verlieren, könnte er z. B. gelegentlich die »Raumstation« des engeren Führungskreises verlassen und sich den Ansichten und Erfahrungen von Mitarbeitern, Kunden und anderen Stakeholdern stellen. Für viele leitende Manager ist das – auch wenn sie das so kaum zugeben würden – eine stressige Situation. Die Raumstation ist auch ein Schutzraum gegen unvorhergesehene Reaktionen. Mancher CEO oder Vorstand hat Sorge, sich beispielsweise im direkten Gespräch mit einem Schlüsselkunden zu blamieren, weil er nicht mehr nah genug am Tagesgeschäft ist. Andere Führungskräfte tun sich schwer damit, auf einfache Mitarbeiter zuzugehen, weil sie dazu die eingefahrenen Gesprächsroutinen des Manageralltags verlassen müssen. Und doch führt kein Weg an solchen Ausflügen in die Unternehmenswelt vorbei, wenn man wirklich wissen will, wie es jenseits der Landkarte aussieht, mit der man sonst durch den Tag navigiert. Idealerweise ist es Teil Ihrer Management-DNA, den »Reality-Check« oder auch »Sanity-Check« dessen zu machen, was in stark abstrahierter Form als Beschlussvorlage, Statusbericht oder Zahlenkolonne auf Ihrem Schreibtisch landet.

Prof. Dr. Iris Löw-Friedrich, *Topmanagerin und Multi-Aufsichtsrätin:*
»Wenn ich mir überlege, auf welcher Basis wir im Vorstand Entscheidungen treffen und wie tief wir im Einzelnen in die Materie eindringen wollen oder können – das macht nachdenklich. Halbwissen sollte man auch als Halbwissen erkennen. Natürlich muss man sich ein Urteil verschaffen und mit jemandem sprechen, dem man vertraut und der Sachverstand besitzt. Idealerweise spricht man mit mehreren Quellen unabhängig voneinander, weil es immer eine gewisse Voreingenommenheit gibt. Man sollte eine 360-Grad-Sicht anstreben, auch wenn das unbequem ist.«

»Frühstück mit Andreas Krebs« hieß ein Treffen, zu dem monatlich Mitarbeiter aller Ebenen eingeladen waren, mit der ausdrücklichen Aufforderung, Fragen mitzubringen und diese direkt an den »Oberboss« zu richten – wir berichteten schon davon. Das verpflichtet die Führungskraft natürlich auch, den Fragen nachzugehen, die sie nicht sofort beantworten kann. Stimmte es beispielsweise tatsächlich, dass es in der Produktion etliche Mitarbeiter mit Kettenverträgen gab? Der Personalvorstand musste hier ein Versäumnis zugeben, das zeitnah ausgeräumt wurde. Glauben Sie also nicht, es sei mit dem Einrichten eines Frühstücksmeetings oder einer ähnlichen Eventreihe getan. Es dauert lange, manchmal sechs bis zwölf Monate, bis sich rumgesprochen hat, dass man bei diesen Treffen als Mitarbeiter wirklich Klartext reden und die echten, harten Fragen vortragen kann. Das erfordert Vertrauen. Und dieses Vertrauen entsteht nur, wenn Sie zeigen, dass Sie es wirklich ernst meinen, sich ernsthaft eine 360-Grad-Übersicht verschaffen wollen, Anregungen und Kritik nachgehen und die Mitarbeiter anschließend auch über konkrete Ergebnisse informieren.

Neben solchen Veranstaltungen gibt es das bekannte »Management by Walking Around«: regelmäßig präsent und (wichtiger noch) *ansprechbar* sein in verschiedenen Abteilungen bis hinunter in die Produktionshalle. Auch hier gilt: Das funktioniert nur, wenn Sie es dauerhaft machen, sich wirklich für die Sorgen und Themen der Mitarbeiter interessieren und unplugged mit den Menschen sprechen. Hier kann man sich einiges in der Service-Industrie abschauen. Man lernt schon auf der Hotelfachschule, dass der Hoteldirektor mindestens eine bis zwei Stunden täglich im Hotel unterwegs sein sollte. Die richtig guten machen das auch, und man sieht sie als Gast!

Mitten im Geschehen sein statt unsichtbar

Andreas Krebs durfte Jürgen Baumhoff, heute Direktor eines Schweizer Fünf-Sterne-Hotels, früher einmal auf seiner Tour durch sein Hotel in Hongkong begleiten. Baumhoff konnte in einen vollen Ballsaal mit 1000 Gästen gehen und sofort erkennen, ob es gut lief oder ob der Service nicht perfekt war. Er spürte gleich, wenn manche Gäste unzufrieden waren. Sein Kommentar: »Hier werden wir unseren Servicestandards nicht gerecht, dort verlieren wir gerade Geld …« Die Präsenz des (sehr beliebten) Hoteldirektors, der sich einen Überblick verschaffte und einfach nur da war, steigerte die Performance, gab ihm die Gelegenheit, ganz nah am Geschäft und an den Mitarbeitern zu sein. Was dabei zählt, ist kein »Mal reinschauen«, sondern das tägliche Programm, mit unterschiedlichen Schwerpunkten in der Organisation unterwegs zu sein.

Zu den erfolgversprechendsten Schauplätzen für Vertriebs- und Verkaufsleiter oder CEOs, um zu erfahren, was wirklich in der Organisation los ist, zählen auch Incentive-Events. Bei Veranstaltungen für die besten Mitarbeiter, ob im Vertrieb, in der Technik, bei den Mitarbeitern des Monats oder anderen verdienten Mitarbeitern, erfahren Sie, wo der Schuh drückt. Wenn die besten Leute den Mund aufmachen, dann nicht, um zu meckern, sondern um die Organisation, den Unternehmensbereich, die Behörde oder Firma noch besser zu machen. Und diese Events machen auch noch Spaß. Nutzen Sie sie! Den Draht zum Markt kann man durch Kundenveranstaltungen festigen, etwa durch attraktive Events, auf denen man direkt miteinander ins Gespräch kommt – und das geht auch Compliance-konform! Fluglinien veranstalten so etwas beispielsweise für Vielflieger. Und für ganz Mutige bleibt ja noch die Methode von Catherine von Fürstenberg-Dussmann, inkognito das eigene Unternehmen zu testen.

Daneben profitiert jede Führungskraft von kritischen Sparringspartnern im engeren Umfeld. Das ist bisweilen unbequem, auf Dauer jedoch überlebensnotwendig. »Wenn zwei Menschen immer wieder die gleichen Ansichten haben, ist einer von ihnen überflüssig«, stellte Winston Churchill kurz und bündig fest. Kann man Ihnen tatsächlich noch widersprechen, ohne dafür in irgendeiner Form büßen zu müssen? Gehen Sie davon aus, dass Ihr Umfeld sehr genau beobachtet, wie Sie mit Mitarbeitern umgehen, die sich trauen, eine eigene Meinung zu äußern. Die Zahl der mutigen Menschen ist ohnehin begrenzt, und wenn Sie diese auch noch im Wortsinne ent-mut-igen, werden Sie bald nur noch von Jasagern umgeben sein.

Wenn Ihnen trotz Diskussionsbereitschaft die Eintracht in einer Runde zu groß ist, könnte die »Oxford Union Debate« eine interessante Erfahrung sein: Die Oxford Union ist der anspruchsvolle Debattierclub der Oxford University. Debatten verlaufen dort mit einer strengen Rollenverteilung von Verteidigern und Opponenten einer These unter dem Vorsitz eines »Chairman«. In der Debatte bekommen einige Teilnehmer die Chance, die Rolle einzunehmen, die ihrer ursprünglichen Meinung entgegengesetzt ist.[7] Die Diskussion mit erzwungener Perspektive ist sogar viel älter. In den Klöstern wurde dies als »Scholastischer Disput« geübt, indem der Prior zwei Mönchen These und Antithese zuteilte und diese ihre zugewiesene Position verteidigen mussten. Der wesentliche Clou ist nicht nur der Rollenwechsel: Jeder Teilnehmer musste vor seiner Antwort zunächst präzise wiederholen, was sein Kontrahent eigentlich gesagt hatte. Das Ganze beginnt also mit einer Disziplinierung des Zuhörens – unglaublich schwierig und extrem wirkungsvoll, wie Sie beim Ausprobieren feststellen werden.

Paul Williams setzt diese Methoden in Beratungsprojekten oder Workshops ein, auch und gerade im Topmanagement und auf Vorstandsebene. Der Effekt ist jedes Mal frappierend – auf diese Weise kommen Punkte auf den Tisch, die sonst verschwiegen würden. Diszipliniertes Zuhören, erzwungener Perspektivwechsel und die im Rahmen der Rolle erlaubte Ehrlichkeit brechen Fronten auf und begünstigen einen echten Austausch anstelle eines bloßen Schlagabtausches entlang bekannter Demarkationslinien. Außerdem lockert das Rollenspiel die Zunge, denn es verschafft Narrenfreiheit: Man tut ja nur, »als ob«. Um die Eingangsmetapher aufzugreifen: Es ist, als ob die Kombattanten ihre Landkarten austauschten und so vertiefende Rückschlüsse über das Land ziehen – statt wie üblich vorwiegend darüber zu streiten, wer von ihnen die bessere Landkarte besitzt.

»Es irrt der Mensch so lang er strebt«

… sagt kein geringerer als »Der Herr« im Prolog zu Goethes bekanntestem Drama *Faust I.* Über wie viele Ihrer Entscheidungen würden Sie im Nachhinein sagen, dass sie genau richtig waren, wie viele waren eindeutig falsch, wie viele akzeptabel, wenn auch nicht optimal? Wenn Sie darüber nachdenken, werden Sie rasch feststellen, dass sich diese Frage nur mit Einschränkungen beantworten lässt, ganz einfach, weil man die Folgen einer Alternativentscheidung in vielen Fällen nicht absehen kann. Viele Entscheidungen basieren auf einer begrenzten Datenbasis, konkurrierenden Empfehlungen und Expertenmeinungen. Gäbe es absolute Urteilssicherheit, wäre die Entscheidung ja keine Entscheidung mehr, sondern es läge klar auf der Hand, was zu tun ist. Überhaupt Expertenmeinungen: Wir begegnen tollen Experten und respektieren die Eliten aus den Fachbereichen. Aber eigentlich wissen wir im Einzelfall nicht, ob diese ihren Zenit schon überschritten haben. Wann ist es erlaubt und erforderlich, Eliten und Expertenmeinungen kritisch zu hinterfragen? Wie verhindern Sie, dass Entscheidungen auf veralteter Expertise basieren, auf Theorien, die zwar viele Jahrzehnte Bestand hatten, jetzt aber nicht mehr funktionieren? Auch der Inca Atahualpa hat vermutlich Ratgeber und Priester befragt, wie mit den Neuankömmlingen umzugehen sei. Anschließend führte er sein Reich zielstrebig in den Untergang und sich selbst gleich mit.

»Ein Experte ist ein Mann, der hinterher genau sagen kann, warum seine Prognose nicht gestimmt hat«, ätzte Winston Churchill, der als Finanzminister, Innenminister und zweifacher Premierminister unzählige Expertenmeinungen gehört haben dürfte. Keine Experten mehr zu fragen kann aber auch nicht die Lösung sein. Viel ist schon damit gewonnen, sich bewusst zu machen, dass jeder Experte die Welt mit einer ganz bestimmten Landkarte im Kopf beurteilt – eben der seines Fachwissens. Und keine Landkarte sagt alles über das vermessene Gebiet. In heiklen Fällen konkurrierende Experten zu hören, in Umbruchsituationen neue Meinungen einzuholen, ohne jedem modischen Trend aufzusitzen, all das kann helfen. Direkt Betroffene oder Ausführende zu fragen, den besagten Reality-Check zu machen, ebenfalls. »One accurate measurement is worth a thousand expert opinions«, so Computerpionierin und Navy Admiral Grace Hopper. Das würden die kommunalen Bauherren eines westfälischen Krankenhauses sicher bestätigen, die »Spezialisten« mit der Planung ihres Baus beauftragten und nun Krankenzimmer haben, aus denen man Betten nur mit großer Mühe herausrollen kann, und Wege zwischen Krankentrakt und Operationssaal, die dem Personal täglich etliche Zusatzkilometer abverlangen. Auch steht das Gebäude auf einem sumpfigen Gelände und bekommt nun Risse im Mauerwerk und in den Fensterscheiben. Umliegende Landwirte hatten gewarnt, doch die Experten wussten es besser.[8]

Auch Experten machen Fehler und auch Experten teilen mitunter Denkgewohnheiten, mit denen wir uns in die Tasche lügen. Bequeme Bestätigungen glauben wir eher als Nachrichten, die uns Veränderungen abverlangen. Was in unser Weltbild passt, nehmen wir eher wahr als davon abweichende Informationen. Fehlentscheidungen, in die wir bereits viel investiert haben, revidieren wir zögerlicher als Fehlentscheidungen, deren Umsetzung noch am Anfang steht, selbst wenn die ideellen und finanziellen Kosten dieser Augen-zu-und-durch-Strategie horrende sind. Und in einer Welt, die immer unübersichtlicher wird und in der die Sehnsucht nach einfachen Wahrheiten wächst, steigt die Neigung, lieber der passenden Lüge zu folgen, als sich um die Fakten zu kümmern. Hoffen wir, dass viele Entscheidungsträger sich gegen den Zeitgeist des »Postfaktischen« stemmen. Beunruhigend ist: Auch wenn »postfaktisch« mit der Wahl zum Wort des Jahres 2016 zum modernen Phänomen erklärt wurde, sind Menschen schon immer Zerrbildern auf den Leim gegangen und haben mitunter dafür einen hohen Preis bezahlt. Der Evolutionsbiologe und Geograf Jared Diamond ist in einem dicken Band der Frage nachgegangen, »Warum Gesellschaften überleben oder untergehen«.[9] Ein Kapitel behandelt einen besonders spannenden Punkt: »Warum treffen manche Gesellschaften katastrophale Entscheidungen?« Mit nur wenig Fantasie lassen sich die Ausführungen des Pulitzer-Preisträgers auf Unternehmen übertragen. Wir geben daher eine kurze Synopse.

Warum Gesellschaften [und auch Unternehmen] katastrophale Entscheidungen treffen (nach Jared Diamond 2005)

1. Ein Problem wird nicht vorausgesehen

(Beispiel: Erste Siedler führen Kaninchen nach Australien ein. Bis heute leidet das Land unter der Kaninchenplage.)

Gründe:

a) Keine Erfahrung mit dem Phänomen (siehe Kaninchen)

b) Falsche Analogie-Schlüsse (unser Beispiel: die Incas, die den Spaniern begegneten wie anderen indigenen Völkern)

2. Ein Problem wird nicht wahrgenommen

(Beispiel: Auslaugung von Ackerböden vor dem Vorliegen von Analysemethoden)

Gründe:

a) Das Problem ist buchstäblich unsichtbar (siehe Boden-Auslaugung)

b) Verantwortliche / Entscheidungsträger sind regional zu weit weg vom Problem (unser Beispiel: Missstände in Auslandstöchtern)

c) »Schleichende Normalität« – das Problem verbirgt sich hinter einem Trend mit Schwankungen (siehe Klimawandel)

3. Man kennt das Problem, löst es aber nicht

Gründe:

a) »Rationales Verhalten«: Dem Einzelnen nützt, was der Allgemeinheit schadet (unser Beispiel: Boni, die falsches Verhalten belohnen, etwa im Investmentbanking)

b) »Tragödie des Gemeineigentums«: Wenn ich es nicht mache,
tut es ein anderer (siehe Überfischung der Meere; unser Beispiel:
Bestechung zur Auftragsakquise)

c) Unfähigkeit, überkommene Wertvorstellungen aufzugeben
(siehe Abholzung ganzer Inseln und Regionen)

d) Gedanke, man habe schon zu viel investiert (»Effekt der verlorenen
Kosten«) (unser Beispiel: Aktie zu spät verkaufen)

e) Die Person(engruppe), die auf das Problem hinweist, wird abgelehnt
und damit auch ihre Meinung (unser Beispiel: Verbesserungs-
vorschläge des »unterlegenen« Merger-Partners, z. B. bei Daimler /
Chrysler)

f) »Irrationaler Konflikt zwischen kurz- und langfristigen Motiven«
(siehe Dynamitfischen armer Fischer auf Haiti, die dadurch auf Dauer
ihre Lebensgrundlage zerstören)

g) Gruppendenken (»groupthink«): Entsteht vor allem, wenn eine
kleine Gruppe »unter belastenden Umständen zu einer Entscheidung
gelangen will«. Stress und das Bedürfnis nach Zustimmung können
dann dazu führen, dass Zweifel und Kritik unterdrückt werden
(siehe Kennedy und die Invasion in der Schweinebucht)

h) Verdrängung: Besonders schmerzhafte Wahrnehmungen werden
unterdrückt (siehe das Phänomen, dass Anwohner direkt am
Staudamm einen Dammbruch am wenigsten fürchten)

4. Die Lösung eines Problems wird angegangen, aber sie scheitert

Gründe:

a) Lösungsversuche erfolgen zu spät (unser Beispiel: Maßnahmen
zur Abwendung der Schlecker-Pleite)

b) Lösungsversuche sind zu schwach (unser Beispiel: das deutsche
Rentensystem)

c) Lösungsversuche sind kontraproduktiv (siehe den Versuch, Insekten
in Australien durch eingeführte Kröten zu bekämpfen – heute sind
die Kröten die eigentliche Plage)[10]

Der Blick auf diese Übersicht macht nachdenklich: Fürs Wegducken
vor Problemen gibt es die weitaus meisten Gründe, und allen begegnet
man auch in Unternehmen, vom Verdrängen und Schönreden über

Gruppendruck bis zum »Augen zu und durch!«. Umso wichtiger ist es, seine Urteilskraft regelmäßig kritisch zu prüfen. Mit Heinz Erhardt gesagt: Glauben Sie nicht alles, was Sie denken!

»Riots in Berlin« oder: Wer ist schon wirklich objektiv?

»Das Inka-Imperium wurde als Ausbeutungsherrschaft geschmäht oder wegen seiner umfassenden Umverteilungsmaschinerie als sozialistischer Beglückungsstaat gefeiert«, schreibt der Wissenschaftsjournalist Michael Zick.[11] Wer hat recht? Was ist Fakt, was ist Fama? Ob die ersten Inca-Chronisten des 16. und 17. Jahrhunderts, ob spanische Priester oder Soldaten, ob frühe Forschungsreisende wie Hiram Bingham, der 1911 Machu Picchu entdeckte – jeder präsentierte seine eigene »Wahrheit« und war vermutlich felsenfest von seiner Objektivität überzeugt.

Wir beurteilen die Welt auf der Basis unserer persönlichen Überzeugungen, die sich aus Erziehung, Erfahrung, kultureller Prägung und ererbten Charakterzügen speisen. Wir haben Modelle im Kopf, wie die Welt ist und wie sie sein sollte. Auf dieser Basis interpretieren und urteilen wir, nehmen wir wahr. Wir »konstruieren« unsere Wirklichkeit, wie Philosophen wie Paul Watzlawick, Heinz von Foerster oder Ernst von Glasersfeld als »Konstruktivisten« betonen. Bewusst wird uns das am ehesten bei kulturellen Unterschieden. Die meisten Europäer können beispielsweise schwer nachvollziehen, warum Waffen in den USA zu den beliebtesten Weihnachtsgeschenken gehören und Abgeordnete sich stolz mit ihrer bis an die Zähne bewaffneten Familie ablichten lassen (inklusive Kinder und Halbwüchsige mit Pistolen und Gewehren in der Hand).[12] Viele US-Amerikaner ihrerseits halten die Europäer für zu wenig handlungsorientiert. Angesichts der regelmäßigen Krawalle zum 1. Mai in Berlin-Kreuzberg bekam Andreas Krebs als Vorstandsmitglied eines US-Unternehmens Ende April und routinemäßig von der Corporate-Security-Abteilung eine Reisewarnung mit der Überschrift »Travel Warning Germany«: Es seien »Riots in Berlin« zu erwarten, man solle die Stadt meiden. Jeder Versuch, diese Absurdität zu relativieren, scheiterte am amerikanischen Corporate-

Security-Blick auf die »gefährliche Welt« jenseits der amerikanischen Küsten.

Wir leben zwar auf demselben Planeten, aber in verschiedenen Welten. Schon Ihre Weltsicht und die Ihrer Kollegen weisen nur mehr oder weniger große Schnittmengen auf. Ob Sie in einem Unternehmer- oder einem Arbeiterhaushalt aufgewachsen sind, ob Ihr Vater Jurist oder Musiker war, ob man aus der Großstadt oder einem Eifeldörfchen stammt, all das beeinflusst die eigene Einschätzung, wie »die« Welt funktioniert und wie wir sie angehen sollten. Zudem haben wir alle blinde Flecken in der Eigen- wie Fremdwahrnehmung. Das ist der wohl beunruhigendste Gedanke: gar nicht zu wissen, dass man etwas nicht weiß. Solche blinden Flecken sind häufig Thema im Coaching, beispielsweise wenn ein Vorgesetzter sich beklagt: »Von meinen Mitarbeitern erfahre ich nichts, obwohl ich jederzeit ansprechbar bin!«, und dabei übersieht, dass er durch permanente Eile, ein unüberwindbares Vorzimmer und impulsive Reaktionen alles andere als »ansprechbar« wirkt.

Bei Licht besehen ist also niemand vollkommen objektiv, selbst wenn wir bewusste Einseitigkeiten, Weglassen von Aspekten, Herstellen von wackeligen Zusammenhängen und ähnliche Manipulationsversuche ausklammern. Wie also vermeiden Sie, Opfer von Halbwahrheiten oder gar Täuschungen zu werden? Ein guter Anfang: Fragen Sie nach, um zu prüfen, ob Sie die Botschaft wirklich verstanden haben. Wie wir im Kapitel 2 (»Talent vor Seniorität«) gesehen haben, lässt die Fähigkeit, aufmerksam zuzuhören, mit zunehmender Hierarchiestufe leider oft nach. Wer sich gelegentlich daran erinnert, dass wir zwei Ohren und nur einen Mund haben, wird die weiseren Entscheidungen treffen. Holen Sie eine zweite Meinung ein. Reagieren Sie vorsichtig, wenn Sie ein »ungutes Gefühl haben«. Intuitive Reaktionen sind häufig zutreffend, weil sie auf einem gebündelten Erfahrungsschatz basieren und unserem Denken so mentale Abkürzungen erlauben. Widerstehen Sie künstlich aufgebautem Zeitdruck: In den allermeisten Situationen kann man entscheiden, jetzt (noch) nicht zu entscheiden! Kurz: Versuchen Sie, unter die Oberfläche zu schauen. Und lassen Sie sich nicht davon abhalten, dass Sie dort möglicherweise etwas finden, das Ihnen gar nicht gefällt. Je stärker Sie den Ruf erwerben, nicht so leicht hinters Licht zu führen zu sein, desto weniger wird man versuchen, Sie zu instrumentalisieren. Einer unserer Gesprächspartner hat dazu eine eindeutige Position:

Gerd Stürz, *Life Sciences DACH-Chef von EY:* »*Wahrscheinlich kennt jeder Beispiele, wo einem eine bestimmte Form der Wahrheit präsentiert wird. Wenn jemand behauptet, ›Da bin ich unvoreingenommen‹, ist er vermutlich parteiisch. Wenn ich z.B. höre, ›I am completely unbiased‹, gehen bei mir alle Lampen an. Und wenn ich das Gefühl habe, dass mir jemand genau zugeschnittene Informationen gibt, damit ich irgendetwas tue, werde ich schon mal deutlich.*«

Kleiner Stresstest für Ihre Urteilskraft

Blicken Sie tatsächlich durch, oder kennen Sie allenfalls einen Teil der Wahrheit? Stimmt Ihre Landkarte des Unternehmens noch, oder ist es Zeit für eine Revision? Ganz genau wird man das nie wissen. Aber man kann einiges tun, um seine Urteilskraft zu schärfen – wobei: Das hier ist natürlich nur unsere persönliche Sicht der Dinge …

Durchblick oder Nebelstochern? Ein Test

1. Sie tauschen sich regelmäßig mit Mitarbeitern unterschiedlicher Hierarchieebenen aus. ☐

2. Sie hören nicht immer nur auf dieselben drei oder vier Ratgeber. ☐

3. Sie reden auch direkt mit Kunden des Unternehmens oder nehmen an Kundengesprächen teil. ☐

4. Sie klopfen wichtige Informationen auf ihren Wahrheitsgehalt ab. ☐

5. Sie ziehen auch Argumente von Menschen in Betracht, die Ihnen persönlich unsympathisch sind. ☐

6. Sie bemühen sich, blinde Flecken in der Eigenwahrnehmung aufzulösen, etwa durch ehrliches Feedback von Vertrauenspersonen in Ihrem Umfeld oder durch einen erfahrenen Coach. ☐

---

7. Sie wissen, dass Ihr Weltbild nicht dasselbe sein muss wie das Ihres Kollegen, Mitarbeiters oder Geschäftspartners. Bevor Sie verurteilen, versuchen Sie erst einmal zu verstehen. ☐

8. Sie vertrauen nicht nur auf einen Experten, sondern holen in wichtigen Fragen konkurrierende Meinungen ein. ☐

9. Sie akzeptieren, dass Menschen Eigeninteressen verfolgen, loten möglichst aus, wann das der Fall ist, und wenden es ab, wenn es zum Nachteil des Unternehmens wäre. ☐

10. Sie wissen, dass Sie nicht alles wissen. Und Sie entscheiden nach bestem Wissen und Gewissen. ☐

INCA-IMPULS

- **Gewissheiten von gestern können heute Ihren Untergang von morgen vorbereiten.**

- **»Was erzählt mir wer mit welchem Interesse?« – Diese Frage kann vor Täuschungen bewahren.**

»Mein Ego hat mir häufig ein Schnippchen geschlagen,
weil ich mich überschätzt habe und dann das Problem
hatte, wie kannst du das wieder einfangen. Wer sich selbst
sehr viel zumutet, hat auch ein erhöhtes Risiko zu scheitern.
Dass ich selten gescheitert bin, liegt unter anderem daran,
dass andere mir geholfen haben, nicht zu scheitern,
und dass ich rechtzeitig die Kurve bekommen habe.«
RÜDIGER LENTZ, DIREKTOR DES ASPEN INSTITUTE

8 Ego schlägt Sache –
für wen und was tue ich es?

Besonders tragisch ist es, wenn eine schmerzhafte
Niederlage nicht auf das Konto äußerer Bedingungen geht, sondern
auf das eigener Blindheit. Viele Dramen der Weltliteratur zehren davon, und auch die Wirtschaftsgeschichte ist reich an Beispielen. Beim
Untergang des Inca-Reiches war es ein erbitterter Bruderkrieg, der die
Talfahrt beschleunigte. Vom Tod des Inca Huayna Cápac 1527 bis zur
Ankunft der Spanier 1532 liest sich die Inca-Geschichte wie ein nicht
enden wollendes Gemetzel. Nach Huayna Cápacs fataler Entscheidung[1], seine Nachfolge unter zwei Söhnen aufzuteilen, wird gemordet
und geschlachtet, buchstäblich ohne Rücksicht auf Verluste. Es beginnt
damit, dass der Huáscar, im Süden von Cusco aus regierend, einen
weiteren Bruder wegen einer Verschwörung hinrichten lässt. Atahualpa im Norden stellt indessen eine Armee aus verschiedenen Ethnien
zusammen, die den südlichen Incas wegen früherer Eroberungszüge
feindlich gesonnen sind. Huáscar entschließt sich, sämtliche Brüder
und Konkurrenten zu eliminieren, und lädt sie unter einem Vorwand
nach Cusco ein. Atahualpa wird gewarnt und schickt nur Boten, die
grausam ermordet werden. Daraufhin eskalieren die Kämpfe, in denen verschiedene Stämme sich jeweils einem der Brüder anschließen.
Atahualpas Generäle verwüsten weite Landstriche und töten jeden,
der im Verdacht steht, mit der Gegenseite zu paktieren. Schließlich

wird Huáscar gefangen genommen und hingerichtet. Seine gesamte Familie wird ebenfalls getötet, um Atahualpas Herrschaft zu sichern. Der lässt sich zum alleinigen Inca ausrufen. Doch die verschiedenen Ethnien bleiben verfeindet, und die Anhänger Huáscars betrachten Atahualpa als unrechtmäßigen Herrscher. Auch nach seiner Gefangennahme durch die Spanier im November 1532 und seiner Hinrichtung ein knappes Jahr später verbünden sich viele lokale Herrscher mit den Fremden, in der Hoffnung, die Inca-Besatzung abzuschütteln. Das gelingt, doch um welchen Preis? 1571 wird nach einer Vielzahl von Rückzugsgefechten und erneuten Vorstößen der Incas ihr letzter Herrscher Tupac Amaro in Cusco geköpft. Das einst mächtigste Reich auf dem südamerikanischen Kontinent ist Geschichte, die Kolonialmacht Spanien hat gesiegt.[2]

Im Bruderkrieg zeigen die Herrschertugenden der Incas ihre fratzenhafte Kehrseite: Aus Herrschaftsanspruch wird Machtgier, aus Hartnäckigkeit blinde Zerstörungswut, aus dem Ertragen von Schmerzen und Entbehrungen ein nicht enden wollendes Blutbad. So bewegt man sich gemeinsam auf den Abgrund zu. 500 Jahre später können wir nur spekulieren, was die beteiligten Herrscher angetrieben hat. Eher unwahrscheinlich ist, dass es die Sorge um das einst so prosperierende Reich war. Wer wirklich das Beste für sein Land will, hinterlässt keine verbrannte Erde und richtet keine Massaker an. Wir sind keine Historiker und nicht zu akademischer Zurückhaltung verpflichtet. Daher dürfen wir spekulieren: Atahualpa und Huáscar sind Opfer ihrer eigenen Egomanie geworden. Ihr persönlicher Machtanspruch war ihnen wichtiger als das Wohl des Reiches. Getrieben wurden sie dabei von denselben Eigenschaften, die bis zu einem gewissen Grad die Ausübung von Herrschaft erst möglich machen: Wille zur Macht, Entschlossenheit, Tatkraft, Opferbereitschaft.

Man muss nicht auf moderne Kriegsschauplätze schauen, um Parallelen zu entdecken. Auch wenn sie mit unblutigen Mitteln kämpfen, befinden sich starke Führungspersönlichkeiten in einem ähnlichen Dilemma: Was sie zur Führung befähigt – der beinahe missionarische Glaube an eigene Überzeugungen und die Bereitschaft, sich auch gegen Widerstände durchzusetzen –, ist gleichzeitig ihre Achillesferse, dann nämlich, wenn ein starkes Ego in Selbstherrlichkeit umschlägt. »Manche lechzen nach Ego-Momenten (VIP-Loge im Fußballstadion,

First Class Cabin, Corporate Jet usw.) wie nach Luft zum Atmen, und das wird für das Unternehmen umso gefährlicher, je weiter und höher diese Menschen kommen«, formulierte es ein Kollege. Also: Für wen tun Sie es? Für das Unternehmen, die Sache – oder doch für sich? Darum geht es in diesem Kapitel.

Indiana Jones lässt grüßen

Dr. Henry Walton Jones Jr., besser bekannt als »Indiana Jones«, gehört zu den beliebtesten Figuren der Populärkultur. Seit 1981 ist der College-Professor und vermeintliche Archäologe viermal zu Expeditionen aufgebrochen. Immer jagt er spektakulären Funden hinterher, geheimnisvollen Tempeln, kostbaren Steinen, zuletzt einem angeblichen »Kristallschädel der Incas«. Nach den Gesetzen eines Blockbusters ist Indy jedes Mal erfolgreich, aber vorher muss es ordentlich knallen, krachen und stauben. So hinterlässt Dr. Jones jedes Mal eine Spur der Verwüstung, nach dem Motto »Schatz gefunden, Rest zerstört«. Mit der mühevollen Ausgrabungsarbeit echter Archäologen, die eher mit Pinsel und Pinzette bewaffnet sind als mit einer Peitsche und Pistole wie Jones, hat das herzlich wenig zu tun. Und doch (wahrscheinlich gerade deswegen) fiebern seine Anhänger bereits der fünften Fortsetzung entgegen. Paul Williams gibt, ohne rot zu werden, gerne zu, dass »Raiders of the Lost Ark« (»Jäger des verlorenen Schatzes«) der einzige Film ist, für den er als junger Student zweimal ins Kino gegangen ist – und das am selben Tag!

Indiana Jones ist ein Abenteurer, dem der persönliche Triumph alles, die staubtrockene akademische Archäologie dagegen wenig bedeutet. Sein Ego rechtfertigt jede Zerstörung, solange er am Ende mit einem geheimnisvollen Fund Aufsehen erregen kann. Die allermeisten Kinobesucher können sich mit seinem Draufgänger-Charme identifizieren. Kein Wunder: Wir alle haben unsere Indiana-Jones-Momente, in denen der persönliche Erfolg mehr zählt als die übergeordnete Sache. Da überrascht es nicht, dass es für Harrison Fords Paraderolle ein historisches Vorbild gibt: den US-Archäologen Hiram Bingham, der bis 1924 sechs Expeditionen nach Südamerika unternahm, sich später als Entdecker von Machu Picchu feiern ließ, und es ansonsten mit der

Wahrheit nicht immer genau nahm, solange seine Darstellungen nur seine Bekanntheit steigerten.³ Andreas Krebs erinnert sich noch gut daran, wie sein Ego die Regie übernahm …

Belize oder: Andreas auf den Spuren von Indiana Jones

Als junger Landesleiter in Guatemala hatte Andreas Krebs die Idee, ein Verkaufsbüro im Nachbarstaat Belize zu gründen. Belize hat traumhafte Strände, ein Korallenriff vor der Haustür, eine üppige Vegetation und ungefähr so viele Einwohner wie Bielefeld: rund 330 000. Der Zentralamerika-Leiter war gegen das Vorhaben, doch mit Hartnäckigkeit, Durchsetzungsvermögen und der Chuzpe der Jugend gelang das Abenteuer. Die Investitionen waren beträchtlich, der Return … nun ja, überschaubar. Dennoch (und zum Glück für Andreas) wurde das Unternehmen als Erfolg gefeiert. Was hatte ihn angetrieben? Das Unternehmen nach vorne zu bringen? Wohl doch eher der Ehrgeiz, als Erster eine Terra incognita zu betreten, Zeichen zu setzen, als ruhmreicher Entdecker neuer Welten in die Firmenhistorie einzugehen. Nicht zuletzt gibt es unangenehmere Dienstreisen als solche nach Belize …

Das Schöne an der menschlichen Intelligenz ist, dass wir auch für unvernünftiges Verhalten jederzeit vernünftige Gründe finden können. Wir fahren SUV in der glatt asphaltierten Großstadt nur aus Sicherheitsgründen, kaufen astronomisch teure Uhren nur wegen der guten Geldanlage und übertrumpfen den Büroturm der Nachbarbank nur wegen der zusätzlichen Quadratmeter. Doch wenn wir ganz ehrlich sind, spielen Ego und Status bei alldem eine wesentliche Rolle. Das gilt nicht nur in der Chefetage, sondern auch in der Reihenhaussiedlung, wo der größere Neuwagen des Nachbarn im Nu den Spaß am eigenen Gefährt verderben kann. Anderen zu imponieren, sie übertrumpfen zu wollen, scheint Teil der menschlichen Natur zu sein, beim einen weniger, beim anderen mehr.

Nicht ohne Grund haben manche Großunternehmen ein System der Statusinsignien entwickelt, das einem absolutistischen Hofstaat Ehre machen würde: Wer hat nur ein Büro, wer eines mit Sitzgruppe, wer eines mit drei Fenstern, wer gar ein Eckbüro? Manche Managerkarriere gleicht einem Ego-Trip: Immer größere Dienstwagen, immer luxuriösere Hotels, exklusivere Restaurants und First-Class-Flüge lassen einige die Bodenhaftung verlieren. Dabei fängt jeder klein an: In einem großen DAX-Unternehmen im Rheinland bekam man lange erst ab der Beförderung zur sogenannten Oberen Führungskraft einen runden Besprechungstisch im eigenen Büro. Bis zur Vertragsstufe darunter hatte man nur Anspruch auf einen eckigen. Das Thema Tisch wurde Andreas Krebs vom Hausmeister erklärt, im breitesten Rheinisch. In Lateinamerika »geschult«, begann er, zu dem Mann einen guten Kontakt aufzubauen. Als er nach einigen Monaten einen Vorstoß wagte, hatte er Glück. Gerade hatte der Hausmeister ein altes Direktorenbüro in den Keller verfrachtet, den Tisch könne er haben! Das runde Holzungetüm wurde in den vierten Stock transportiert, und als es dann den Flur entlanggeschleppt wurde, strömten schon die Kollegen herbei, um zu gratulieren – nicht zum Tisch, sondern zur Beförderung! »Runder Tisch = Beförderung«, das hatte sich in den Köpfen festgesetzt.

Ego-getriebenes Verhalten kann sehr teuer für ein Unternehmen werden. Nicht immer geht es so glimpflich aus wie das Belize-Abenteuer. Zu den Risikofaktoren gehören Vorstände, die der alten Firma durch ein sinnloses Konkurrenzprodukt eins auswischen wollen (vgl. Kapitel 5 »Die wahren Gegner bekämpfen«) oder andere Lieblingsprojekte der Top-Etage, die im angelsächsischen Raum PPP abgekürzt werden: »President's Pet Project«. In diese Kategorie fällt der Bugatti Veyron, ein 1000 PS-starkes, millionenteures Auto, das VW auf Wunsch von Ferdinand Piëch persönlich entwickelte. »Und es war allen Beteiligten klar, betriebswirtschaftlich ist es völlig hirnrissig«, kommentierte einer unserer Gesprächspartner. Laut *Manager Magazin* hat der damalige CEO und spätere Aufsichtsratsvorsitzende Piëch selbst eines dieser spritfressenden Monster in der Garage.[4] Das Ego spielt vielen Führungskräften früher oder später einen Streich, schon deswegen, weil ein starkes Ego der Karriere meistens förderlich ist. Selten ist es mit so viel Ehrlichkeit und Selbstironie gepaart wie bei einem unserer Gesprächspartner:

»Von meinem Vorgänger ›erbte‹ ich sechs Dauerkarten im VIP-Bereich von Borussia Dortmund. Die konnte man ja unmöglich einfach zurückgeben, immerhin gibt es jahrelange Wartelisten für solche Karten. Aber gleich sechs? Da habe ich eine hochgradig kostenbewusste

Management-Entscheidung getroffen und die Anzahl der Karten knallhart auf vier reduziert. Vier erschien mir eine gute Zahl und auch vertretbar. Und mein angelsächsischer Chef gab mir auch noch einen sehr guten Tipp, die verbleibenden Karten Compliance-mäßig richtig zu dokumentieren. Er empfahl, sie unter ›Retention and motivation of key staff‹ zu verbuchen ...«

Vielleicht legen Sie das Buch einen Moment zur Seite und überlegen, wann Sie selbst Opfer Ihres Egos wurden. Wann kam Ihr ganz persönlicher Indiana-Jones-Moment? War wirklich alles, was Sie angeschoben und veranlasst haben, »rein sachlich« motiviert? Oder haben auch Sie schon dem Drang nach Ruhm, Status, mehr Macht oder Vergeltung nachgegeben und Dinge getan, die Ihnen, aber nicht unbedingt dem Unternehmen nützten? Bevor Sie solche Handlungen als ideelle Entschädigung für die Mühen des Aufstiegs abtun, eine Warnung: Wer seinem Ego allzu offensichtlich nachgibt, wird manipulierbar. Ein strategisch gewieftes Gegenüber spürt die Eitelkeit und weiß, welche Knöpfe man drücken muss, um von Ihnen zu bekommen, was man will. Mehr dazu weiter unten. Doch zunächst der tiefe Fall eines Super-Managers, dem sein Riesen-Ego am Ende den Rauswurf bescherte.

Heute CEO, morgen gefeuert

Das US-Magazin *Forbes* witterte eine Tragödie Shakespeare'schen Ausmaßes, führte über 100 Interviews und recherchierte monatelang: Kaum ein Managerschicksal ist so gut dokumentiert wie das von Jeff Kindler. Sein Aufstieg und Fall sind geradezu prototypisch für viele CEOs oder Geschäftsführer, gleich welcher Branche. Kindler stieß 2002 als Executive Vice President und Leiter der Rechtsabteilung (General Counsel) zu Pfizer, führte das Unternehmen von 2006 bis 2010 als CEO und wurde am 4. Dezember 2010 vom Aufsichtsrat (bzw. »Board«) in einer kurzfristig eigens zu diesem Zweck einberufenen Sitzung gefeuert.[5] Wie Shakespeares Macbeth oder König Lear stürzte auch Kindler über eine fatale Fehleinschätzung seiner Situation und glaubte bis zuletzt, er könne das Board von seinen Meriten überzeugen. In Kurzversion geht seine Geschichte so:

2006 wird Kindler Nachfolger des geschassten Henry (Hank) McKinnell, CEO seit 2001 und verantwortlich für einen Sinkflug der Pfizer-Aktie um 47 Prozent. Um seine Nachfolge ist schon zuvor ein interner Machtkampf entbrannt, der das Unternehmen in zwei Lager spaltet und aus dem Kindler überraschend als Sieger hervorgeht – überraschend deshalb, weil er erst vergleichsweise kurz bei Pfizer ist, wo in der Regel langgediente Mitarbeiter das Ruder übernehmen, und weil er als Jurist ein Quereinsteiger im Pharmageschäft ist. Eine tragende Rolle bei Kindlers Erfolg spielt der frühere CEO William (Bill) Steere, der Pfizer in den glorreichen Zeiten von Lipitor und Viagra führte und als graue Eminenz und Pfizer-»Berater« im Hintergrund weiterhin die Strippen zieht. Kindler übernimmt also in einer in mehrfacher Hinsicht schwierigen Zeit. Und Kindler selbst ist alles andere als einfach.

Seine Berufung sei »ein Schock« gewesen, schreibt *Forbes*. Einer seiner engsten Mitarbeiter, Jurist und seit 26 Jahren im Unternehmen, reicht einen Tag später seine Kündigung ein: »At the end of the day, you have to have some level of respect for the person you are working for«, lässt George Evans sich in *Forbes* zitieren: »Having watched Jeff in action over a number of years, I just couldn't work for a company that had him as its CEO.« Man könnte das als persönliche Animosität abtun, würden sich nicht ähnliche Stimmen häufen. Kindler ist für seinen rauen Umgangston berüchtigt: Er examiniert Mitarbeiter wie früher als Jurist die Gegenpartei. Er ruft sie zu jeder Tages- und Nachtzeit an, zum Teil, um sie wüst zu beschimpfen (und sich einen Tag später wortreich zu entschuldigen). Er vertraut niemandem, kontrolliert selbst kleine Details und erwartet auf Nachfragen umgehende Antworten, egal, wo sich der Befragte gerade befindet, und egal, wie wichtig es ist.

Im Unternehmen wird derweil händeringend nach einem neuen »Blockbuster«, einem umsatzträchtigen Medikament in der Nachfolge von Lipitor oder Viagra, geforscht. Kindler verschleißt drei R&D-Chefs in viereinhalb Jahren Amtszeit.[6] Weitere langjährige Führungskräfte verlassen das Unternehmen. Kindler setzt auf externe Berater und frühere Kollegen, strukturiert um, kauft dazu, strukturiert zurück, doch das Unternehmen bleibt auf Talfahrt. Und er engagiert ausgerechnet Mary McLeod als Personalvorstand, die vom vorigen Unternehmen wegen Zweifel an ihrer Integrität und »charakterlicher« Probleme entlassen worden war. McLeod hat kein Problem damit, fast täglich aus Delaware mit dem Hubschrauber nach New York zum Firmensitz zu pendeln, während sie den Jobabbau tausender Mitarbeiter organisiert. Doch auch jenseits solcher verheerender Signale überzeugt sie nicht – eine externe Prüfung wird ihr später schlicht »Inkompetenz« bescheinigen. Dafür ist sie Jeff Kindler bedingungslos ergeben, kontrolliert den Zugang zu ihm, diffamiert andere Führungskräfte und kassiert Bezüge, die sie zu einer der fünf bestbezahlten Angestellten bei Pfizer machen. Diese Unternehmenskabale würde tatsächlich den Stoff für eine moderne Tragödie liefern!

Derweil sinkt der Aktienkurs weiter, und weitere Schlüsselmitarbeiter denken über Ruhestand oder Kündigung nach – bis das Board die Notbremse zieht, Kindler nach Florida beordert und ihn dort trotz eines langen Verteidigungsplädoyers schlicht … rauswirft! Dabei hätte Kindler gewarnt sein müssen: Auch sein Vorgänger Hank McKinnell wurde gefeuert. Er hatte sich eine Gehaltserhöhung um 72 Prozent spendiert, obwohl das Unternehmen unter seiner Führung dramatisch an Wert verloren hatte. Ganz oben an der Spitze scheint die Illusion der Unbesiegbarkeit besonders groß zu sein.

Andreas Krebs begegnete Kindler einige Jahre später auf einer internationalen Leadership-Konferenz. Kindler leitete dort eine Session zum Thema »How CEOs get hired – why CEOs get fired«. Er selbst beantwortete diese Frage schonungslos offen und ergänzte nachher im persönlichen Gespräch noch einiges. Warum war er so tief gefallen? Am Ende sind es eindeutige und naheliegende Fehler. Wir zitieren seine Kernaussagen aus dem Gedächtnis:

- »Ich dachte, als General Counsel kann ich alles. Rechtsanwälte denken so. Ich hatte mich ja vorher auch mit vielen / fast allen Themen beschäftigen müssen, was sollte als CEO anders sein?«
- »Mein grundsätzliches Misstrauen war ein Riesenfehler. Ich habe allen und jedem misstraut, vor allem Ex-Vertrauten von Hank [McKinnell, der Vorgänger]. Aber da waren viele gute Leute dabei.«
- »Ich habe mir einen engen Kreis von eigenen Vertrauten gesucht, aber nicht genug auf Qualität, sondern nur auf Loyalität geachtet. Ein großer Fehler.«

- »Ich war nicht vorbereitet auf die Aufgabe. Wer ist das schon, wenn er zum ersten Mal CEO wird? Aber ich habe auch nicht nach Sparringspartnern gesucht – Kollegen in ähnlicher Situation, erfahrene CEOs, die ich hätte fragen können, auf was ich achten muss.«
- »Ich habe eine Art Wagenburg entstehen lassen. Die wenigen Vertrauten ließen kaum jemanden ohne Kontrolle an mich heran. Einzelgespräche mit Kollegen außerhalb dieses Kreises gab es kaum, und wenn, dann waren die Inhalte vorab kontrolliert / gefiltert. Es gab ein Briefing, was man mit mir besprechen sollte und was nicht. Das habe ich viel zu spät erkannt.«
- »Ich habe mich von der Red-Carpet-World blenden lassen. Ein Länderbesuch in Brasilien zum Beispiel umfasste eine Delegation von mindestens 15 bis 25 Personen, plus Personenschützer. Mehrere Corporate Jets machten sich auf den Weg. Wie sollte ich da Kontakt mit der Realität bekommen?«
- »Die Wagenburg wurde mir letztendlich zum Verhängnis. Unangemessene Zugeständnisse an engste Vertraute hat mir das Board zum Vorwurf gemacht.«

Kindlers Fazit: »Ich wurde zu Recht gefeuert!« Eins muss man ihm lassen: Das im Nachhinein so souverän zu analysieren und die »Learnings« so klar zu benennen, das schafft nicht jeder! Wir haben Jeffrey Kindler hier deswegen so ausführlich zu Wort kommen lassen, weil sein Schicksal prototypisch ist für jenes Maß an Selbstüberschätzung und Hybris, das früher oder später geradewegs in den Untergang führt, weil es blind für Gefahren macht, weil es mit Rücksichtslosigkeit einhergeht und daher viele Feinde schafft und weil es um sich selbst kreist und deshalb einsame Fehlentscheidungen vorprogrammiert. Wie anfällig sind Sie selbst dafür? Wir haben Führungskräfte hierzu ihre Managementerfahrung Revue passieren lassen und einige Warnsignale zusammengestellt:

Am Tropf der Bewunderung

Wie kommt es, dass manche Manager blind für Gefahren werden, taub für Warnungen, unempfindlich gegenüber den Bedürfnissen anderer, und mit brachialer Egomanie ihren Weg gehen, notfalls bis in den Untergang? Wir haben es schon im Kapitel 5 gesehen: Die Grenzen zwischen gesundem Selbstbewusstsein und zerstörerischer Selbstbezogenheit sind fließend. Wer eine Führungsposition ausübt, braucht Durchsetzungsvermögen, muss Gegenwind aushalten und unpopuläre Entscheidungen treffen. Wer viele Jahre führt und dabei aufsteigt, kultiviert diese Eigenschaften, die ihn schließlich erfolgreich gemacht haben. Hinzu kommt, dass Gegenstimmen mehr und mehr verstummen: Je höher jemand steigt und je einflussreicher er wird, desto weniger wird er mit offener Kritik konfrontiert, bis er schließlich im »Spiegelkabinett« der Top-Etage angekommen ist (vgl. Kapitel 7). Dort versichern ihm alle, wie großartig er ist – es sei denn, er bricht aus diesem Käfig aus und sucht sich ehrliche Sparringspartner. Dabei sind Jeff Kindlers Fehler nicht auf Konzerne oder Aktiengesellschaften beschränkt. Auch aus den Patriarchen mancher Familienunternehmen spricht eine strotzende Selbstgewissheit, die dem Unternehmen gefährlich werden kann, weil die Vorstellung, auch einmal irren zu können, darin keinen Platz mehr hat.

Nun wird glücklicherweise nicht jeder zum Egomanen, nur weil er eine erfolgreiche Laufbahn hinter sich hat. Das Thema eignet sich daher hervorragend zum Psychologisieren. In der Tat haben Psychologen wie Jürgen Hesse und Hans Christian Schrader schon vor über 20 Jahren »Die Neurosen der Chefs« unter die Lupe genommen. Sie suchen die Ursachen für überzogenes Geltungsbedürfnis, Abschottung gegen Kritik oder emotionale Kälte in frühkindlichen Defiziten wie liebloser oder extrem leistungsorientierter Erziehung.[7] So tief wollen wir nicht graben. Wir sind keine Psychologen, und nicht jeder, der sich unklug verhält, hat gleich eine Persönlichkeitsstörung. Dennoch birgt der Managerjob die Gefahr einer Déformation professionnelle, eines Umschaltens in den Indiana-Jones-Modus, der weder einem selbst noch seiner Umgebung guttut. Wie also schützen Sie Ihr Ego – wie gelingt Ihnen die Gratwanderung zwischen robuster Selbstüberzeugung und gefährlicher Selbstüberschätzung? Und wie schützen Sie andere vor Ihrem Ego – wie vermeiden Sie blinde Sturheit und Rücksichtslosigkeit?

Der Schlüssel zu diesen Fragen ist Ihr Selbstwert und wovon er abhängt. Unter »Selbstwert« oder auch »Selbstwertschätzung« versteht man das Maß, in dem wir uns selbst (positiv) bewerten und einschätzen. Wie viel Achtung haben Sie vor sich, wie sehr sind Sie mit sich im Reinen? Und vor allem: Wodurch wird Ihr Selbstwert beeinflusst? Paul Williams arbeitet in Coachings mit einem einfachen Bild, dem »Selbstwert-Tank«. Man kann sich das Selbstwertgefühl als großes

Gefäß vorstellen, mit einem offenen Zugang oben und einem Abfluss mit einem für andere zugänglichen Hahn unten. Jeden Tag füllen wir »Selbstwertkugeln« in diesen Tank, und jeden Tag verlieren wir auch solche Kugeln. Mal besteht der Selbstwert-Zufluss aus externen Einflüssen, z. B. Lob und Anerkennung, materiellen Belohnungen, Titeln, Statussymbolen usw. Dann sind wir in unserem Selbstwert auf andere und deren Reaktionen und Entscheidungen angewiesen. Mal wird unser Selbstwert von innen gestärkt, z. b. wenn wir in eine Aufgabe eintauchen bis zum Flow-Erlebnis oder wenn wir auf uns selbst gestellt ein Ziel erreichen, das uns viel bedeutet. Hier können wir unseren Selbstwert allein beeinflussen. Misserfolge, Kritik, Geringschätzung lassen dagegen Selbstwert aus dem Tank abfließen.

Die meisten von uns haben eine Präferenz für eine der beiden Arten des Selbstwert-Aufbaus, die externe oder die innere. Es ist wichtig, herauszufinden, wie man selbst tickt. Eher extrovertierte Manager, die oft als klassische Leader gesehen werden, sind häufig sehr von äußerer Bestätigung abhängig. Manchmal sind sie geradezu süchtig nach Lob und Bewunderung. Das Gefährliche: Damit geben sie die Kontrolle über ihr Glück und ihren Selbstwert an Dritte ab. Auf diese Weise können viele Menschen am Hahn drehen und Selbstwert-Kugeln herauslassen! Passiert das, muss der Manager diese »Verluste« durch immer höhere Anstrengungen kompensieren, um doch noch Anerkennung zu erfahren – ähnlich wie ein Süchtiger, der immer höhere Dosen braucht. Das führt nicht nur ins Hamsterrad, sondern auch in die Ego-Falle: Es verleitet dazu, sich mit Jasagern und kritiklosen Bewunderern zu umgeben, und die Welt in Freund und Feind einzuteilen. Und es kann dazu führen, dass man Dinge um des öffentlichen Aufsehens willen tut oder nicht tut – und nicht, weil es dem Unternehmen dient. So werden protzige Firmengebäude errichtet, die man sich eigentlich nicht leisten kann, unsinnige Prestigeprojekte angeschoben, die sich niemals rechnen werden, oder Nummer-Eins-Fantasien durch wahnwitzige Merger ausgelebt, deren Schiffbruch vorprogrammiert ist.

Umgekehrt sind eher introvertierte Menschen, Typ »Tüftler« oder Experte, häufig besonders zufrieden, wenn sie einfach ihr eigenes Ding machen können. Es macht sie glücklich, in Ruhe ihre Kompetenz auszuleben. Ihr Selbstwert hängt weniger an »fremder« Anerkennung, und wenn, ist ihnen der Respekt eines anerkannten Fachkollegen wichtiger als die große öffentliche Bühne. Das macht sie unabhängiger vom Urteil anderer und stärkt ihren Selbstwert und ihr Selbstvertrauen.

Ein erster Schutz vor der Ego-Falle besteht also darin, sich klarzumachen, woran der eigene Selbstwert hängt. Wenn Sie merken, dass Ihnen sehr viel an der Bewunderung anderer liegt, ist es klug gegenzusteuern – also den Abflusshahn nicht so leicht zugänglich für andere zu machen. Hilfreich sind Spielfelder, die Ihren Selbstwert stärken, ohne dass Sie andere beeindrucken müssen. Besinnen Sie sich auf sich selbst, schaffen Sie Ausgleich zum Unternehmensalltag. Suchen Sie Erfolgsmomente außerhalb der Firma, zum Beispiel in Organisationen, wo Ihr Status nicht zählt. Wenn der Job Ihr Leben ist, was bleibt dann übrig, wenn der Job einmal wegfällt? Verschmelzen Ego und Position vollkommen, ist das gefährlich für ein Unternehmen, zumindest dann, wenn der Betreffende weit oben an den Schalthebeln sitzt. Solche Menschen kämpfen in der Regel nicht für das Unternehmen, sondern um die Position. Sie wollen gut aussehen, in der Presse gefeiert werden. Das Ergebnis ist Aktionismus auf Kosten der Aktionäre! Kluge Manager haben das bei Personalentscheidungen im Blick, wie das folgende Beispiel zeigt:

Prof. Dr. med. Christoph Straub, *Vorstandsvorsitzender der BARMER:*
»Als ich das erste Mal in meiner Laufbahn in einen Vorstand berufen wurde, da fragte ich – als ich es dann war – einen der Entscheidungsträger, warum er denn unbedingt mich zum Vorstand haben wollte. Ich war erst drei Jahre im Unternehmen und leitete den Bereich Unternehmensentwicklung. Die Antwort war: ›weil Sie der Einzige hier sind, der es nicht unbedingt werden wollte‹. Was stimmte.«

Das erinnert an Machiavelli und seine Einsicht: »It is not titles that honour men, but men that honour titles.« Christoph Straub wies uns auf einen weiteren interessanten Aspekt hin, der ebenfalls mit der Ego-Frage verbunden ist: die Verkörperung von Macht.

»Zur Leadership gehört am Ende auch ein Machtdemonstrationsanspruch. Den habe ich nicht in dem Maße. Das ist nicht unbedingt positiv, denn wer führt, sichert sich damit ja auch Gestaltungsmacht.

Er verdeutlicht, dass er die Zeichen setzt und drückt aus: ›Ihr interes-
siert mich nicht. Ich ziehe mein Ding durch‹.«

Ein Chef, der einen Mercedes-Maybach als Dienstlimousine bestellt, während er dem Unternehmen einen straffen Sparkurs verordnet, überzieht diese Macht-Symbolisierung allerdings ebenso wie ein weiblicher Vorstand, der in der gleichen Situation per Hubschrauber ins Büro pendelt. Auch der Maybach ist ein reales Beispiel aus einem DAX-Konzern. Auf der anderen Seite würde einem Manager, der im Billiganzug im Kleinwagen vorfährt, womöglich der Respekt versagt. Die Dosis macht das Gift, und man sollte wissen, was man tut. Es ist ein Unterschied, ob man bewusst Zeichen setzt oder überzogene Ansprüche anmeldet, weil man glaubt, das stünde einem zu, egal wie die Welt um einen herum aussieht.

Mary McLeod, die unglückliche Pfizer-Managerin, die über ihre egomanischen Ansprüche stolperte, scheint übrigens eher die Ausnahme zu sein. In unseren Interviews hatten die Frauen wenige bis keine Ego-Storys zu erzählen, und das war glaubhaft. Eine unserer Gesprächspartnerinnen erzählte, dass sie 25 Jahre alles für die Firma tat und ihr eigenes Leben dem komplett unterordnete – keine Kinder, keine Beziehung, nur Job. Dieses bedingungslose Commitment zur Firma, das komplette Zurückstellen eigener Bedürfnisse schützt sicher vor Ego-Fallen, aber um welchen Preis? Letztlich wirkt hier ebenfalls eine externe Selbstwert-Quelle. Auch in der Coaching-Praxis begegnen uns öfter extrem leistungsorientierte Frauen, denen es ungeheuer wichtig ist, vom Chef, von Mitarbeitern und Kollegen, von der Organisation als ganzer gemocht und geliebt zu werden. Die Risiken sind dieselben wie beim offensiven Buhlen um Anerkennung bei den Männern: Ist der Job weg, bricht bei einigen zumindest temporär auch der Lebenssinn weg.

Zu einem gesunden Ego gehört auch – und das ist dann die letzte Wendung dieses Themas – ein gesundes Maß an Abgrenzung gegenüber den Ansprüchen der beruflichen Aufgabe. Wer sich dem Unternehmen mit Haut und Haaren verschreibt, lebt genauso gefährlich wie der, der das Unternehmen zum Erfüllungsgehilfen seiner persönlichen Geltungssucht macht. Bei wirklich großen Führungspersönlichkeiten hat Jim Collins, der sich seit Jahrzehnten mit außergewöhnlichen

Management-Erfolgen beschäftigt, eine paradoxe Mischung aus Ehrgeiz (»ambition«) und Bescheidenheit (»humility«) beobachtet.[8] Das ermöglicht große Ziele und energisches Vorgehen, schließt aber den Gedanken des möglichen eigenen Scheiterns immer mit ein. Der wiederum schützt vor der Illusion der Unbesiegbarkeit – und vielleicht auch davor, sein ganzes Ego an eine berufliche Position zu hängen.

Sparringspartner statt Hofschranzen

Hans Christian Andersens Märchen »Des Kaisers neue Kleider« (1837) kennt bis heute fast jedes Kind. Der prunksüchtige Kaiser fällt auf zwei Betrüger herein, die ihm weismachen, sie könnten unvorstellbar schöne Kleider weben. Allerdings seien diese für jene unsichtbar, die nicht für ihr Amt taugten. Der Kaiser ist begeistert, schafft Gold und feinste Seide heran, und die Betrüger starten mit ihrer Weber-Pantomime. Nach und nach begutachten Minister den Fortgang der Arbeiten, keiner sieht etwas, aber jeder versichert dem Kaiser, die neuen Stoffe seien ganz herrlich! Vor einem Festzug lässt sich der Kaiser von den inzwischen mit Orden dekorierten und zu Hofwebern ernannten Schurken ankleiden und lobt, wie federleicht das neue prächtige Gewand ist. Auch die Menschen auf der Straße fallen auf die Scharade herein – bis ganz zuletzt ein kleines Kind ausruft: »Aber er hat ja gar nichts an!« Schließlich stimmt das ganze Volk in diesen Ruf ein. »Nun muss ich aushalten«, denkt der Kaiser und schreitet tapfer weiter. »Und die Kammerherren gingen und trugen die Schleppe, die gar nicht da war«, schließt Andersen.[9]

Kinder lieben die Geschichte, weil sie hier endlich einmal klüger sind als die Großen. Mancher Erwachsene spürt vielleicht ein leichtes Unbehagen. Hätte man selbst mutig die Stimme erhoben oder wie die Minister Begeisterung geheuchelt? Was Andersen beschreibt, ist gar nicht weit entfernt von der Praxis in manchen Unternehmen: Ein eitler Herrscher (Topmanager, Inhaber) verfällt auf eine merkwürdige Idee. Wer es wagt zu widersprechen, gilt automatisch als unfähig und muss damit rechnen, abgestraft zu werden. Also tun alle so, als ob sie die Idee ganz großartig finden, selbst dann noch, als sie sich längst als Irrweg entpuppt hat.

Der VW Phaeton, mit dem Ferdinand Piëch einst den Luxuslimousinen von Mercedes oder BMW Paroli bieten wollte, war ein gigantischer Flop. Die Limousine sei die »blaue Mauritius auf unseren Straßen« spottete *Auto Bild*, VW erreichte die geplanten Absatzzahlen nicht einmal annähernd.[10] Gab es unter den Heerscharen von VW-Managern niemanden, der gewarnt hat, dass »Volkswagen« und »Luxus« markentechnisch eine heikle Kombination sind? Noch als 2015 der letzte Phaeton vom Ahornfließband der gläsernen Manufaktur in Dresden lief, galt wie beim Kaiser und seinen Kleidern, dass nicht sein kann, was nicht sein darf: »Der Phaeton ist und bleibt ein wesentliches Projekt für Volkswagen. Er ist für die Positionierung der Marke Volkswagen und für die Demonstration unserer technologischen Fähigkeiten unerlässlich«, ließ die VW-Zentrale verlautbaren.[11]

Wer hochbezahlte und erfahrene Mitarbeiter zu Hofschranzen degradiert, schadet sich selbst am allermeisten, weil er dann genau das nicht bekommt, wofür er sie eigentlich bezahlt: ihren Sachverstand, ihre Erfahrung und ihre Ideen. Viele unserer Gesprächspartner kamen auf diesen Punkt zu sprechen. Stellvertretend hier zwei Stimmen:

Prof. Dr. Iris Löw-Friedrich, *Topmanagerin und Multi-Aufsichtsrätin:* »Es gibt das Ignoranz-Thema – ›Ich weiß alles besser und ich mache mir nicht mehr die Mühe, tief einzusteigen‹. Ich glaube, das ist auch eine Frage, wie ich mein Team auswähle und wie viel Mut ich habe, anders Denkende nicht nur zu dulden und zu respektieren, sondern auch bewusst an Bord zu bringen. Es herrscht ja oft Konformität. Wie willens bin ich, das Andersdenken zuzulassen, zu fördern und dann auch anzunehmen?«

Werner Spinner, *früherer Vorstand der Bayer AG und Präsident des 1. FC Köln:* »Du kommst in ein Umfeld, zum Beispiel Fußball, und plötzlich ist die Angst der Menschen aus früheren Erfahrungen mit dem Management so groß, dass du immer dreimal chemisch gereinigte Antworten bekommst. Auch diese Kultur ist nicht einfach zu ändern. Dann brauchst du Menschen ohne Angst, mit mutigem Auftreten und furchtlosen Entscheidungen.«

Sich mit echten Sparringspartnern zu umgeben ist die beste Vorsorge gegen das Zuschnappen der Ego-Falle. Herrscht in Ihrem Führungs-

(um)kreis tatsächlich eine offene Atmosphäre? Kann man einem Kollegen (und auch Ihnen!) schon mal augenzwinkernd die gelbe »Ego-Karte« zeigen, wenn er sich vergaloppiert? Wenn Ihnen schon lange Zeit niemand mehr widersprochen hat, kann es natürlich sein, dass Sie absolut genial sind und niemals Fehler begehen. Sehr viel wahrscheinlicher aber ist, dass Sie entweder die falschen Leute geholt oder die fähigen Leute mundtot gemacht haben. Betrachten Sie es auch als Warnsignal, wenn Leistungsträger überraschend kündigen, obwohl aus Ihrer Sicht alles in bester Ordnung ist. Reagieren Sie nicht beleidigt, überwinden Sie Ihren Stolz und fragen Sie nach den Gründen. Wir wundern uns immer wieder, wie viele Kollegen sich die Chance solcher »Exit Interviews« entgehen lassen. Wer offen fragt, bekommt spätestens hier auch offene Antworten (zumindest, wenn das Arbeitszeugnis schon ausgehändigt wurde). Sind Sie bereit, ein paar unangenehme Wahrheiten über sich auszuhalten?

Kritische Vertrauenspersonen sind also wertvoll, weil sie einem den Spiegel vorhalten und so unter Umständen vor Fehlentscheidungen bewahren. Doch auch Sie selbst können sich und Ihr Vorhaben auf den Prüfstand stellen. Dabei helfen zwei einfache Fragen:

- Was wäre positiv, wenn ich mein Ziel erreiche? Für mich?
  Für die Kollegen? Für die Firma?
- Was wäre negativ, wenn ich mein Ziel erreiche? Für mich?
  Für die Kollegen? Für die Firma?

Wenn Sie diese Fragen ehrlich beantworten, wird sich herausschälen, ob das Ziel Ihrem Ego oder der Sache dient und ob der Preis dafür wirklich gerechtfertigt ist.

Sich Rollen zu suchen, in denen man nicht der Wichtigste ist, erdet ebenfalls. Engagieren Sie sich in Kontexten, wo Sie einfach »der X« sind und nicht der CEO, Bereichsleiter oder Vorgesetzte. Auch da werden Sie etwas über sich lernen, es sei denn, Sie bleiben bei den Rotariern oder im exklusiven Golfclub unter Ihresgleichen und bestätigen sich gegenseitig in Ihrer Bedeutsamkeit. Auch ein starker Partner, eine starke Partnerin oder ein richtig guter Freund hilft, nicht abzuheben. Er oder sie kennt unsere Schwächen manchmal besser als wir selbst und kann wohlwollend den Finger in die Wunde legen. Manche Kollegen schwören zudem auf die vermeintlich simple (und dann doch überraschend schwierige) Aufgabe, dem zehnjährigen Sohn oder der achtjährigen Tochter zu erklären, was man tagtäglich tut. Spätestens nach dem dritten »Warum?« ist man auf dem Boden der Tatsachen angekommen. Etwas Neues zu lernen, das einem Freude macht, ob im Sport, beim Musizieren oder im künstlerischen Umfeld, also da, wo Sie nicht durch erworbene Privilegien einen Sonderstatus innehaben, ist ebenfalls eine gute Übung in Demut und Bescheidenheit. Und nicht zu vergessen ein letzter Punkt: Wichtig ist auch, daraus zu lernen, wenn man Opfer seines Egos wurde und Fehlentscheidungen getroffen hat. Paul Williams ereilte sein Indiana-Jones-Aha-Erlebnis schon im Studium.

Man kann nur aus dem Ärmel schütteln, was man vorher hineingesteckt hat – Paul auf den Spuren von Indiana Jones

Als Student an der University of London wohnte ich (Paul Williams) mit 130 Kommilitonen im Studentenheim der Universität. Die »Hall of Residence« hatte ein studentisches Management-Team, bestehend aus dem Leiter, dessen Stellvertreter, Schatzmeister und Sekretariat. Ich ließ mich aufstellen und wurde zum stellvertretenden Leiter gewählt. So weit, so gut. Einige Monate später, im Mai, fand das offizielle Jahresdinner der Studentenschaft statt, bei dem alle Bewohner in festlicher Kleidung zusammenkamen. Ich bot an, eine Rede zu halten. Das wurde nicht von mir erwartet, doch ich sonnte mich in der Vorstellung, mein Publikum mit brillanter Rhetorik und scharfem Witz zu begeistern. Ich war sicher, mir würden schon lustige Storys und scharfsinnige Seitenhiebe einfallen. Doch je näher der Abend rückte und je weiter ich das Niederschreiben meiner Rede hinausschob, desto mehr dämmerte mir, dass ich nicht wirklich etwas zu sagen hatte. Für einen Rückzug war ich zu stolz. Ich notierte also einige Jokes und versuchte, sie irgendwie zu einem sinnvollen Text zu verbinden.

Mein Auftritt war ein Desaster. Zumindest fühlte es sich für mich so an. Ich erntete einige wenige Lacher und starb tausend Tode, während ich eine langweilige Rede ohne große Botschaft herunterhaspelte. Außer meinem Geltungsbedürfnis gab es keinen Grund für diese Aktion – ein klassischer Indiana-Jones-Moment! Auf der Strecke blieben dabei ein Teil meiner Reputation und auch die Lust, zukünftig öffentlich zu reden. Mein Selbstbewusstsein bekam ▶▶

einen Knacks. Erst Jahre später begriff ich, dass das Ganze auch eine gute Seite gehabt hatte. Seit diesem Erlebnis bin ich nie mehr unvorbereitet in eine Aufgabe gestolpert. Eine Zeitlang war ich ein geradezu fanatischer Vorbereiter. Das Unbehagen, nicht gut genug vorbereitet zu sein, hat mich jahrelang eine Menge Energie gekostet – aber es hat mir auch einige wichtige Erfolge ermöglicht! Es hat mich gelehrt, den Glauben an die eigene Großartigkeit gegen den Respekt vor einer Aufgabe einzutauschen.

Kleiner Stresstest für Ihr Ego

Haben Sie Ihr Ego im Griff? Dass Thema ist so virulent, dass im *Harvard Business Manager* vor Jahren sogar ein »Hippokratischer Eid für Manager« vorgeschlagen wurde: »Ich gelobe, dass Belange, die von Vorteil für meine Person sind, niemals Vorrang vor den Interessen des Unternehmens haben werden, mit dessen Management ich betraut bin. (…) In meinem persönlichen Verhalten werde ich ein Beispiel für Integrität sein und nach den Werten handeln, die ich öffentlich vertrete.«[12] Durchgesetzt hat sich das bislang nicht. Belassen wir es daher erst einmal bei einem kurzen Reflexionsbogen in Sachen »Ego«.

Kämpfer für die Sache oder Ego-Shooter?
Für wen tun Sie es wirklich?

1. Es gibt in Ihrem Umfeld Menschen, die Ihnen gegenüber offen und ehrlich ihre Meinung äußern. ☐

2. Es ist noch nicht lange her, dass Sie einen Fehler eingeräumt haben. ☐

3. In Ihrem privaten Umfeld gibt es jemanden, der Sie schon mal vor Ihrem Ego warnt. ☐

4. Loyalität ist für Sie nicht gleichbedeutend mit Bewunderung oder kritikloser Zustimmung. ☐

5. Sie loten bei wichtigen Vorhaben aus, wer den größten Vorteil davon hat und wer den Preis dafür bezahlen muss. ☐

6. Sie suchen bei Misserfolgen nicht reflexhaft die Schuld bei anderen. ☐

7. Statussymbole gehören für Sie zum Job, sind aber kein Wert an sich. ☐

8. Sie erinnern sich (selbstkritisch) an Momente, in denen Ihr Ego Ihnen einen Streich gespielt hat. ☐

9. Der Gedanke, was von Ihnen bleibt, wenn morgen Ihre Position wegfiele, jagt Ihnen keinen Schreck ein. ☐

10. Ihnen ist bewusst, dass auch Sie scheitern können. ☐

INCA-IMPULS

- Wer sich sein Scheitern nicht vorstellen kann, hat nur zu wenig Fantasie!

- Echte Leader sind keine Egomanen, sondern Kämpfer für die Sache.

- Wer Ehrgeiz mit Selbstreflexion verbindet, kann wirklich Großes bewirken!

Zu guter Letzt ...

Damit endet unsere Tour durch die Managementwelt mit Ausflügen in die Welt der Incas. Die genialen Organisatoren, Innovatoren und Merger-Experten der Andenwelt, die am Ende so grandios scheiterten, sind uns in vieler Hinsicht verblüffend nah. Wenn Ihnen dieses Buch die Augen für einige Fallstricke in Ihrem eigenen Managementalltag geöffnet hat und mögliche Auswege aufzeigen konnte, hat es seinen Zweck erfüllt.

Auslöser des Buches war die Bemerkung eines Guides während einer Führung in Tipón (Peru) – einer der ersten Agrarforschungsstätten der Incas: Anders als den allermeisten anderen Eroberern sei es den Incas gelungen,»das Beste aller Welten« zu vereinen und durch das Wissen der eroberten Regionen zu beeindruckender Meisterschaft in Baukunst, Landwirtschaft, Viehzucht und anderen Bereichen zu gelangen. So hätten die Inca-Bauwerke beinahe jedes Erdbeben überstanden, während die Kirchen der Spanier oft in sich zusammenstürzten. Unsere spontanen Ableitungen in Richtung Management und Führung trugen zur Erheiterung unserer kleinen Reisegruppe bei und waren zunächst kaum ernst gemeint. Das änderte sich schnell, als wir uns eingehender mit den Incas, ihrem Know-how sowie ihrem sozialen wie wirtschaftlichen System beschäftigten und erstaunt feststellten, dass sie in mancher Hinsicht klüger handelten als wir heute. Und selbst ihr Scheitern wies erstaunliche Parallelen zu den Bruchlandungen moderner Manager auf. Das Ergebnis intensiver Recherche, langer Diskussionen, zahlreicher Gespräche und etlicher Monate des Schreibens halten Sie jetzt in der Hand.

Es freut uns, dass Sie uns bis hierher gefolgt sind. Wir hoffen, dass die Lektüre Sie ermutigt hat, über eigene Stärken, Entwicklungsfelder und auch wichtige Elemente wertebasierter Führung neu nachzudenken, sowohl für sich selbst als auch für Ihre Organisation, Ihr Unternehmen oder Ihr besonderes Umfeld. Vielleicht konnten wir Ihnen einige Impulse für Ihre zukünftige Personalauswahl, Ihre Personalentwicklungsstrategie, die Förderung zukünftiger Talente oder den rechtzeitigen Aufbau eines kompetenten Nachfolgers geben. Uns selbst bescherte die Auseinandersetzung mit den Incas einige Aha-Erlebnisse, nicht zuletzt in Sachen »Ego-Falle«. Denn diese Falle wurde nicht nur für die rivalisierenden Inca-Herrscher Huáscar und Atahualpa, für den ehrgeizigen Archäologen Hiram Bingham oder sein fiktives Alter Ego »Indiana Jones« zur Gefahr; sie ist auch bei uns schon zugeschnappt – zum eigenen Schaden und (viel schlimmer) zum Schaden anderer.

Doch in Zeiten, in denen wir umgeben sind von Egomanen, sowohl in Firmen als auch in hohen Regierungsämtern, kommt es mehr denn je auf Nüchternheit, Realitätssinn und persönliche Integrität an. Wenn die Lektüre dieses Buches Sie noch ein wenig mehr sensibilisiert hat für falsche Höhenflüge, egozentrische Ziele, sinnlose Nebenkriegsschauplätze, bloße Wertekulissen und phrasenhafte Visionen, die niemanden mitreißen – kurz: wenn es Sie immunisiert hat gegen die Illusion der Unbesiegbarkeit –, dann haben sich unsere Anstrengungen gelohnt. Und falls Sie sich jemals dabei ertappen sollten, dass Ihnen der denkwürdige Satz eines mächtigen westlichen Politikers und überraschend gewählten Staatenlenkers durch den Kopf schießt – »I'm the only one who can fix it!« –, dann nehmen Sie eine kalte Dusche oder ein kaltes Bier (oder auch unser Buch noch mal kurz in die Hand) und denken Sie noch einmal darüber nach. Die Welt, oder wenigstens Ihre Organisation, Ihre Chefs, Kollegen, Mitarbeiter, Partner, Kinder und Freunde, werden es Ihnen danken.

Freuen würde uns nicht zuletzt, wenn der eine oder andere von Ihnen Lust bekommen hat, Peru zu besuchen und etwas mehr über dieses wunderbare Land zu erfahren. Peru ist sowohl moderner, aufstrebender Staat als auch Hüter der faszinierenden Inca-Kultur.

Wir laden Sie herzlich ein, mit uns in Kontakt zu treten. Dasselbe gilt auch, wenn Sie Interesse an einem Vortrag über »Die Illusion der Unbesiegbarkeit« oder über andere Fragen von Führung und Management haben, bei denen wir Sie mit unserer Praxiserfahrung unterstützen können. Besuchen Sie unsere Webseite www.inca-inc.com oder schreiben Sie uns unter info@inca-inc.com!

Ihre
Andreas Krebs und Paul Williams

Epilogue – a Message from Peru

Paul Williams and Andreas Krebs became friends of Peru at first sight. No, wait, let me correct what I have just written: Paul Williams and Andreas Krebs friendship with Peru began at first sight, yes, but only deepened after they learned something about the Incas. They became interested in the history of the Incas and were eager to understand what archaeologists, historians, ethno-historians and anthropologists had published. They visited the area around Cusco, the ancient Inca capital, »the navel of the world«, a number of times and gained a first-hand view of the setting and the physical and cultural elements of the Inca empire that have persisted through the centuries. Their fascination grew and was one of the key sparks for them deciding to write their book.

They became acquainted with the work of the likes of Raúl Porras, María Rostworowski, John Murra and Franklin Pease, to name just some of the most important authors and researchers to have studied the socio-political organization of the Tawantinsuyu and the manner in which, without the assistance of a phonetic alphabet and hence of writing, nor the wheel, nor draught animals, the Incas managed to rule over such an enormous territory. By talking to both experts on the Inca nation and to members of modern Peruvian society, Paul Williams and Andreas Krebs succeeded in combining the insights gathered from their knowledge and experience of the world of business with their interest in the history and the social make-up of the Incas and Peru.

This book is the result of their enquiry into some of the reasons for the success of the Inca »enterprise«. They include what they have learnt about the importance of reciprocity, of the values embedded in the daily salute *Ama Sua* (Don't steal), *Ama Llulla* (Don't lie) *y Ama Quella*

(Don't be lazy) – now principles adopted by the United Nations – or about the advanced way in which the Incas handled matters of succession. Originally inspired by their observation about how the Incas dealt with the people they conquered, how they respected and maintained many of their customs and adopted and integrated the best of their skills, and how this could be transferred into the modern world, Williams and Krebs have now successfully extended this connection into other areas and turned this all into this one piece of work: *The Illusion of Invincibility: Why managers are no smarter than the Incas of 500 years ago.*

In this period of a continuous flow of challenges, it is a truism that entrepreneurs and business leaders have to go beyond the usual core activities of controlling, monitoring, organizing and planning and be prepared to face how change occurs in complex social systems. This is not a problem that can be solved simply, with a single stroke of insightful thought, but is a multi-factorial challenge to be worked through slowly, step by step, piece by piece. As part of this process, the importance of making the right decisions and recommendations based on a clear and common understanding of which values are important, is an indispensable starting point towards improving the structure, dynamics and the leadership of organizations today.

It is the contention of Krebs and Williams that, in the difficult task of formulating frameworks broad and flexible enough to allow the coexistence of business effectiveness and ethical values, the ancient and practical wisdom of those remarkable leaders and politicians that were the Incas may well prove to be an example and inspiration for the creation of the conditions that can help us to navigate more wisely the realities of businesses and organisations today and in the future.

To close, let me recount the last question the two gentlemen asked me when we met during their visit to Lima in 2016: »Is it legitimate to use the Incas as an inspiration and analogy for modern business life?« Well, I told them that I believed that this was something that every individual should be free to decide for himself – both as an author and as a reader. But since they had asked me I was happy to give them an answer, roughly as follows: »The Incas faced coming to terms with a difficult environment, with extreme conditions and challenges and had to deal with these as best they could, which led them to develop some resourceful solutions. And maybe they dealt with some of these challenges better than other cultures, which is perhaps why they were the dominant people in the region for some time. What better inspiration and analogy for the modern business world would you wish to find?!«

Dr. Max Hernandez
Lima, June 2017

Anmerkungen

Kein Aufstieg ohne Fall? Ein Blick auf die Fortune 500

1 Vgl. http://company.nokia.com und NZZ.
2 Vgl. Erdle 2014 sowie www.itopnews.de/2013/04 (Zugriff am 15.10.2016)
3 Vgl. Ankenbrand / Nienhaus 2011.
4 Quelle: Froitzheim 2012, S. 63.
5 Quelle: n-tv vom 01.03.2016.
6 Vgl. Spiegel 34/2013.
7 In seinem Gedicht »Eins und alles«.
8 Probst / Raisch 2004, S. 38.
9 Vgl. ebd., S. 43.
10 Collins 2009.
11 Ebd., S. 45.

1 Eine fesselnde Vision – oder organisierte Überforderung?

1 Quellen: Goede Montalván (2013), S. 208, Kurella (2013), S. 46 ff., Schulz (2014), S. 44, Wikipedia, Artikel »Inka«, S. 11 und 23.
2 Quelle: Tietz 2011, S. 87.
3 Dies bezieht sich auf ein bekanntes Jobs-Zitat: »We're gambling on our vision, and we would rather do that than make ›me too‹ products. Let some other companies do that. For us, it's always the next dream.« Quelle: https://en.wikiquote.org/wiki/Steve_Jobs (Zugriff 22.08.2017).
4 Zit. n. business-wissen.de: »Was Vision und Mission im Unternehmen bewirken«; im Internet unter www.business-wissen.de (Zugriff am 12.09.2016).
5 Vgl. www.amazon.jobs/de/working/working-amazon
6 Vgl. www.youtube.com/watch?v=pbemFDRcyyg (»Mercedes-Benz: Das Beste oder nichts«).

7 Vgl. www.mercedes-benz.com/de/mercedes-benz/classic/
markenclubs/gottlieb-daimler-gedaechtnisstaette/
8 Quellen: https://www.db.com/ir/en/download/Code_of_Business_
Conduct_and_Ethics_for_Deutsche_Bank_Group.pdf, www2.basf.us/
careers/pdfs/Vision_Values_Principles_e.pdf, www.henkel.de/unter-
nehmen/unternehmenskultur/vision-und-werte, www.rewe-group.
com/de/unternehmen/leitbild (Zugriff am 09.09.2016).
9 Quellen: www.unicef.de/ueber-uns/leitbild, https://www.amnesty.
de/kontakt, www.ikea.com/ms/de_DE/this-is-ikea/about-the-ikea-
group/index.html, www.youtube.com/watch?v=SGPcSnGvf44
(Syngenta), www.presseportal.de/pm/57334/3247706, www.google.
de/about/company, www.southwest.com/html/about-southwest/ca-
reers/culture.html (Zugriff am 09.09.2016).
10 Vgl. https://startwithwhy.com/
11 Vgl. Collins / Porras (2004), S. 91 ff. Eine Kurzdefinition gibt Collins
unter www.jimcollins.com/concepts.html (Zugriff am 20.09.2016).
12 Vgl. »Toyota bleibt größter Autobauer der Welt«; Handelsblatt vom
27.01.2016; im Internet unter www.handelsblatt.com (Zugriff am
19.09.2016).
13 Download der Befragungsergebnisse für 2015 unter www.gallup.
de/183104/engagement-index-deutschland.aspx

2 Talent vor Seniorität – oder mit Mittelmaß in die Mittelmäßigkeit?

1 Quelle: Stähli 2013, S. 113.
2 Zit. n. Stähli 2013, S. 114.
3 Quelle: IfM 2012, S. 6 f. Eine Weitergabe an die Tochter kommt in
32 % der Fälle infrage; 26 % haben »mehrere Kinder« im Auge,
7,4 % »andere Familienmitglieder, 5,9 % Ehepartner.
4 Schwartz / Gerstenberger 2015, S. 1.
5 Grimberg 2010.
6 Ebd.
7 *Tagesspiegel* vom 05.01.2015.
8 Vgl. Neßhöver 2016.
9 Zit. n. Krohn 2009.
10 Langenscheidt / May 2014, S. 95.
11 Zum Rosenthal-Effekt vgl. z. B. www.stangl-taller.at/TESTEXPERI-
MENT/experimentbsprosenthal.html (Zugriff am 21.10.2016)
12 Quellen: http://karrierebibel.de/koerpergroesse; www.destatis.de/
DE/Publikationen/WirtschaftStatistik/Gastbeitraege/Koerpergroesse-
Berufswahl.pdf?__blob=publicationFile (Zugriff am 24.10.2016).

13 Quelle: Hartmann (2013).

14 Quelle: Lexikon der Psychologie, Artikel »Urteilsfehler«; im Internet unter www.spektrum.de (Zugriff am 19.10.2016). Eine kompakte Übersicht zu Wahrnehmungsfehlern gibt Thormann 2016.

15 Gasche 2016, S. 59.

16 Collins 2011, S. 59 ff.

17 Quelle: http://govleaders.org/powell.htm (eigene Übersetzung) (Zugriff am 17.10.2016).

18 Vgl. Botelho et al. 2017.

19 VUCA ist ein Akronym aus Volatility, Uncertainty, Complexity, Ambiguity.

20 Vgl. Cappelli / Tavis 2016.

21 Vgl. www.managementpotenzial.de (Zugriff am 21.10.2016).

3 Erfolg durch andere – oder Leader-Shit?

1 Ehre, wem Ehre gebührt: Dieses Wortspiel geht auf das Konto von Hans Rudolf Jost, der unter diesem Titel 2012 ein Buch über »Arsch-löcher« in Führungspositionen verfasst hat.

2 Stähli 2013, S. 129.

3 Den »Zeitverlauf zum Engagement Index Deutschland 2001–2015« können Sie auf der Gallup Website unter www.gallup.de/183104/engagement-index-deutschland.aspx herunterladen.

4 Herzberg 1959.

5 Sprenger 2014.

6 Vgl. www.wiwo.de/erfolg/beruf/ranking-die-beliebtesten-arbeitge-ber-deutschlands/11682336.html (Zugriff am 14.12.2016).

7 Vgl. Neuberger 2002, der sein Buch »Führen und führen lassen« überschrieben hat.

8 Vgl. Mayer-Kuckuk 2016.

9 Quelle: Meldung in managerSeminare H. 222, Sept. 2016, S. 9.

10 Zur Erklärung: Europa, Middle-East, Africa; ca. 8000 Mitarbeiter, damals ca. 6 Mrd. US-Dollar Umsatz.

11 Für eine konzise Darstellung vgl. Blanchard et al. 2015.

12 Quelle: www.brainyquote.com/quotes/authors/h/herb_kelleher.html (eigene Übersetzung).

13 Vgl. Pundt / Nerdinger 2012.

14 Vgl. Gerpott / Voelpel 2014.

4 Fair Play – oder Werte-Kulissen?

1 Quellen: Wikipedia »Inka«, S. 15 (Abruf 29.08.2016); Schulz 2013, S. 152; Noack 2013, S. 146.
2 Quelle: Stähli 2013, S. 78f.
3 Zugriff am 09.11.2016.
4 Pressemeldung vom 07.04.2016: »Schaffung gesellschaftlicher Werte wird Teil des Unternehmenserfolgs«, Download unter www.pwc.de. Titel der Studie: »Government and the Global CEO« (19th Annual Global CEO Survey 2016) Download unter www.pwc.com/ceosurvey (Zugriff am10.11.2016).
5 Quelle: Rochus Mummert 2012.
6 Vgl. Handelsblatt vom 12.07.2016: »Heinrich von Pierer: Prozess gegen Ex-Siemens-Manager im ersten Anlauf geplatzt«; Handelsblatt vom 27.05.2014 »Siemens-Schmiergeldaffäre: Die Großen lässt man laufen« (im Internet unter www.handelsblatt.com, Zugriff am 09.11.2016) sowie Spiegel online vom 06.09.2016: »Schmiergeldskandal bei Siemens: Bundesgerichtshof kippt Freispruch von Ex-Vorstand« (im Internet unter www.spiegel.de, Zugriff am 09.11.2016).
7 Quelle dieser Kurzdarstellung: Dahlkamp et al. 2008, S. 81.
8 Collins 1995, Rochus Mummert 2012.
9 Barrenstein et al. (Hrsg.) 2016, S. 24f.
10 Quelle: https://de.statista.com (»Schadenssumme durch Wirtschaftskriminalität in Deutschland von 2006 bis 2015«).
11 Quelle (sofern nicht anders angegeben): Patrick Kalbhenn (2012).
12 Vgl. www.n-tv.de/wirtschaft/ThyssenKrupp-raeumt-auf-article 15889771.html (Zugriff am 30.05.2017)
13 Quelle: dpa / Tagesschau (im Internet unter www.tagesschau.de/ wirtschaft/vw-einigung-usa-103.html; Zugriff am 08.10.2016).
14 Quelle: http://boerse.ard.de/aktien/deutsche-bank-zwischen-ramsch-und-skandalen100.html (Zugriff am 08.11.2016)
15 Heinrich von Pierer, »Zwischen Profit und Moral«; in: Pierer, Heinrich von / Homann, Karl / Lübbe-Wolf, Gertrude: Zwischen Profit und Moral: Für eine menschliche Wirtschaft. München: Hanser 2003, S. 7ff., hier: S. 7f. und 12.
16 Umsatz 2015:1,659 Mrd (Quelle: www.dussmann.com) (Zugriff am 11.11.2016).
17 Über den Selbstversuch von Catherine Fürstenberg-Dussmann gibt es einen Film »Über Nacht zur Konzernchefin«; vgl. http://www.swr. de/betrifft/catherine-fuerstenberg-dussmann-undercov/-/id=98466/ did=7481992/nid=98466/zvgix9/index.html (Zugriff am 17.07.2017)

18 Vgl. Dahlkamp et al., S. 88.
19 Quelle: Website des Unternehmens www.db.com/cr/de/konkret-kulturwandel.htm#tab_unternehmenswerte (Zugriff am 11.11.2016)
20 Quelle: Hetzer 2014.
21 Quelle: Bertelsmann Stiftung 2016, S. 11 (Vertrauen in börsennotierte Unternehmen haben 31 %.)
22 Quelle: Ernst & Young 2016, S. 24, 51, 53, 55.
23 Quelle: www.bpb.de/politik/grundfragen/deutsche-verhaeltnisse-eine-sozialkunde/138453/begriffsdefinitionen (Zugriff am 14.11.2016).
24 Quelle: www.uni-kassel.de/fb4/psychologie/personal/lantermann/sozial08/werte.pdf (Zugriff am 14.11.2016)
25 Quelle: Brüser 2002.
26 Vgl. Huntington 1997.
27 Vgl. Barmeyer / Davoine 2014, S. 37 ff.

5 Die wahren Gegner bekämpfen – oder Nebenkriegsschauplätze eröffnen?

1 Quellen: Goede Montalván 2013 (a), S. 198 ff. und (b), S. 207 ff. sowie die Dokumentation »Das Blut des Sonnengottes« unter www.youtube.com/watch?v=CCWkTfAi97Y
2 Vgl. Goede Montalván (b), S. 208.
3 Dammann 2007, S. 40.
4 Ebd., S. 43
5 Vgl. Focus 38/2016.
6 Quelle: Schuster 2016, S. 60.
7 Quelle: Krämer 2012 (»Nur 10 bis 15 Prozent der Familienunternehmen schaffen es bis in die vierte Generation.«).
8 Quelle: Uehlecke 2006.
9 Vgl. wirtschaftslexikon.gabler.de/Definition/buerokratie.html
10 Quelle: Spiegel online vom 12.02.2016 »Beamter kommt sechs Jahre nicht zur Arbeit – und keiner merkt's« (Zugriff am 23.11.2016).
11 Manchmal steckt statt Bürokratie übrigens durchaus System hinter verspäteten Zahlungen: Außenstände werden vor allem an Monats- und Quartalsenden zur Optimierung des Cash-Managements genutzt. Was nach cleverem Finanzmanagement klingt, wird auf dem Rücken der Lieferanten ausgetragen und bleibt ein Verstoß gegen Vertragsbedingungen – und natürlich auch einer gegen die hehren Werte, die sich viele Unternehmen auf die Fahnen schreiben.
12 Malik 2013, S. 360.

6 Eine weitsichtige M&A-Strategie – oder ein Millionengrab?

1 Vgl. zum Beispiel Berner o.J. (a) (»mehr als zwei Drittel aller Fusionen misslingen«), Dreher / Ernst 2016, S. 5 (»rund 56 % aller Fusion und Übernahmen [entpuppen sich] als Misserfolge«).

2 Vgl. Grube 2014, S. 23.

3 Vgl. Zick 2011, S. 146 f.

4 Vgl. Willmann 2013.

5 Stand 2013.

6 Dieser Vergleich bezieht sich auf das Jahr 2012. Quelle für alle Daten: Dreher / Ernst 2016, S. 42.

7 Quelle: ebd., S. 22.

8 Quelle: Gaide 2012, S. 124 ff.

9 Quelle: www.q-perior.com (Zugriff am 05.10.2016.)

10 Gaide 2012, S. 126.

11 Ebd., S. 127.

12 Quelle: Manager Magazin (2014): »Fünf Gründe, weshalb Fusionen im Fiasko enden«, im Internet unter www.manager-magazin.de (Zugriff am 15.09.2016)

13 Vgl. Büschemann 2013.

14 Quelle: Hägler 2014.

15 Quellen: Handelsblatt-Meldung vom 26.05.2014 (»Pfizer sagt Astra-Zeneca-Übernahme ab – vorerst«), im Internet unter www.handelsblatt.com; Roland Lindner, »Pfizer mit der Brechstange«, in: Frankfurter Allgemeine Zeitung vom 28.04.2014, im Internet unter www.faz.net; John LaMattina, »Pfizer, The Shark That Can't Stop Feeding«, in: Forbes vom 05.06.2014, im Internet unter www.forbes.com und Astrid Dörner/Axel Postinett, »Pfizer kriegt kalte Füße«, in Handelsblatt vom 06.04.2016; im Internet unter www.handelsblatt.com (Zugriff für alle: 05.10.2016).

16 … so das Fazit des Manager Magazins (Lange / Schürmann 2016).

17 Quelle: Manager Magazin (2014): »Fünf Gründe, weshalb Fusionen im Fiasko enden«, im Internet unter www.manager-magazin.de. (Zugriff am 15.09.2016)

18 Dreher / Ernst 2016, S. 33.

19 Dreher / Ernst 2016; Gerds / Schewe 2014, Hirt 2015.

20 Vgl. Döhle 2011, S. 22.

21 Um Fusionen im Vorfeld präzise auszuloten, ohne sensible Unternehmensinterna preiszugeben, haben Beratungsgesellschaften das Konzept des »Clean Teams« entwickelt, eines neutralen Vermittlers, der von beiden Seiten gelieferte Daten vertraulich auswertet,

hinterfragt und nur nach ausdrücklicher Freigabe an die Gegenseite übermittelt (für ein Fallbeispiel vgl. Friemel 2004).

22 Berner o. J. (a).

23 Vgl. hierzu die Chronik der Ereignisse im Manager Magazin unter dem Titel »Der heißeste Deal aller Zeiten« (2013), im Internet unter www.manager-magazin.de (Zugriff am 7.10.2016).

24 Quelle: Ebert 2014.

25 Stähli 2013, S. 80.

26 Vgl. zum Beispiel Antonio R. Damasio, Descartes' Irrtum. Fühlen, Denken und das menschliche Gehirn. München: List, 6. Aufl. 2010, oder Gerald Hüther, Biologie der Angst, Göttingen: Vandenhoeck & Ruprecht, 8. Aufl. 2007.

27 Henkel (2010).

28 Vgl. Exuzidis / Raschke 2016.

29 Quelle:»Kollektive Krankmeldungen sind ein schlaues Mittel«; in: Spiegel online vom 06.10.2016, im Internet unter www.spiegel.de (Zugriff am 10.10.2016).

30 Ebd.

31 Gallup 2016, S. 13 f.

32 Hirt 2015, S. 108.

33 Berner o. J. (b).

34 Vgl. Stähli 2013, S. 78 f.

35 Auch wenn wir hier noch von einer Erfolgsstory berichten, so hat sich Teva mittlerweile bei seiner Expansionsstrategie ebenfalls verhoben. Im Sommer 2017 mussten Teile der 40-Milliarden-Actavis-Akquisition abgeschrieben werden und das Unternehmen hat seit 2015 über zwei Drittel seines Börsenwertes verloren. Siehe auch: http://www.handelsblatt.com/unternehmen/industrie/ratiopharm-mutter-in-der-krise-miese-preise-keine-besserung/20149000.html (Zugriff am 22.08.2017)

7 Urteilskraft – Look Who's Telling the Story!

1 Zit. n. Glück 1999.

2 Quelle: https://www.tu-chemnitz.de/phil/europastudien/swandel/projekte/madrid/erinnerung/zeittafelneu.htm (Zugriff: 19.07.17)

3 Vgl. Grube 2014, S. 22.

4 Vgl. De la Vega 1609 (»The Origin of the Inca Kings of Peru«).

5 Vgl. www.heute.de/alternative-fakten-trumps-top-beraterin-conway-erfindet-anschlag-46476104.html (Zugriff am 31.05.2017). Die Rede ist von Kellyanne Conway, die anlässlich der nachweislich

falschen Behauptung, zu Trumps Inauguration seien mehr Menschen gekommen als zu der von Obama, von »alternativen Fakten« sprach.

6 Gouedevert 1996, S. 180.
7 Kurzdarstellungen der Methode finden sich im Internet, beispielsweise hier: www.iynn.org/sub3/3_2.pdf (Han-Rog Kan, »What ist Oxford Style Debate?«) (Zugriff am 28.11.2016).
8 Quelle: Bericht eines betroffenen Mitarbeiters.
9 So der Untertitel seines Buches »Kollaps« (2005).
10 Dies ist eine knappe Zusammenfassung der Ausführungen, die Diamond 2005, S. 517–543 gibt.
11 Zick 2011, S. 18.
12 Vgl. www.n-tv.de/mediathek/sendungen/auslandsreport/US-Amerikaner-kaufen-mehr-Waffen-denn-je-article16587186.html (Zugriff am 01.12.2016).

8 Ego schlägt Sache – für wen und was tue ich es?

1 Diese Entscheidung wird heute von vielen Forschern vermutet, andere sehen wahlweise Huáscar oder Atahualpa als rechtmäßigen Nachfolger. Fakt ist, dass die Herrschaft des Inca-Reiches in den ersten Jahren nach Huayna Cápacs Tod geteilt wurde (vgl. Goede Montalván 2013 (a), S. 199).
2 Vgl. Goede Montalván 2013 (a), S. 199 ff. und dies. (b), S. 208 ff.
3 Vgl. Riese 2012, S. 11–27.
4 Quelle: www.manager-magazin.de/fotostrecke/sportwagen-die-prominentesten-bugatti-veyron-besitzer-fotostrecke-124148-2.html (Zugriff am 06.12.2016).
5 Quelle: Elkind / Reingold 2011.
6 Quelle: Ebd. (im Abschnitt »The Blockbuster Pipeline dries up«).
7 Vgl. Hesse / Schrader 1994.
8 Vgl. www.jimcollins.com/concepts.html (unter »Level 5 Leadership«) (Zugriff am 07.12.2016).
9 Das ganze Märchen kann man im Internet nachlesen unter http://gutenberg.spiegel.de/buch/-1227/71
10 Quelle: www.spiegel.de/auto/fahrkultur/60-deutsche-autos-der-vw-phaeton-a-626753.html (Zugriff am 08.12.2016).
11 Quelle: https://www.welt.de/wirtschaft/article153445218/Der-letzte-Phaeton-verlaesst-die-Glaeserne-Manufaktur.html (Zugriff am 08.12.2016).
12 Khurana / Nohria 2009, S. 29.

Literaturverzeichnis

Aktienchart Nokia: www.boerse.de.

Ankenbrand, Hendrik / Nienhaus, Lisa: »Das finnische Wunder ist zu Ende«, in: Frankfurter Allgemeine Zeitung vom 14.02.2011; im Internet unter www.faz.net (Zugriff am 24.07.2016).

Barmeyer, Christoph / Davoine, Eric: »Werte in multinationalen Unternehmen – Transfer mit Hindernissen«; in: Wirtschaftspsychologie aktuell 4/2014, S. 37 ff.

Barrenstein, Peter / Huber, Wolfgang / Wachs, Friedhelm (Hrsg.): Evangelisch. Erfolgreich. Wirtschaften. Leipzig: Evangelische Verlagsanstalt 2016 (edition chrismon).

Berner, Winfried und Kollegen o. J. (a): »Verwundbarkeit: Die Phase der Wehrlosigkeit möglichst kurz halten«, im Internet unter www.umsetzungsberatung.de (Zugriff am 31.08.2016).

Berner, Winfried und Kollegen o. J. (b): »Fusion, Übernahme, Post-Merger-Integration«, im Internet unter www.umsetzungsberatung.de (Zugriff am 31.08.2016).

Blanchard, Kenneth / Zigarmi, Patricia / Zigarmi, Drea: Der Minuten-Manager: Führungsstile. Situationsbezogenes Führen (Vollständig überarbeitete Ausgabe für die Manager von heute). Reinbek bei Hamburg: Rowohlt, 3. Aufl. 2015.

Botelho, Lytkina Elena / Rosenkoetter Powell, Kim / Kincaid, Stephen / Wang, Dina: »What Sets Successful CEOs Apart«; in: Harvard Business Review Mai/Juni 2017, S. 70ff.; im Internet unter https://hbr.org/2017/05/what-sets-successful-ceos-apart (Zugriff am 29.05.2017).

Brüser, Wolfgang: »Die Kölner und das Klüngeln oder die Leichtigkeit des Unrechts«; in: Kölner Stadtanzeiger vom 08.03.2002; im Internet unter www.ksta.de (Zugriff am 14.11.2016).

Büschemann, Karl-Heinz: »Pleite nach Lehrbuch«, in: Süddeutsche Zeitung vom 07.05.2013; im Internet unter www.sueddeutsche.de (Zugriff am 24.07.2016).

Bertelsmann Stiftung: Trau, schau, wem! Unternehmen in Deutschland. Gütersloh 2016 (Download im Internet unter www.bertelsmann-stiftung.de/de/publikationen/publikation/did/trau-schau-wem-unternehmen-in-deutschland/) (Zugriff am 11.11.2016).

Cappelli, Peter / Tavis, Anna: »Assessing Performance: The Performance Management Revolution«, in: Harvard Business Review October 2016; im Internet unter https://hbr.org/2016/10/the-performance-management-revolution (Zugriff am 12.10.2016).

Charan, Ram / Drotter, Stephen / Noel, James: The Leadership Pipeline: How to Build the Leadership Powered Company. San Francisco: John Wiley (Jossey-Bass), 2. Aufl. 2011.

Collins, Jim: »Building Companies to Last« (1995); Download im Internet unter www.jimcollins.com/article_topics/articles/building-companies.html (Zugriff am 10.09.2016).

Collins, Jim / Porras, Jerry I.: Built to Last. Successful Habits of Visionary Companies. New York: HarperCollins, 3. Aufl. 2004 (dt.: Immer erfolgreich).

Collins, Jim: »How the Mighty Fall«, in: Business Week Mai 2009; im Internet unter http://jimcollins.com/books/how-the-mighty-fall.html (Zugriff am 01.09.2016).

Collins, Jim: Der Weg zu den Besten. Die sieben Management-Prinzipien für dauerhaften Unternehmenserfolg. Frankfurt a. M.: Campus 2011.

Dahlkamp, Jürgen / Deckstein, Dinah / Schmitt, Jörg: »Die Firma«; in: Der Spiegel 16/2008, S. 76 ff.

»Daimler und Chrysler: Hochzeit des Grauens«, in: Süddeutsche Zeitung vom 17.05.2010; im Internet unter www.sueddeutsche.de.

Dammann, Gerhard: Narzissten, Egomanen, Psychopathen in der Führungsetage. Bern: Haupt 2007.

De la Vega, Garcilaso: »The Origin of the Inca Kings of Peru«; in: Ders.: Royal Commentaries of the Incas (1609), Download im Internet unter http://images.classwell.com/mcd_xhtml_ebooks/2005_world_history/pdf/WHS05_016_461_PS.pdf (Zugriff am 28.11.2016).

Diamond, Jared: Kollaps. Warum Gesellschaften überleben oder untergehen. Frankfurt a. M.: Büchergilde Gutenberg 2005.

Döhle, Patricia: »Preußisch, mit langer Leine«, in: Brand eins 09/2011, S. 19 ff.

Dreher, Maximilian / Ernst, Dietmar: Mergers & Acquisitions, 2., überarbeitete Auflage Konstanz: UVK / Lucius 2016 (= utb 4203).

Ebert, Vince: »Teurer Spaß« (Interview), in: Brand eins 08/2014, S. 54 ff.

Ebert, Vince: Unberechenbar. Warum das Leben zu komplex ist, um es perfekt zu planen. Reinbek bei Hamburg: Rowohlt 2016.

Elkind, Peter / Reingold, Jennifer: »Inside Pfizer's Palace Coup«; in: Fortune vom 15.08.2011; Download unter http://fortune. com/2011/07/28/inside-pfizers-palace-coup/ (Zugriff am 06.12.2016).

Erdle, Frank: »Die Geschichte von Nokia«, in: Connect vom 21.08.2014; im Internet unter www.connect.de (Zugriff am 02.04.2016).

Ernst & Young (EY): »Existing Practice in Compliance 2016« (Download unter www.ey.com/Publication/vwLUAssets/ey-existing-practice-in-compliance-2016-survey/$FILE/ey-existing-practice-in-compliance-2016-survey.pdf) (Zugriff am 08.11.2016).

Exuzidis, Leonidas / Raschke, Michael: »Die kranke Airline«, in: Handelsblatt vom 07.10.2016; im Internet unter www.handelsblatt.com (Zugriff am 10.10.2016).

Friemel, Kerstin: »Saubere Sache«, in: McK Wissen 11 (»Das Magazin von McKinsey«), Dezember 2004, S. 96 ff. (Download im Internet unter www.brandeins.de/uploads/tx_b4/mck_12_17_Saubere_Sache.pdf).

Froitzheim, Ulf J.: »Alles auf Anfang«, in: Brand eins 11/2012, S. 60 ff.

Gaide, Peter: »Manchmal ist Illoyalität gut – für einen Neuanfang«, in: Brand eins 05/2012, S. 124 ff.

Gallup Inc. 2016: »Engagement Index Deutschland 2015« (Präsentation). Download im Internet unter www.gallup.de/183104/engagement-index-deutschland.aspx (Zugriff am 19.09.2016).

Gasche, Ralf: So geht Führung! 7 Gesetze, die Sie im Führungsalltag wirklich weiterbringen. Wiesbaden: Springer Gabler 2016.

Gerds, Johannes / Schewe, Gerhard: Post Merger Integration. Unternehmenserfolg durch Integration Excellence. Wiesbaden: Springer Gabler, 5. Aufl. 2014.

Gerpott, Fabiola H. / Voelpel, Sven C.: »Zurück auf Los! Warum ein Überdenken des transformationalen Führungsansatzes notwendig ist«; in: Personalführung 4/2014, S. 17 ff.

Glück, Thomas R, »Strategisches (Wissens)Management« (1999); Download im Internet unter www.wissensqualitaet.de/wissenschaftlich/nicht-wissen.pdf (Zugriff am 28.11.2016).

Goede Montalván, Peggy (a): »Huayna Capac und die unklare Erbfolge – das Reich zerfällt«; in: Kurella, Doris / de Castro, Inés (Hrsg.): Inka. Könige der Anden. Darmstadt: Philipp von Zabern 2013, S. 196 ff.

Goede Montalván, Peggy (b): »Zeit des Umbruchs – die spanische Eroberung des Inka-Reiches«; in: Kurella, Doris/de Castro, Inés (Hrsg.): Inka. Könige der Anden. Darmstadt: Philipp von Zabern 2013, S. 205 ff.

Grimberg, Steffen: »Affäre um Konstantin Neven DuMont: Der beste Mann braucht Hilfe«; in: taz vom 31.10.2010; im Internet unter www.taz.de (Zugriff am 17.10.2016).

Grubb, Thomas M. / Lamb, Robert B.: Capitalize on Merger Chaos: Six Ways to Profit from Your Competitors' Consolidation and Your Own. New York: The Free Press 2001.

Grube, Nikolai: »Menschenopfer waren eine Notwendigkeit« (Interview), in: Inka – Maya – Azteken. Die geheimnisvollen Königreiche. Spiegel Geschichte Nr. 2/2014, S. 19 ff.

Hägler, Max: »Porsches übermütiger Plan«, in: Süddeutsche Zeitung vom 10.02.2014; im Internet unter www.sueddeutsche.de (Zugriff am 05.10.2016).

Hartmann, Michael: »Vor allem zählt der richtige Stallgeruch« (Interview); in: Zeit Campus vom 28.02.2013; im Internet unter www.zeit.de (Zugriff am 24.10.2016).

Hawranek, Dietmar / Kurbjuweit, Dirk: »Wolfsburger Weltreich«, in: Der Spiegel 34/2013, S. 58 ff.

Henkel, Hans-Olaf: »DaimlerChrysler und andere Katastrophen«, in: Süddeutsche Zeitung vom 21.05.2010; im Internet unter www.sueddeutsche.de (Zugriff am 31.08.2016).

Herzberg, Frederick et al.: The Motivation to Work. New York: Wiley, 2. Aufl. 1959.

Hesse, Jürgen / Schrader, Hans Christian: Die Neurosen der Chefs. Die seelischen Kosten der Karriere. Frankfurt a. M.: Eichborn 1994.

Hetzer, Wolfgang: »Ist die Deutsche Bank eine kriminelle Vereinigung?«; in: Die Kriminalpolizei März 2014; im Internet unter www.kriminalpolizei.de (Zugriff am 08.11.2016).

Hirt, Michael: »Die perfekte Post-Merger-Integration: Planungs- und Umsetzungsphase«, in: CFO aktuell Bd. 9, 2015, S. 105 ff.

Huntington, Samuel P.: Kampf der Kulturen. Die Neugestaltung der Weltpolitik im 21. Jahrhundert. Hamburg: Europa Verlag, 3. Aufl. 1997.

IfM (Institut für Mittelstandsforschung): »Unternehmensnachfolgen in Deutschland – Aktuelle Trends« (= IfM-Materialien Nr. 216). Bonn: IfM 2012 (Download im Internet unter www.ifm-bonn.org).

Kalbhenn, Patrick: »Compliance: Die größten Skandale in deutschen Konzernen«; in: Handelsblatt vom 16.05.2012, im Internet unter www.handelsblatt.com (Zugriff am 08.11.2016).

Khurana, Rakesh / Nohria, Nitin, »Die Neuerfindung des Managers«, in: Harvard Business Manager Jan. 2009, S. 20 ff.

Krämer, Christopher: »Familienunternehmen: Die liebe Verwandtschaft«; Spiegel online vom 23.04.2012; im Internet unter www.spiegel.de (Zugriff am 22.11.2016).

Krohn, Philipp: »Unternehmerkinder: Nicht nur Tochter von Beruf«; in:

Frankfurter Allgemeine Zeitung vom 17.10.2009; im Internet unter www.faz.net (Zugriff am 14.10.2016).

Kurella, Doris / de Castro, Inés (Hrsg.): Inka. Könige der Anden. Darmstadt: Philipp von Zabern 2013 (Katalog der gleichnamigen Ausstellung 2013).

Kurella, Doris: »Woher kamen die Inka?«; in: Kurella, Doris / de Castro, Inés (Hrsg.): Inka. Könige der Anden. Darmstadt: Philipp von Zabern 2013, S. 41 ff.

Lange, Kai / Schürmann, Lukas: »Valeants Rezept für ein Desaster«, in: Manager Magazin vom 07.06.2016; im Internet unter www.manager-magazin.de (Zugriff am 07.10.2016).

Langenscheidt, Florian / May, Peter (Hrsg.): Familienunternehmen hoch 10. Deutsche Standards 2014. Offenbach: GABAL Verlag 2014. (Darin S. 91 ff. Peter May, »Die Zukunft. Aktuelle Herausforderungen für Familienunternehmen und Unternehmerfamilien«).

Lehky, Maren: Die zehn größten Führungsfehler und wie Sie sie vermeiden. Frankfurt a. M.: Campus 2007.

Malik, Fredmund: Führen, leisten, leben. Wirksames Management für eine neue Zeit. Limitierte Sonderausgabe, Frankfurt a. M.: Campus 2013.

Maslow, Abraham: »A theory of human motivation«; in: Psychological Review 50, 1943, S. 370 ff.

May, Peter: Erfolgsmodell Familienunternehmen. Das Strategiebuch. Hamburg: Murmann 2012.

Mayer-Kuckuk, Finn: »Wie die ›Republik Samsung‹ funktioniert«; in: Augsburger Allgemeine vom 13.10.2016; im Internet unter www.augsburger-allgemeine.de (Zugriff am 31.10.2016).

McGregor, Douglas: The Human Side of Enterprise. Columbus, OH: McGraw-Hill Education, kommentierte Neuausgabe 2005 (1. Auflage 1960).

Noack, Karoline: »Die Staatsstruktur«; in: Kurella, Doris / de Castro, Inés (Hrsg.): Inka. Könige der Anden. Darmstadt: Philipp von Zabern 2013, S. 142 ff.

Neßhöver, Christoph: »Konstantin Neven DuMont – einst Medienmann, jetzt Immobilien-Investor«; in: Manager Magazin vom 19.04.2016; Download unter www.manager-magazin.de (Zugriff am 17.10.2016).

»Nokia: Etappen der 150-jährigen Geschichte«; in: Neue Zürcher Zeitung vom 03.09.2013; im Internet unter www.nzz.ch (Zugriff am 02.04.2016).

»Nokia. Our Story«; im Internet unter http://company.nokia.com (Zugriff am 02.04.2016).

Neuberger, Oswald: Führen und führen lassen. Stuttgart: Lucius & Lucius, 6., völlig neu bearb. und erw. Auflage 2002.

Patalong, Frank: »Der Gutsherr« (Zum Tode von Alfred Neven DuMont); Spiegel online vom 31.05.2015; im Internet unter www.spiegel.de (Zugriff am 17.10.2016).

Pringle, Heather: »Die Inka auf dem Gipfel der Macht«; in: National Geographic 4/2011; im Internet unter www.nationalgeographic.de.

Probst, Gilbert / Raisch, Sebastian: »Die Logik des Niedergangs«; in: Harvard Business Manager März 2004, S. 37 ff.

Pundt, Alexander / Nerdinger, Friedemann W.: »Transformationale Führung – Führung für den Wandel?«; in: Grote, Sven (Hrsg.): Die Zukunft der Führung. Berlin / Heidelberg: Springer 2012, S. 27 ff.

Ramge, Thomas: »Der Kampf der Copycats«; in: Brand eins 01/2015, S. 114 ff.

Rieck, Sophia: »Das Inkareich – Geschichte, Kultur, Religion und Untergang«, Stuttgart: Klett Verlag 2007/2012; im Internet unter www.klett.de.

Riese, Berthold: Machu Picchu. Die geheimnisvolle Stadt der Inka. München: Beck, 2., überarbeitete Aufl. 2012.

Rochus Mummert: »Studie: Wertekultur in Unternehmen ist oft nur Schall und Rauch« (2012), Download im Internet unter www.rochusmummert.com (Zugriff am 14.11.2016).

Schulz, Matthias: »Land der angepflockten Sonne«; in: Inka – Maya – Azteken. Die geheimnisvollen Königreiche. Spiegel Geschichte Nr. 2/2014, S. 42 ff.

Schulz, Matthias: »Die Söhne der Sonne«; in: Spiegel 42/2013, S. 148 ff.

Schuster, Jochen: »Die Oetkers. Patriarch gesucht«; in: Focus 38/2016, S. 56 ff.

Schwartz, Michael / Gerstenberger, Juliane: »Nachfolgeplanungen im Mittelstand auf Hochtouren: Halbe Millionen Übergaben bis 2017; Fokus Volkswirtschaft Nr. 91 vom 23.04.2015 (= KfW Economic Research); Download im Internet unter www.kfw.de (Zugriff am 14.10.2016).

Schweikert, Christine: »Generische Compliance-Risiken in mittelständischen und Großunternehmen – Auswertung vorliegender Studien zu Compliance, Integrity und Wirtschaftskriminalität« (= KICG-Forschungspapier Nr. 8) 2014 (Download im Internet unter https://opus.htwg-konstanz.de).

Sprenger, Reinhard K.: Mythos Motivation. Wege aus einer Sackgasse. Frankfurt: Campus, 20., aktualisierte Ausgabe 2014.

Stähli, Albert: Inka-Government. Eine Elite verwaltet ihre Welt. Frankfurt a. M.: Societäts-Medien GmbH 2013 (= Frankfurter Allgemeine Buch).

Thormann, Heike: »Dreißig Wahrnehmungsfehler« (Artikel vom 02.08.2016); im Internet unter www.kreativesdenken.com (Zugriff am 19.10.2016).

Tietz, Janko: »Delle im Universum«; in: Der Spiegel 35/2011, S. 87.

Uehlecke, Jens: »Bürokratie: Fallstricke für Mitarbeiter«; in: Die Zeit Nr. 2 vom 05.01.2006; im Internet unter www.zeit.de (Zugriff am 16.11.2016).

Wikipedia, Artikel »Inka« (eine ausführlich recherchierte und mit zahlreichen Quellen belegte Darstellung, die 2005 in die Liste »lesenswerter Artikel« aufgenommen wurde) (Zugriff am 29.08.2016).

Willmann, Urs: »Die Schule der Diktatoren«; in: Die Zeit vom 02.10.2013; im Internet www.zeit.de.

Zick, Michael: Die rätselhaften Vorfahren der Inka. Stuttgart: Theiss 2011.

Dank

Wir möchten uns bei einigen Menschen bedanken, die auf sehr unterschiedliche Art und Weise dazu beigetragen haben, dass dieses Buch geschrieben wurde.

Wir fangen an mit Rosa Oliveira, die dafür verantwortlich war, dass Paul Williams im November 2013 eine Dienstreise nach Peru machte – so warst Du, liebe Rosa, eine Schlüsselperson bei der Initialzündung!

Besonderer Dank gebührt Professor Dr. Peter May! Als einer der Ersten hat er uns sehr zur Realisierung der Buchidee ermutigt und es sich nicht nehmen lassen, das Vorwort zu schreiben.

Wir möchten uns auch bei Dr. Doris Kurella, Fachreferat Latein- und Nordamerika im Linden-Museum in Stuttgart, für das ermutigende Gespräch im Frühsommer 2016 bedanken und ebenso bei Cäcilia Pardo, Kuratorin »Colecciones – Arte Precolombino«, Museo de Arte in Lima, die uns ermuntert hat, unsere Buchidee zu realisieren. Auch Dr. Jeffrey Quilter, Direktor des Peabody Museum und Chefdozent an der Harvard University, möchten wir für seine wertvolle Unterstützung danken.

Unser Dank gilt all unseren Interviewpartnern, auch denjenigen, die nicht namentlich genannt sind, weil sie es vorzogen, anonym zu bleiben. Alle Gesprächspartner haben uns nicht nur ihre wertvolle Zeit geschenkt, sondern auch sehr offen über ihre beruflichen Erlebnisse, Erfahrungen und Einsichten gesprochen.

Ein besonderer Dank geht an Jörg Middendorf, Sandra Pfahler, Johannes Thönneßen, Freiherr Michael von Truchseß, Christian Velmer und Dr. Timm Volmer, die sich als Feedbackgeber zur Verfügung gestellt, die

Rohfassung unseres Buches mit Akribie gelesen und sehr weise und wertschätzend kommentiert haben. Und wir danken Oliver Stoldt und seinem Team vom Alpensymposium für die vielen großartigen Inspirationen, die wir von dort mitgenommen haben und auch einarbeiten konnten.

Martin Limbeck, einer der besten Verkaufstrainer in Europa und Bestsellerautor, sagte schon vor der ersten geschriebenen Zeile zu uns: »Ihr *müsst* das machen!« Seine Begeisterung über unsere Buchidee hat uns viel Ansporn und Energie gegeben und vor allem Mut gemacht.

Andreas Buhr, den wir als erfolgreichen Unternehmer und Redner kennen und der selbst schon zehn Bücher veröffentlichte, hat uns schon in der Konzeptphase wertvolle Hinweise gegeben. Dafür ganz herzlichen Dank!

Wir möchten all unseren Gesprächspartnern in Peru danken, für ihr Vertrauen, mit uns zu sprechen, und ihre Ermutigung, die Verbindungen und Ableitungen zwischen den Incas und der heutigen Geschäftswelt zu wagen. Ein großes »Muchas gracias« geht an Marco Aveggio, Mitglied im Direktorium der Fundation Wiese und verantwortlich für den peruanischen Pavillon auf der Biennale in Venedig. Er hat uns viele Türen in das neue und moderne Peru geöffnet und uns Zugang zu hochrangigen Personen des öffentlich-politischen Lebens und der peruanischen Akademia ermöglicht.

Insbesondere möchten wir an dieser Stelle Dr. Max Hernandez, ehemaliger Executive Director des Acuerdo National in Peru (dem nationalen runden Tisch auf Regierungsebene), Arzt, Forscher und Autor zu El Inka Garcilaso de la Vega, für seine wertvollen Hinweise und seine Unterstützung danken. Wir sind stolz darauf, dass eine so herausragende Persönlichkeit der peruanischen Gesellschaft bereit war, den Epilog zu unserem Buch zu schreiben.

Das Buch wurde an verschiedenen Orten geschrieben, aber eine sehr besondere Rolle haben hier die Senhalser Höfe in Senheim-Senhals an der Mosel gespielt, die uns einen inspirierenden Ort der Reflexion und Kreativität geboten haben. Danke für die Gastfreundschaft und das Wohlfühlambiente.

Und last, but not least, möchten wir uns bei Dr. Petra Begemann bedanken, die als Schreibcoach und Sparringspartnerin auf Augenhöhe im Wesentlichen dafür gesorgt hat, dass aus den verrückten ersten Ideen überhaupt ein Buch entstanden ist. Ihre zwei kleinen Incas werden das nie vergessen!

Andreas Krebs und Paul Williams
Monheim am Rhein, Juni 2017

Personen- und Stichwortverzeichnis

Abgrenzung 195
Abteilungsrivalität 129, 139
Amazon 32, 34, 44, 46
Anerkennung 44, 77–79, 118, 193, 195
Apple 19f., 135
Atahualpa 15, 20, 121f., 126, 174, 182f., 203
Aveggio, Marco 225

Barings Bank 135
Baumhoff, Jürgen 172
Bezos, Jeff 32, 34, 44
Bruderkrieg 10, 20, 93, 104, 122, 182f.
Bürokratie 85, 106, 112, 114, 130–132, 136, 138f.

Charisma 66, 93f., 97, 101
Compliance 106, 108, 112, 114, 120, 158, 173, 187
Cusco 13, 75, 103, 154, 182f., 205

Daimler 15, 22–24, 26, 35, 64, 109, 142f., 146, 177
Dammann, Gerhard 124
DECIDE® 70f.
Diamond, Jared 176
Dilemma 25, 28, 59, 108, 115, 118, 154, 168, 183
Disruption 11, 14, 26, 28, 117, 121

Ebsworth, David 75, 79
Ego-Falle 193–195, 197, 203
Ego-Tripping 24, 156, 186
Eigeninteresse 24, 60, 107, 181
Eigenverantwortung 85–88, 90, 101, 107, 117, 132, 137, 139

Elefantenhochzeit 142, 145
Emotion 34, 38, 42, 44, 47, 52, 81, 97f., 145, 151, 154–157, 161, 192
Entmündigung 85, 132
Entscheidung 28, 32, 37, 46, 52, 55, 60, 66f., 69, 86–88, 90, 98, 108, 115, 118, 121, 128, 136, 138, 155, 159, 162, 167, 171, 174–177, 179, 182, 187, 190, 192f., 197–199

Fachkenntnis 56
Familienunternehmen 14, 50–53, 113, 126f., 136, 143, 192
Friendly Takeover (Freundliche Übernahme) 13, 20, 32, 142, 150, 157
Führungskräfteentwicklung 53
Führungsstil 75, 92–94, 96f.
Fürstenberg-Dussmann, Catherine von 110, 173
Fusion 23f., 141, 143–147, 150–152, 154, 156f., 159, 161, 163

Google 32, 38, 43f., 82, 104

Hernandez, Max 205, 207, 225
High Potentials 57, 69f., 95
Huáscar 20, 122, 182f., 203
Huayna Cápac 20, 122, 182

Identifikation 35, 37, 42f., 161
Incentive-Events 172
Indiana-Jones-Moment 24, 184f., 187, 192, 199
Innovation 9, 14, 20, 26, 28, 43, 51, 97f., 108, 134, 147–149, 155

Jobs, Steve 32f., 124

Kernwerte 105, 107, 110, 117 f.
Kindler, Jeff 187–190, 192
Konkurrenz 60, 69, 121 f., 129,
133–135, 152, 163

Leadership Pipeline 100 f.
Lentz, Rüdiger 146, 182
Lernzonen 91
Löw-Friedrich, Iris 17, 123, 171, 197

Machu Picchu 49, 178, 184
M&A (Mergers & Acquisitions) 40,
141 f., 149–152, 154–156, 159 f.,
163, 165
Management-Buy-out 137 f.
May, Peter 9, 12, 53, 126
McLeod, Mary 188 f., 195
Motivation 32, 34, 37, 41 f., 46, 57,
76–82, 84, 87, 91 f., 129, 151

Nachfolge 50 f., 53, 126 f., 143, 182,
188, 203
Narzissmus 124 f.
Neven DuMont, Konstantin 51 f.
Nokia 15, 18–21, 122, 134 f., 219,
221

Objektivität 178 f.
Oetker 52, 126
Oxford Union 173

Parkinsonsches Gesetz 130 f.
Personalentscheidung 50, 53, 59,
62–64, 72, 74, 194
Personalpolitik 60 f., 73 f.
Persönlichkeitsmerkmale 98
Piëch, Ferdinand 156, 186, 197
Pizarro, Francisco 121
Post-Merger-Management 151, 158,
164
Powell, Colin 64, 72
Preen, Alexander von 55, 61, 103
Prognose 56, 63, 65 f., 69–72, 74, 80,
175

Q-Perior 144
Quilter, Jeffrey 224

Rationalitätsmythos 155
Reality-Check 171, 175

Risiko 11, 29, 49, 67, 87, 93, 124, 128,
134 f., 153, 182, 186, 195
Risikomanagement 67, 134, 139, 153

Samsung 18 f., 83, 86
Schlecker 15, 26 f., 128, 177
Scholastischer Disput 173
Schrempp, Jürgen 23, 143, 146
Selbstwert 124, 192–195
Siemens 105 f., 108–110, 112, 158
Situative Führung 91
Southwest Airlines 38, 94
Sparringspartner 78, 173, 190, 192,
196 f.
Spinner, Werner 197
Start-up 14, 17, 44, 85, 122, 154
Status 52, 57, 133, 146, 163, 185, 187,
193 f., 199, 201
Straub, Christoph 43, 86, 194
Stürz, Gerd W. 30, 42, 72, 99, 153 f., 180
Synergie 143, 145 f., 148, 151, 158,
163

Talententwicklung 53, 61, 203
Thönneßen, Johannes 69–71, 225
Tuifly 157

Unbesiegbarkeit 15, 19, 21, 29, 51, 95,
121, 150, 160, 189, 196, 203
Unternehmenskultur 25, 27 f., 43, 47,
60, 70, 74, 83, 86–88, 90, 101, 107,
111–113, 117, 129, 132, 137, 139 f.,
144–146, 154, 162, 164
Unwahrscheinliches 135, 153, 164
Urteilsbildung 57
Urteilskraft 25, 59, 67, 166, 170, 178,
180
Urteilssicherheit 59, 174

Valeant 27, 148–150, 154
Verantwortungssog 89–92, 102, 138
Vertrauen 28, 80, 83 f., 87, 90, 95, 98,
102, 105, 107, 113, 132, 145, 158,
161, 164, 172, 191
Vision 24 f., 27, 30, 32–44, 46–48, 73,
93 f., 97 f., 100, 203
Visions-Workshop 36 f., 41
Volkswagen 23–27, 39, 63, 83, 108 f.,
112, 114, 147, 152, 156, 168, 186,
197

Volmer, Timm 49, 82, 225
Vorstellungsgespräch 59f., 68
VUCA-Welt 67, 97, 135

Welch, Jack 72, 95, 129
Wertekonflikt 109, 115, 118, 120
Werteverstöße 107, 120
Wolff, Christine 53, 56, 111, 141, 156f.,
   159, 161

Yachaywasi 49, 61

Zielprojektion 33, 35
Zimmermann, Daniel 166

Über die Interviewpartner

© Rolando Arellano Cueva

Prof. Dr. Rolando Arellano Cueva ist Präsident von Arellano Marketing mit Sitz in Lima, Peru, und Experte für das Marketing in Schwellenländern. Er ist Psychologe, hat einen MBA und promovierte an der Universität Grenoble. Er lehrte an zahlreichen Universitäten im Lateinamerika, Nordamerika und Europa und ist Autor zahlreicher Bücher über gesellschaftspolitische, historische und aktuelle Themen im modernen Peru. Darüber hinaus ist er gefragter Redner sowohl in Peru als auch international.

© Marco Aveggio

Marco Aveggio wurde 1961 in Lima geboren. Er ist Vizepräsident des Patronato Cultural del Peru, einer Non-Profit-Organisation, die den Peruanischen Pavillon auf der Biennale in Venedig verantwortet und seit 20 Jahren mit der Peruanischen Regierung und den wichtigsten Universitäten sowie Kunst- und Architektur-Museen des Landes zusammenarbeitet. Außerdem ist er verantwortlich für die Abteilung des *Patronato* zur Sicherung des kulturellen Erbes, die die Ausgrabungen in Chavin de Huantar durchführt. Marco Aveggio studierte Wirtschaft an der Universität Lima, arbeitete in Führungspositionen in der chemischen und der Kunststoff-Industrie und ist heute im Aufsichtsrat verschiedener Unernehmen, Stiftungen und Non-Profit-Organisationen.

Dr. David Ebsworth ist Topmanager mit internationaler Erfahrung in Europa, Kanada und den USA. Seine Karriere in der Pharmabranche umspannt über 35 Jahre, u. a. bei Pfizer Deutschland, bei der Bayer AG und als CEO verschiedener Unternehmen, darunter Vifor Pharma and Galenica. Heute berät er die Vorstandsvorsitzenden namhafter Unternehmen und ist Präsident des Verwaltungsrats von Verona Pharma.

Catherine von Fürstenberg-Dussmann ist seit 2011 Vorsitzende des Stiftungsrates der Peter Dussmann-Stiftung. Damit lenkt sie die Geschicke der Dussmann Group mit 63 500 Mitarbeitern in 18 Ländern. Die gebürtige Amerikanerin studierte Psychologie, englische Literatur und Schauspiel. Nach der Erkrankung ihres Ehemanns Peter Dussmann trat sie 2008 in den Aufsichtsrat der Dussmann Verwaltungs AG ein und wurde ein Jahr später dessen Vorsitzende.

Dr. Max Hernandez ist einer der führenden Intellektuellen Perus. Der Psychoanalytiker und Historiker spielte beim Aufbau des Peruanischen Center for Development of Psychoanalysis eine zentrale Rolle. Überdies bringt er sich stark in die Entwicklung einer tragfähigen Zukunftsvision für sein Land ein und war zehn Jahre Executive Director des Acuerdo National (Nationalen runden Tisches). Er hat ein viel beachtetes Buch über Garcilaso de la Vega, einen der ersten Chronisten der Inkas und der spanischen Eroberung, veröffentlicht.

Anke Hoffmann ist seit 2016 Geschäftsführende Gesellschafterin der H/P Executive Consulting GmbH und Expertin in der Rekrutierung von Managementpersönlichkeiten. Die Diplom-Kauffrau war in Führungspositionen im Bankenumfeld tätig, bevor sie bei Kienbaum als Senior Consultant, Partnerin und ab 2006 als Geschäftsführerin für Berlin und die neuen Bundesländer Karriere machte. Ab 2014 war sie Geschäftsführende Gesellschafterin der DEININGER Unternehmensberatung GmbH.

Rüdiger Lentz ist Journalist und seit 2013 Direktor des Aspen Institute in Berlin. Der ehemalige Zeitsoldat war Jugendoffizier in Hamburg, ab 1973 Pressesprecher der Bundeswehr-Hochschule Hamburg und ab 1976 Militärkorrespondent des Nachrichtenmagazins *Der Spiegel*. Ab 1981 war er für sieben Jahre beim WDR Fernsehen für Sicherheits- und Außenpolitik zuständig. Danach war er Korrespondent und Chefredakteur des RIAS, bevor er ab 1992 für die Deutsche Welle aus Brüssel und später als Leiter des Washingtoner Büros aus den USA berichtete. Rüdiger Lentz hat Politikwissenschaften und Geschichte studiert.

Prof. Dr. Iris Löw-Friedrich ist Medizinerin und Topmanagerin. Bei der Hoechst AG, BASF Pharma und Schwarz Pharma AG war sie in führenden Funktionen tätig. Seit 2008 ist sie als Vorstand der UCB S.A. (Brüssel) mit der Leitung der Entwicklung betraut. Sie hält diverse Aufsichtsratsmandate: seit 2014 bei der Evotec AG, seit 2015 bei TransCelerate BioPharma Inc und seit 2016 bei Fresenius. Zudem ist sie außerplanmäßige Professorin für Innere Medizin an der Universität Frankfurt.

Prof. Dr. Peter May ist führender Experte für Familienunternehmen. 1998 gründete er INTES, die erste auf Unternehmerfamilien fokussierte Beratung in Deutschland. Der Jurist und Betriebswirt hat zahlreiche Initiativen ins Leben gerufen, darunter den »Governance Kodex für Familienunternehmen« und die Auszeichnung »Familienunternehmer des Jahres«. Heute führt er die *PETER MAY Family Business Consulting*. Ein Wirtschaftsmagazin bezeichnete ihn einmal als »den Familienflüsterer«.

Dr. Alexander von Preen ist Geschäftsführer der Kienbaum Consultants International GmbH und Verwaltungsratspräsident der Kienbaum AG Zürich. Von Preen durchlief eine Offiziersausbildung und studierte an der LMU München, bevor er 1997 als Assistent der Geschäftsleitung ins Unternehmen eintrat. Er betreut nationale und internationale Unternehmen rund um Corporate Governance, Executive Search, Strategieumsetzung, Steuerung und Vergütung und ist Mitglied verschiedener Aufsichtsräte / Beiräte.

Dr. Jeffrey Quilter ist Direktor des Peabody Museums und Senior Lecturer für Anthropologie an der Harvard University. Er ist Archäologe, Peru-Experte und hat seit 2002 in Zusammenarbeit mit peruanischen Kollegen Ausgrabungen im Chicama Tal durchgeführt. Er lehrte zunächst am Ripon College, Wisconsin (1980–1995), und war Direktor für Pre-Columbian Studies sowie Kurator am Studienzentrum Dumbarton Oaks, Washington, D.C., bevor er 2005 nach Harvard berufen wurde.

© Bundeswehr

Joachim Rühle ist Vizeadmiral der Bundeswehr und seit Sommer 2017 Stellvertreter des Generalinspekteurs der Bundeswehr. Der Diplom-Ingenieur absolvierte eine Ausbildung zum Seeoffizier. Neben zahlreichen nationalen und internationalen Verwendungen bei der Bundeswehr war er in der Zeit von 2012 bis 2017 Leiter verschiedener Abteilungen im Bundesministerium der Verteidigung. Hierzu gehörten die Abteilungen Planung, Rüstung und Personal.

© Stephan Brendgen

Dr. Johannes von Schmettow ist seit 1998 Berater bei Egon Zehnder und unterstützt Unternehmer und Organisationen bei der Besetzung ihrer Geschäftsführungen, Vorstände und Aufsichtsgremien. Er war Deutschland-Geschäftsführer sowie Mitglied des globalen Executive Committees von Egon Zehnder. Herr von Schmettow war zuvor fünf Jahre Berater bei The Boston Consulting Group; er ist promovierter Mathematiker und lebt mit seiner Familie in der Nähe von Düsseldorf.

© Thomas Faehnrich

Werner Spinner ist nicht nur neunter Präsident des 1. FC Köln, sondern auch ein international erfahrener Manager. Für die Bayer AG arbeitete er viele Jahre in den USA. 1994 wurde er Leiter des Geschäftsbereichs Consumer Care, 1998 bis 2003 war er Mitglied des Bayer-Vorstandes. Seit 15 Jahren gehört er mehreren Aufsichtsratsräten in Deutschland, den Niederlanden und in bedeutenden Unternehmen in Asien an. FC-Vizepräsident Toni Schumacher sagt über ihn: »Der Werner ist im positiven Sinne ein Menschenfänger.«

© Henning Schacht

Prof. Dr. med. Christoph Straub ist seit 2011 Vorstandsvorsitzender der BARMER. Zuvor war der Mediziner Vorstandsmitglied der Rhön-Klinikum AG und stellvertretender Vorstandsvorsitzender und Leiter des Stabsbereichs Unternehmensentwicklung der Techniker Krankenkasse. Nach seiner Promotion begann Christoph Straub seine Karriere beim Verband der Angestellten Krankenkassen e.V. (VdAK), wo er die Abteilung Grundsatzfragen der Med. Versorgung und Gesundheitswissenschaften führte.

© EY

Gerd W. Stürz ist Partner bei Ernst & Young sowie Stellvertretender Präsident der British Chamber of Commerce in Germany. Als Wirtschaftsprüfer und Steuerberater internationaler Unternehmen blickt er auf eine mehr als 25-jährige Erfahrung zurück, u. a. als Leiter des Bereiches »Advisory Services« für Europa, den Mittleren Osten, Indien und Afrika. Heute führt er das Segment »Life Sciences, Health & Chemicals« für Deutschland, die Schweiz und Österreich.

© Claudia Griebl

Johannes Thönneßen ist Diplom-Psychologe, Autor zahlreicher Bücher, Geschäftsführer der MWonline GmbH und selbstständiger Berater mit den Schwerpunkten Kommunikation, Personalentwicklung und Personalinstrumente. Er hat jahrelang als Personalentwickler der Bayer AG gearbeitet und betreibt seit 1998 die Internetseite Managementwissen online, auf der er und andere Autoren aktuelle Managementtrends kommentieren.

Dr. Timm Volmer ist Topmanager und Unternehmensberater. Der Tiermediziner, Betriebswirt und Master of Public Health (Havard University) war Manager bei GlaxoSmithKline und Geschäftsführer der Wyeth Pharma GmbH Deutschland. 2010 gründete er SmartStep, ein Beratungsunternehmen für die pharmazeutische und medizintechnische Industrie, das Kunden beim effektiven Marktzugang für ihre Produkte in Deutschland und europaweit unterstützt.

© Dr Timm Volmer

Christine Wolff ist Unternehmensberaterin, Multiaufsichtsrätin und Wirtschaftsmediatorin. Die Diplom-Geologin war mehr als 20 Jahre in internationalen Ingenieurkonzernen tätig, zuletzt als Managing Director für die Region Europe & Middle East der URS Corporation, einem börsennotierten US-amerikanischen Ingenieurdienstleister mit weltweit mehr als 56 000 Mitarbeitern. Als Senior Vice President verantwortete sie das operative Geschäft in 15 Ländern.

© Elfriede Liebenow

Alexander Zimmer ist Geschäftsführer der Marienburg Monheim, einer Tagungs- und Eventlocation mit Gästehaus und einer Grillakademie. Seit 2005 ist er selbstständiger Unternehmer. Der Betriebswirt war zuvor zehn Jahre bei der Bayer AG hauptsächlich für den Bereich Animal Health tätig. Er war überdies Mitgründer und Gesellschafter der Junior Management School.

© Alexander Zimmer, Foto: Mareike Tocha

Daniel Zimmermann ist seit 2009 Bürgermeister von Monheim am Rhein. Bei seinem Amtsantritt war er mit 27 Jahren der jüngste hauptamtliche Bürgermeister Nordrhein-Westfalens. Während seiner Schulzeit gründete er 1998 mit anderen die Jugendpartei PETO, deren Vorsitzender er bis 2004 war. Von 2004 bis 2009 war er Mitglied im Rat der Stadt Monheim am Rhein, zeitweise als Vorsitzender der siebenköpfigen PETO-Fraktion. 2014 wurde er mit 95 Prozent im Amt bestätigt.

Über die Autoren

 **Andreas Krebs** ist Unternehmer, international erfahrener Manager und Referent zu Leadership, Globalization und Entrepreneurship. Als einer von wenigen Deutschen hat er es in einem »Big Pharma«-Konzern in das Executive Board und »Corporate America« geschafft. Heute leitet Andreas Krebs mit einem Freund und Partner sein eigenes Venture Capital Unternehmen Cologne Invest, das in junge Start-ups und Wachstumsunternehmen in vielen Branchen und der New Economy investiert. Bis 2010 hat Andreas Krebs in internationalen Führungspositionen für die Bayer AG und die Wyeth Corporation gearbeitet, zuletzt als Konzernvorstand in den USA, mit über 8000 Mitarbeitern in 96 Ländern. Er war in sieben Ländern tätig, in UK, Österreich, neun Jahre in Lateinamerika, in Asien, Kanada und zuletzt in den USA. Seit 2010 ist Andreas Krebs Aufsichtsratsvorsitzender der Merz KGaA, Frankfurt am Main, und hat weitere Beirats- und Aufsichtsratsmandate in unterschiedlichen Branchen. Darüber hinaus engagiert er sich als Vorsitzender des Fördervereins Girassol e.V. für in Armut lebende Kinder und Jugendliche in São Paulo / Brasilien.

Mehr unter: *www.inca-inc.com* oder *www.cologne-invest.com*

 **Paul Williams** ist Unternehmer, international erfahrener Manager und Coach. Seit 2003 führt er als Managing Partner das Beratungsunternehmen paul williams & associates in Monheim am Rhein, mit den Schwerpunkten Leadership Coaching, Selbst-Management, Management-Diagnostik und Organisationsentwicklung.

Für die Bayer AG war der Naturwissenschaftler und gebürtige Engländer im internationalen Vertrieb, im Marketing und im General Management in Australasien, den USA, Nahost und Afrika tätig. Ab 1995 war Paul Williams weltweit mit Human-Resources-Verantwortung betraut, unter anderem in den Bereichen Vertrieb International, Globale Forschung und Produktentwicklung. Mehr unter: *www.inca-inc.com* oder *www.paul-williams.de*